国家社科基金西部项目“中国特色社会主义生态文明建设道路研究”（编号：12XKS030）

中国特色社会主义生态文明建设道路研究

邱高会　等著

Zhongguo Tese Shehuizhuyi
Shengtai Wenming Jianshe Daolu Yanjiu

中国社会科学出版社

图书在版编目(CIP)数据

中国特色社会主义生态文明建设道路研究／邱高会等著. —北京：中国社会科学出版社，2021. 2

ISBN 978－7－5203－8579－4

Ⅰ. ①中…　Ⅱ. ①邱…　Ⅲ. ①生态环境建设—研究—中国　Ⅳ. ①X321. 2

中国版本图书馆 CIP 数据核字(2021)第 110048 号

出 版 人　赵剑英
责任编辑　田　文
责任校对　张爱华
责任印制　王　超

出　　版　中国社会科学出版社
社　　址　北京鼓楼西大街甲 158 号
邮　　编　100720
网　　址　http://www.csspw.cn
发 行 部　010－84083685
门 市 部　010－84029450
经　　销　新华书店及其他书店

印　　刷　北京君升印刷有限公司
装　　订　廊坊市广阳区广增装订厂
版　　次　2021 年 2 月第 1 版
印　　次　2021 年 2 月第 1 次印刷

开　　本　710×1000　1/16
印　　张　16
字　　数　254 千字
定　　价　96.00 元

凡购买中国社会科学出版社图书，如有质量问题请与本社营销中心联系调换
电话：010－84083683

序

生态文明建设是中国特色社会主义事业“五位一体”总体布局的重要组成部分，是关系中华民族永续发展的千年大计，也是引领全球从工业文明向生态文明绿色变革的伟大创举。生态文明建设的提出，不仅表明了中国坚决实施可持续发展战略的决心，也表达了中华民族对全球可持续发展实施遭遇困境的深切关注和忧虑，向全世界展示了我国建设生态文明的国家战略，勇敢地担当起和全世界人民一道捍卫全球生态安全、寻求可持续发展新动力、创新可持续发展新路径和新模式的历史使命。

中国特色社会主义生态文明建设是对可持续发展战略的延伸，更是对可持续发展战略的超越、提升、丰富和发展，其涵盖的内容决不仅仅是传统可持续发展战略针对的生态环境保护，而是一项全新的包含人与自然和谐共生的价值观念、生态环境保护、生产生活方式绿色变革、生态制度体系构建等在内的文明发展战略，具有战略性、全局性和国际性。生态文明建设道路也不是单纯的生态环境保护道路，而是一场协同推进生态环境保护及价值观念、生产生活方式、制度体系绿色化变革的生态文明治理道路。党的十九届四中全会把生态文明制度体系纳入国家治理体系，成为中国特色社会主义制度体系中的重要组成部分，从这个意义上讲，生态文明建设道路也是推进国家生态文明治理体系和生态文明治理能力现代化的道路。

《中国特色社会主义生态文明建设道路研究》一书是在马克思主义指导下，运用马克思主义哲学、科学社会主义、政治经济学以及人口、资源与环境经济学等多学科的理论和方法，对生态文明、生态文明建设、中国特色社会主义生态文明建设道路等的内涵进行了再认识和创新性解读，并从价值观念、制度安排、国土空间优化、生产生活方式绿色转型等多方面提出新时代坚持和发展中国特色社会主义生态文明建设道路的对策建议。本书有以下几个方面的突出特色。

第一，对中国特色社会主义生态文明建设道路的实践进行理论概括，分析和总结了这一道路探索中取得的成功经验和存在的不足，在此基础上对新时代进一步坚持和发展中国特色社会主义生态文明建设道路提出了若干建议。

第二，从地球文明视角对生态文明和生态文明建设的内涵进行了创新性的再认识。认为，生态文明是人与自然和谐发展的状态、进步过程和积极成果，是人类文明与自然文明和谐共生、协同发展的地球文明；生态文明建设是协调推进自然生态系统文明化和人类社会文明生态化，促进人类文明与自然文明和谐共生、协同发展的过程。

第三，探索性地对中国特色社会主义生态文明建设道路的内涵进行理论概括和科学建构。认为中国特色社会主义生态文明建设道路是在马克思主义指导下，深入贯彻习近平生态文明思想，立足中国基本国情，以人与自然和谐共生、协同发展为价值取向，以改革创新为基本动力，以融入共建为根本路径，协同推进自然生态系统文明化提升和人类文明系统绿色化转型，努力走向社会主义生态文明新时代的生态文明治理体系和治理能力现代化道路。具体地说，这条道路至少包含以下五层含义：一是科学理论体系指导下走向社会主义生态文明新时代的必由之路；二是与社会主义现代化建设融入共建、协调发展的社会主义现代化文明提升道路；三是以绿色为导向、以创新为驱动的绿色创新发展道路；四是开放合作的绿色和平崛起道路；五是全民共建共享的绿色惠民道路。

第四，从全球绿色创新发展的时代潮流入手分析了中国特色社会主义生态文明建设道路的时代特征；通过分析资本主义制度的反生态本质、社会主义与生态文明的内在统一性论证了中国特色社会主义生态文明建设道路的社会主义本质特征；通过分析我国传统文化蕴含的生态智慧及现实国情特征和阶段性特征三个方面论证了中国特色社会主义生态文明建设道路的中国特色。

第五，分别对新时代中国特色社会主义自然生态文明建设道路和社会生态文明建设道路的实现路径、体制机制进行了研究。在实现路径方面，阐述了生态文明理念下自然生态环境保护与建设的路径和生态文明建设融入经济建设、政治建设、文化建设、社会建设的实现路径；在体制机制方面，围绕创新激励机制、统筹协调机制、生态优先机制、开放合作机制、共建共享机制构建了中国特色社会主义生态文明建设道路发展的长效机制。

邱高会教授是四川大学经济学院“人口、资源与环境经济学”专业的第一届博士生，长期专注于我国生态文明建设研究。作为子课题负责人参与国家社科基金重大项目“我国生态文明发展战略及区域实现研究”（07&ZD019），作为核心成员参与国家社科基金重点项目“城市生态文明协同创新研究”（13AZD076）等若干关于生态文明建设课题的研究，在生态文明建设研究方面有深厚的理论基础和独到的学术建树。本书的主要内容是她主持完成的国家社科基金西部项目“中国特色社会主义生态文明建设道路研究”（12XKS030）的学术成果。看到她在生态文明研究方面孜孜以求、硕果累累，作为她的导师，甚是欣慰。希望她不忘初心，继续努力，不断进步，为我国乃至全球生态文明建设的伟大事业贡献力量。

邓　玲

2019 年 11 月 6 日于成都

前　言

生态文明建设是中国特色社会主义事业“五位一体”总体布局、“四个全面”战略布局和国家治理体系的重要组成部分，是实现中华民族永续发展的千年大计，也是引领全球从工业文明向生态文明绿色变革的伟大创举。实现这一千年大计和伟大创举必须选择一条科学的社会主义生态文明建设道路，这是建设生态文明需要慎重抉择的第一位的问题。因为道路关乎党的命脉、国家前途、民族命运、人民幸福。党的十七大首次从全面建设小康社会新要求的视角提出“建设生态文明”的战略构想，使我国的生态环境保护正式上升到文明发展战略的高度，标志着中国特色社会主义生态文明建设道路的探索正式开启。党的十八大创造性地把生态文明建设纳入中国特色社会主义事业“五位一体”总体布局并写进了党章，正式成为国家治理体系的重要组成部分，使生态文明建设的战略地位上升到一个全新的高度，中国特色社会主义生态文明建设道路踏上了新征程。这既是马克思主义发展史上的第一次，也是人类文明发展史上的第一次。因此，生态文明建设是人类文明发展史上一项崭新的伟大事业，没有任何现成道路可照搬，只能在汲取中国古代先哲生态智慧及国外可持续发展经验的基础上，从当代中国的实际出发，探索一条适合国情的中国特色社会主义生态文明建设道路，这是坚持和发展中国特色社会主义道路、实现中华民族永续发展的内在要求。

党的十八大以来，党中央、国务院先后作出一系列加快推进生态文明建设的重大决策部署，诸多部门、地区积极响应，对中国特色社会主义生态文明建设的道路进行了大胆探索和实践创新，并取得了积极进展和显著成效。与此同时，众多专家学者也从不同视角对生态文明建设的理论与实践问题展开了系列理论研究，并取得了丰硕的理论成果。但总体而言，对生态文明建设的理论研究滞后于生态文明建设的生动实践，对中国特色社会主义生态文明建设道路的理论探索不够系统、深入。因此，对中国特色社会主义生态文明建设道路的实践探索进行系统梳理和归纳总结及对中国特色社会主义生态文明建设道路的科学内涵进行马克思主义的理论概括和学术建构，对于丰富和发展社会主义生态文明建设理论体系、科学选择新时代中国特色社会主义生态文明建设道路、加快推进生态文明建设，推动全球文明从工业文明向生态文明、从人类文明向地球文明转变具有重要的理论价值和现实意义。

其理论价值在于，通过对生态文明、生态文明建设及中国特色社会主义生态文明建设道路等核心概念的内涵进行深入研究和大胆创新，为进一步深入研究生态文明理论起到抛砖引玉的作用，有助于丰富和发展新时代中国特色社会主义生态文明思想及科学社会主义理论。本书认为，生态文明是人与自然两个平等主体和谐共生、协同发展的地球文明；生态文明建设是协同推进自然生态系统文明化和人类文明系统生态化，促进社会生态文明与自然生态文明和谐共生、协同发展的过程；中国特色社会主义生态文明建设道路不是单纯的生态环境保护道路，而是一场协同推进生态环境保护及价值观念、生产生活方式、制度体系等绿色化变革，生态治理效能不断提升的生态治理道路，简单地说就是中国特色社会主义生态治理体系和生态治理能力现代化的道路。

其现实意义在于，通过对中国特色社会主义生态文明建设道路的实践探索进行理论概括，总结成功的经验和存在的不足，在此基础上对新时代进一步坚持和发展中国特色社会主义生态文明建设道路的重点和长效机制提出了若干建议，以期为我国加快推进生态文明建设、打好生态文明建设攻坚战、提高生态文明水平提供借鉴和参考。

本书是在国家社科基金西部项目“中国特色社会主义生态文明建设道路研究”（12XKS030）成果基础上修改而成。本书运用辩证唯物主义与历史唯物主义相结合、实证分析与规范分析相结合、文献研究与社会调查相结合以及多学科综合研究等方法，分析和探讨了中国特色社会主义生态文明建设道路的提出及实践探索、科学内涵、具体特征、发展重点及长效机制等。全书共分为六章，各章主要内容概述如下：

第一章　中国特色社会主义生态文明建设道路的提出与探索。本章首先对中国特色社会主义生态文明建设道路的提出和顶层设计历程进行了梳理，并对党的十七大以来我国推进生态文明建设的生态环保道路、“融入共建”道路、绿色循环低碳发展道路的实践探索进行了梳理和归纳。在此基础上，对我国生态文明建设道路实践探索中取得的经验和存在的不足进行了总结。

第二章　中国特色社会主义生态文明建设道路的内涵。本章首先对国内现有关于生态文明及生态文明建设内涵的研究成果进行了综述，并从地球文明的视角对生态文明及生态文明建设的内涵进行了再认识。在此基础上，根据党中央、国务院对我国生态文明建设的战略部署，借鉴我国探索社会主义生态文明建设道路的实践经验和理论成果，探索性地对中国特色社会主义生态文明建设道路的内涵作出理论界定。

第三章　中国特色社会主义生态文明建设道路的特征。本章首先从全球绿色创新发展的时代潮流入手剖析中国特色社会主义生态文明建设道路的时代特征；其次，在对资本主义制度的反生态本质进行剖析的基础上，论证了中国特色社会主义生态文明建设道路的社会主义本质特征；最后分别从中国特有的传统生态文化根基、国情特征和阶段性特征三个方面阐释了中国特色社会主义生态文明建设道路的中国特色。

第四章　中国特色社会主义自然生态文明建设道路的发展。本章对生态文明理念指导下的生态环境保护道路和工业文明理念指导下的生态环境保护道路进行了比较分析，并提出了生态文明理念指导下空间结构优化、资源节约与管理、生态环境保护与防治、自然生态系统保护与修复等自然生态文明建设的对策建议。

第五章　中国特色社会主义社会生态文明建设道路的发展。本章在绿色发展理念指导下，通过对经济建设、政治建设、文化建设、社会建设的内涵和任务进行深入剖析和诊断，提出推动生态文明建设与上述“四大建设”融入共建、建设社会主义社会生态文明的实现路径。

第六章　中国特色社会主义生态文明建设道路发展的长效机制。本章重点探讨新发展理念指导下中国特色社会主义生态文明建设道路发展的长效机制的构建，包括创新激励机制、统筹协调机制、生态优先机制、开放合作机制和共建共享机制。

目　　录

第一章　中国特色社会主义生态文明建设道路的提出与探索

根据《现代汉语词典》的解释，“道路”有两层含义：一是指“地面上供人或车马通行的部分”；二是指“两地之间的通道，包括陆地的和水上的”。对生态文明建设道路的理解可以借鉴上述第二种即“通道”的释义，生态文明建设道路是指建设生态文明的通道，也就是进行生态治理、建设生态文明所采取的途径或路径。[①] 选择什么样的道路建设生态文明是需要慎重抉择的第一位的问题，因为道路关乎党的命脉、关乎国家前途、关乎民族命运、关乎人民幸福。[②]

党的十七大首次从全面建设小康社会新要求的视角提出“建设生态文明”的战略构想，使我国的生态环境保护正式上升到文明发展战略的高度，标志着中国特色社会主义生态文明建设道路的探索正式开启。党的十八大创造性地把生态文明建设纳入中国特色社会主义事业“五位一体”总体布局并写进了党章，正式成为国家治理体系的重要组成部分，使生态文明建设的战略地位上升到一个全新的高度，使中国特色社会主义生态文明建设道路踏上了新征程。这既是马克思主义发展史上的第一次，也是人类文明发展史上的第一次。因此，生态文明建设是人类文明史上一项崭新的伟大事业，没有任何现成道路可照搬，只能在汲取中国古代先哲生态智慧及国外可持续发展经验的基础上，从当代中国的实际出发，探索一条适合国情的中国特色社会主义生态文明建设道路。

---

① 为了表述方便，在文中没有严格区分“道路”和“路径”，在某些地方存在互通互用的情况。

② 胡锦涛：《坚定不移沿着中国特色社会主义道路前进　为全面建成小康社会而奋斗——在中国共产党第十八次全国代表大会上的报告》，人民出版社2012年版，第10页。

中国特色社会主义生态文明建设道路的正式开启虽然是党的十七大正式提出的，但这一道路作为中国特色社会主义道路的重要组成部分，是伴随着中国特色社会主义道路的探索而逐步孕育和发展起来的，是历代中国共产党人集体生态智慧的结晶。从新中国成立初期的“绿化祖国”到之后“环境保护”“可持续发展”道路的探索，都为这条道路的提出奠定了坚实的理论与实践基础。自党的十七大以来，我国正式拉开了探索中国特色社会主义生态文明建设道路的大幕；自党的十八大把生态文明建设纳入中国特色社会主义事业“五位一体”总体布局之后，党中央、国务院进一步作出了系列重大战略决策部署，对加快推进生态文明进行了顶层设计和法制体系建设，谋划开展了一系列具有根本性、长远性、开创性的工作，推动生态环境保护发生历史性、转折性、全局性的变化；多个部门、地区积极响应跟进，对中国特色社会主义生态文明建设道路进行了大胆探索和实践创新，并取得了重大进展和显著成效。本章在对我国生态文明建设道路的提出和顶层设计历程及党的十七大以来中国特色社会主义生态文明建设道路的实践探索进行梳理和归纳的基础上，对实践探索进程中取得的经验和存在的不足进行归纳和总结。

第一节　中国特色社会主义生态文明建设道路的提出和顶层设计

中国特色社会主义生态文明建设道路的提出和顶层设计不是一蹴而就的，而是经历了一个逐步演变发展的探索历程，是我国在长期进行生态环境保护、积极实施可持续发展战略进程中逐步孕育与发展起来的，是对可持续发展道路探索实践进行深刻反思的结果，是我国可持续发展道路在新时期新阶段的延伸、丰富和发展。其探索历程概括起来大致经历了酝酿与萌芽、正式提出与构想、战略提升与系统部署、丰富发展与完善四个阶段。其中，新中国成立到党的十七大正式提出生态文明建设属于酝酿萌芽阶段；党的十七大正式提出“建设生态文明”，并对生态文明建设提出了初步的战略构想，标志着中国特色社会主义生态文明建设道路的探索正式开启；党的十八大开创性地把生态文明建设纳入中国特色社会主义事业总体布局并对生态文明建设作出了系统部署，清晰地勾勒出了一幅较为完整的生态文明建设路线图；党的十八大以来，以习近平同志为核心的党中央在大力推进生态文明建设的进程中不断丰富发展与完善了中国特色社会主义生态文明建设道路。

一　中国特色社会主义生态文明建设道路的酝酿与萌芽

新中国成立初期，我国经济凋敝、山河破碎、百废待兴，党和政府在大力发展经济的过程中，逐步萌生了环境保护意识。在20世纪50年代中期，以毛泽东为核心的党中央先后发出了“植树造林、绿化祖国”“实行大地园林化”“美化全中国”等重要号召，并先后就林业、水利建设、资源节约利用等方面作出了重大部署，拉开了保护生态环境的序幕。[①] 在此过程中，我国还积极参与国际环境事务，1972年6月，受邀参加了在瑞典斯德哥尔摩召开的联合国第一次人类环境会议。此后，对我国环境问题的认识更加清晰，环保意识有所增强，环境保护工作日益受到重视；并于1973年8月召开了第一次全国环境保护会议，此次会议审议通过了“全面规划、合理布局、综合利用、化害为利、依靠群众、大家动手、保护环境、造福人民”的32字环境保护工作方针和我国环保史上第一个综合性法规《国务院关于保护和改善环境的若干规定（试行草案）》，成为我国环境保护的第一个里程碑。1974年10月，我国正式成立了国务院环境保护领导小组（1988年4月，第七届全国人大第一次会议批准成立独立的国家环境保护局，明确为国务院直属机构），标志着我国历史上第一个环境保护机构的诞生，使我国的环境保护事业有了坚强的组织保障。

1978年以后，以邓小平为核心的党中央在继承新中国成立以来环境保护的正确战略决策基础上，进一步通过环保立法、召开环保大会、纳入国民经济和社会发展总体规划等方面对环境保护进行顶层设计，不断加大了生态环境保护的力度、创新了生态环境保护的工作机制、开启了我国生态环境保护事业的法制化进程，推动我国生态环境保护事业进入了新阶段，为中国特色社会主义生态文明建设道路的探索奠定了坚实的基础。

---

① 本书课题组：《中国特色社会主义生态文明建设道路》，中央文献出版社2013年版，第3页。

一是通过立法为环境保护保驾护航。1978 年，环境保护首次被写入修订的《中华人民共和国宪法》，第十一条明确规定了“国家保护环境和自然资源，防治污染和其他公害”，标志着环境保护正式被纳入法制化的轨道。为“合理地利用自然环境，防治环境污染和生态破坏，为人民造成清洁适宜的生活和劳动环境”，我国于 1979 年 9 月通过并公布试行《中华人民共和国环境保护法（试行）》，并于 1989 年 12 月通过并公布施行《中华人民共和国环境保护法》。环境保护法的颁布，标志着我国环境保护事业正式踏上了法制化道路的征程。1997 年，全国人大通过（2007 年修订）的《中华人民共和国节约能源法》第四条进一步把“节约资源”作为“我国的基本国策”。

二是从国家战略层面对环境保护进行总体规划。自 1982 年通过的《中华人民共和国国民经济和社会发展第六个五年计划（1981—1985）》开始，“环境保护”正式被纳入中华人民共和国国民经济和社会发展五年计划纲要之中加以统筹考虑，并于 1990 年制定颁发了《国务院关于进一步加强环境保护工作的决定》，1992 年，中共中央、国务院批准并转发了中国外交部和国家环保局《关于出席联合国环境与发展大会的情况及有关对策的报告》进一步提出了中国环境与发展的十大对策；1996 年，审议通过了《国家环境保护“九五”计划和 2010 年远景目标》进一步强调要加强环境保护的政策法规及规划，坚持环境保护基本国策，推行可持续发展战略，贯彻经济建设、城乡建设、环境建设同步规划、同步实施、同步发展的方针。

三是通过召开全国环境保护会议对环境保护进行顶层设计。1983 年，召开了第二次全国环境保护会议，会议制定了中国环境保护的总方针、总政策，强调要以强化环境管理作为环境保护的中心环节，并把环境保护工作上升为我国的一项基本国策，将之与经济建设、城乡建设相并列，要求同步规划、同步实施、同步发展，实现经济效益、社会效益和环境效益相统一。1989 年，召开了第三次全国环境保护会议，提出要开拓中国特色的环境保护道路。[①] 会议强调建立环保制度，明确我国环

① 郝清杰、杨瑞、韩秋明：《中国特色社会主义生态文明建设研究》，中国人民大学出版社 2016 年版，第 38—39 页。

保工作的性质定位、战略目标、制度框架与具体措施等。1996 年，召开的第四次全国环境保护会议，进一步强调了落实环境保护基本国策的重要性，要求各级党政领导必须把加强环境保护作为社会发展的一项重大任务。

四是把环境保护置于可持续发展战略的重要战略位置。1994 年 7 月，为积极响应和实施全球可持续发展战略，破解经济社会发展进程中遭遇的生态环境难题，我国率先制定了《中国 21 世纪议程——中国 21 世纪人口、环境与发展白皮书》，首次把可持续发展战略纳入我国经济和社会发展的长远规划。1997 年 9 月，党的十五大明确提出“在现代化建设中必须实施可持续发展战略”。为了全面推动可持续发展战略的实施，国家发展计划委员会于 2000 年会同科技部、外交部、教育部、民政部等部门制定了《中国 21 世纪初可持续发展行动纲要》，进一步明确了 21 世纪初我国实施可持续发展战略的指导思想、战略目标、基本原则、重点领域及保障措施。此后，我国把环境保护作为实施可持续发展战略的重要抓手，不断加大环境保护的力度，标志着我国环境保护事业发生了历史性转变。为积极实施可持续发展战略，我国相继颁布和修订了系列法律、法规，在纳入国民经济和社会发展总体规划纲要的同时制定了系列实施可持续发展战略的专项规划，并投入了大量的人力、物力和财力予以推进落实，着重围绕生态工程建设、环境污染防治、节能减排等重点领域作出了长期不懈的努力，并取得了一定成效。

但我国生态环境总体恶化的趋势并未得到有效遏制，相反，还有日益退化的趋势。究其原因是多方面的，既可能是我们的理论研究出了偏差；也可能是我们的实践探索过程出了差错。但其中一个重要原因就是在理论上简单地把可持续发展战略等同于生态环境保护战略，在实践探索中的可持续发展道路实质上就是一条生态环境建设与保护的道路。

通过对可持续发展道路探索遭遇困境的深刻反思，我们党不断创新实现可持续发展的新理念、新举措，大胆从文明发展的视角探索寻求可持续发展的新路径、新模式。2002 年，党的十六大首次把生态良好上升到文明发展战略的高度与生产发展、生活富裕相提并论，并将之纳入全面建设小康社会的奋斗目标。2003 年，党的十六届三中全会进一步提出了科学发展观。2005 年，党的十六届五中全会要求加快建设资源节约型、环境友好型社会即“两型社会”。科学发展观的创造性提出和“两型社会”建设的实践探索，进一步指明了中国可持续发展必须坚持的指导思想，明晰了进入新世纪实施中国可持续发展战略的实践抓手和推进路径，为生态文明建设道路的正式提出奠定了更加坚实的理论基础和实践基础。

二　中国特色社会主义生态文明建设道路的正式提出与构想

在坚持以人为本，全面、协调、可持续的科学发展观的指导下，针对全面建设小康社会进程中遭遇的资源环境瓶颈和生态短板，2007 年 10 月召开的党的十七大首次正式提出“建设生态文明”的宏伟蓝图并将之作为全面建设小康社会的新要求，标志着中国特色社会主义生态文明建设道路的正式提出。这既是马克思主义发展史上的第一次，也是人类文明发展史上的第一次，我国成为全世界第一个正式提出建设生态文明的国家。

这次报告虽然没有把“生态文明”与“社会主义”直接相并列，但“建设生态文明”提出的初衷是为了弥补我国全面建设小康社会遭遇的生态短板，成为社会主义现代化建设事业的重要任务之一，其实质就是要建设社会主义的生态文明，也就是说，“建设生态文明”可视为“建设社会主义生态文明”的同义语。[①] 不仅如此，报告还明晰了社会主义生态文明建设的方向，构想了建设社会主义生态文明的战略要求和战略任务，初步勾勒出一幅以“两型社会”建设为基本骨架，以生态环境建设、循环经济和可再生能源发展、生态文明观念的树立等为主要内容的生态文明建设框架图。社会主义生态文明建设的提出，是我们党科学执政、和谐执政理念的深化，不仅丰富和发展了全面建设小康社会的内涵，而且深化了我们党对人类文明体系的认识，创造性地把人类文明从局限于人的世界扩展到了自然生态的世界，开辟了工业文明向生态文明、人类文明向地球文明转变的新型文明发展道路。

由于党的十七大报告是基于全面建设小康社会新要求的视角而作出“建设生态文明”的战略构想，因此，这一战略构想提出之后很长一段

① 刘思华：《生态文明与可持续发展问题的再探讨》，《东南学术》2002 年第 6 期。

时期内我国对生态文明建设道路的认识主要还是停留在环境保护新道路的层面，把环境保护作为生态文明建设的主阵地和根本措施。2011 年 10 月，国务院发布《国务院关于加强环境保护重点工作的意见》（国发〔2011〕35 号）。同月召开的党的十七届六中全会提升了生态文明建设的战略地位，首次把生态文明建设与经济建设、政治建设、社会建设和文化建设相提并论，高度评价了十七届五中全会以来我们党全面推进社会主义经济建设、政治建设、文化建设、社会建设以及生态文明建设所取得的伟大成就。

三　中国特色社会主义生态文明建设道路的战略提升与系统部署

党的十八大把生态文明建设的战略地位上升到一个全新的战略高度，创造性地把生态文明建设纳入中国特色社会主义事业“五位一体”总体布局之中并写进了党章，“社会主义生态文明”正式作为坚持和发展中国特色社会主义道路的新目标、新思想和新内容，成为我们党治国理政的一项新的基本纲领和国家治理体系的重要组成部分，开创了探索适合中国国情的社会主义生态文明建设道路的新起点，开启了努力走向社会主义生态文明新时代的新征程，开辟了中国特色社会主义道路的新前景。

党的十八大报告从文明发展战略的视角对生态文明建设作出了系统的战略部署，围绕战略意义、战略背景、战略理念、推进模式、战略目标、战略方针、战略途径、战略任务等多个方面绘制了一幅较为完整清晰的社会主义生态文明建设路线图。具体地说，“建设生态文明，是关系人民福祉、关乎民族未来的长远大计”道明了生态文明建设的战略意义；“资源约束趋紧、环境污染严重、生态系统退化的严峻形势”是生态文明建设的战略背景；“尊重自然、顺应自然、保护自然”是生态文明建设的战略理念；“把生态文明建设放在突出地位，融入经济建设、政治建设、文化建设、社会建设各方面和全过程”是生态文明建设道路的方向和推进模式；“建设美丽中国，实现中华民族永续发展”是生态文明建设的战略目标；“坚持节约资源和保护环境”是基本国策，是生态文明建设的根本要求；“坚持节约优先、保护优先、自然恢复为主”是生态文明建设的战略方针；“绿色发展、循环发展、低碳发展”是生态文明建设的具体战略路径；“优化国土空间开发格局”“全面促进资源节约”“加大自然生态系统和环境保护力度”“加强生态文明制度建设”是现阶段生态文明建设的四大战略任务。①

四　中国特色社会主义生态文明建设道路的丰富发展与完善

党的十八大以来，以习近平同志为核心的党中央立足建设美丽中国、实现中华民族永续发展的战略高度，把生态文明建设作为统筹推进“五位一体”总体布局和协调推进“四个全面”战略布局的重要内容，围绕社会主义生态文明建设提出了一系列新思想、新论断、新举措，进一步深刻回答了为什么要建设生态文明、建设什么样的生态文明、怎样建设生态文明等根本性的战略问题。并对如何推进社会主义生态文明建设作出了系列具有战略性、全局性、系统性的顶层设计，先后出台了系列指导性文件，每一次中央文件的出台都对生态文明建设路线图的战略部署进行了创新、丰富和发展。

为了更好地坚持和发展中国特色社会主义生态文明建设道路，党的十八届三中全会、四中全会进一步从制度和法制视角完善了生态文明建设的战略体系。在此基础上，2015 年 4 月，中共中央、国务院《关于加快推进生态文明建设的意见》（以下简称《意见》）从指导思想、基本原则、主要目标等提出了加快推进生态文明建设的总体要求，并从国土空间开发、技术支撑、资源节约、生态环境保护、生态文明制度建设、执法监督、生态文化建设、组织领导八个方面部署了加快推进生态文明建设的具体战略任务，进一步丰富和发展了加快推进生态文明建设的战略体系。《意见》新增了五个方面的内容：一是首次明确提出了“坚持绿水青山就是金山银山”的生态价值取向；二是明确提出了要“以邓小平理论、‘三个代表’重要思想、科学发展观为指导”的指导思想；三是明确提出了“坚持以人为本、依法推进”的根本要求；四是首次提出“五化同步”的推进模式，即“协同推进新型工业化、信息化、城镇化、农业现代化和绿色化”；五是首次从基本方针、基本途径、基本动力、重要支撑和工作方式五个方面明确提出了推进生态文明建设的基本原则。

① 胡锦涛：《坚定不移沿着中国特色社会主义道路前进　为全面建成小康社会而奋斗——在中国共产党第十八次全国代表大会上的报告》，人民出版社 2012 年版，第 39—41 页。

此外，《意见》还对生态文明建设的战略意义、战略目标、战略任务等作出了更加具体、全面、科学的战略部署。[①] 同年，为加快建立系统完整的生态文明制度体系，加快推进生态文明建设，增强生态文明体制改革的系统性、整体性、协同性，中共中央、国务院发布《生态文明体制改革总体方案》，明晰了生态文明体制改革的指导思想、理念、原则和目标，明确提出了构建“由自然资源资产产权制度、国土空间开发保护制度、空间规划体系、资源总量管理和全面节约制度、资源有偿使用和生态补偿制度、环境治理体系、环境治理和生态保护市场体系、生态文明绩效评价考核和责任追究制度等八项制度构成的产权清晰、多元参与、激励约束并重、系统完整的生态文明制度体系”，初步构建了生态文明体制的“四梁八柱”。[②] 党的十八届五中全会对发展理念作出了系统总结和深刻变革，创造性地把创新发展、协调发展、绿色发展、开放发展、共享发展一并作为我国必须坚持的新发展理念，以破解发展难题、厚植发展优势。绿色发展既是发展理念的变革和创新，是社会主义生态文明建设的指导理念之一，也是推进社会主义生态文明建设的发展方向、发展路径和发展模式的创新。[③]

党的十九大报告在总结十八大以来我国生态文明建设取得的成就并分析存在的问题基础上，进一步凸显了生态文明建设的重要性和艰巨性，报告指出“建设生态文明是中华民族永续发展的千年大计”，并把“坚持人与自然和谐共生”作为新时代坚持和发展中国特色社会主义基本方略的重要组成部分，明确提出“我们要建设的现代化是人与自然和谐共生的现代化”，号召“为把我国建设成为富强民主文明和谐美丽的社会主义现代化强国而奋斗”，使“人与自然和谐共生”的生态文明成为贯穿于社会主义现代化建设的主线和社会主义现代化建设的重要表征，充分表明了我们党持之以恒推进生态文明建设、建设人与自然和谐共生的现代化的坚定意志和坚强决心。同时，报告进一步明晰了新时代推进生

---

① 中共中央、国务院：《关于加快推进生态文明建设的意见》，《人民日报》2015 年 5 月 6 日第 1 版。

② 中共中央、国务院：《生态文明体制改革总体方案》，《经济日报》2015 年 9 月 22 日第 2 版。

③ 《中共十八届五中全会在京举行》，《人民日报》2015 年 10 月 30 日第 1 版。

态文明建设的时间表和路线图，提出了新时代生态文明建设的战略目标、总体指导思想和具体战略部署，并就如何“推进绿色发展”“着力解决突出环境问题”“加大生态系统保护力度”“改革生态环境监管体制”等作出了具体的战略部署，进一步丰富和发展了我国生态文明建设的战略体系。此外，党的十九大报告还向全世界作出了“积极参与全球环境治理，落实减排承诺”和“为全球生态安全作出贡献”等庄严承诺①，充分彰显了中国共产党的全球生态责任意识和生态担当精神。

2018 年 5 月召开的全国生态环境保护大会正式确立了“习近平生态文明思想”。习近平总书记在会上把生态环境上升到关系党的使命宗旨的重大政治问题的战略高度，要求各地区各部门要增强“四个意识”，坚决担负起生态文明建设的政治责任；不仅如此，报告还对新时代推进生态文明建设必须坚持的基本原则、生态文明体系、生态文明建设的阶段性目标和具体行动等作出了重大部署，使新时代中国特色社会主义生态文明建设道路的方向、目标、重点、任务等更加清晰和完整，成为新时代进一步坚持和发展中国特色社会主义生态文明道路的指导思想和行动纲领。②

党的十九届四中全会作出的《中共中央关于坚持和完善中国特色社会主义制度推进国家治理体系和治理能力现代化若干重大问题的决定》（以下简称《决定》）再次对生态文明制度体系的完善作出了深刻的阐释和明确的要求。明确把“坚持和完善生态文明制度体系，促进人与自然和谐共生”作为国家治理体系和治理能力现代化的重要组成部分。《决定》指出：“生态文明建设是关系中华民族永续发展的千年大计。必须践行绿水青山就是金山银山的理念，坚持节约资源和保护环境的基本国策，坚持节约优先、保护优先、自然恢复为主的方针，坚定走生产发展、生活富裕、生态良好的文明发展道路，建设美丽中国。”并对如何“实行最严格的生态环境保护制度”“全面建立资源高效利用制度”“健全生态保护和修复制度”“严明生态环境保护责任制度”等作出了具体的战

① 习近平：《决胜全面建成小康社会　夺取新时代中国特色社会主义伟大胜利——在中国共产党第十九次全国代表大会上的报告》，人民出版社 2017 年版，第 51、24 页。

② 赵超、董峻：《习近平：坚决打好污染防治攻坚战 推动生态文明建设迈上新台阶》，《光明日报》2018 年 5 月 20 日第 1 版。

略部署，使中国特色社会主义生态文明建设的路线图更加清晰和完整①。

第二节　中国特色社会主义生态文明建设道路的实践探索

自2007年党的十七大正式发出“建设生态文明”的号召、开启中国特色社会主义生态文明建设道路的探索征程之后，全国大多地区、部门积极响应，认真落实，在实践中进行了大胆探索和实践创新。由于这些生动活泼的伟大实践涉及的地域广泛、包含的内容非常丰富，因此难以从学术研究的角度一一穷举和全面展现。本章仅仅基于生态文明建设道路或路径探索的视角，尝试对党的十七大以来我国在探索生态文明建设道路进程中的一些重大举措及部分典型案例进行梳理和归纳。这些实践探索既包括自然生态环境保护的道路探索，也包括生态文明建设与经济建设、政治建设、文化建设和社会建设融入共建，着力推进绿色循环低碳发展的道路探索。

一　自然生态环境保护与建设道路探索

“主要污染物排放得到有效控制，生态环境质量明显改善”是党的十七大报告提出的建设生态文明的重要目标和根本路径之一。自党的十七大提出建设生态文明以来，中华人民共和国环境保护部（简称环保部）② 高擎生态文明建设的大旗，把生态环境保护作为建设生态文明的主战场，并把推进生态文明建设作为部门的工作职责，主动争做倡导者、引领者和践行者。③ 在积极制定并印发《关于推进生态文明建设的指导

① 《中共中央关于坚持和完善中国特色社会主义制度　推进国家治理体系和治理能力现代化若干重大问题的决定》，《人民日报》2019年11月6日第1版。

② 书中对国家相关部门的称谓是随着其在不同时期的名称变化而变化的，以国家环保部门为例：在1998年6月至2008年7月之间称呼“国家环境保护总局”（简称“环保总局”），在2008年8月至2018年3月之间称呼“国家环境保护部”（简称“环保部”），在2018年4月之后称呼“中华人民共和国生态环境部”（简称“生态环境部”），对“自然资源部”“农业农村部”等其他部门的称谓也是如此。

③ “推进生态文明建设　探索中国环境保护新道路”课题组：《生态文明与环保新道路》，中国环境科学出版社2010年版，第ⅲ页。

意见》等多项推进自然生态环境保护与建设的基本制度的同时，还主动联合国家发改委、国家林业局等多部门，致力于在实践中探索一条“代价小、效益好、排放低、可持续的环境保护新道路”。

（一）积极推进生态保护与建设

党的十七大以来，我国先后出台了系列推进生态保护与修复的专项规划和相关的指导性文件（见表1－1），大力实施生态保护与建设工程，不断深化生态保护体制机制改革，有力地推动了自然生态系统的文明化进程。

表1－1　**党的十七大以来我国出台的部分生态保护与建设相关文件**

时间	印发部门	出台的文件
2007.10	环保总局	《国家重点生态功能保护区规划纲要》
2008.07	环保部、中科院	《全国生态功能区划》
2008.09	环保部	《全国生态脆弱区保护规划纲要》
2009.03	国家发改委	《西藏生态安全屏障保护与建设规划（2008—2030年）》
2009.08	环保部	《国家级自然保护区规范化建设和管理导则（试行）》
2010.01	环保部	《关于进一步深化生态建设示范区工作的意见》
2010.09	环保部	《中国生物多样性保护战略与行动计划（2011—2030年）》
2011.06	全国绿化委员会、国家林业局	《全国造林绿化规划纲要（2011—2020年）》
2013.01	环保部	《全国生态保护“十二五”规划》
2013.12	国务院	《国家级自然保护区调整管理规定》
2014.01	环保部	《国家生态保护红线——生态功能红线划定技术指南（试行）》
2014.02	国家发改委等12部门	《全国生态保护与建设规划（2013—2020年）》
2014.03	国务院	《关于支持福建省深入实施生态省战略加快生态文明先行示范区建设的若干意见》
2015.08	国务院办公厅	《生态环境监测网络建设方案》
2015.11	环保部、中科院	《全国生态功能区划（修编版）》
2016.05	国务院办公厅	《关于健全生态保护补偿机制的意见》
2016.10	环保部	《全国生态保护“十三五”规划纲要》
2016.12	国务院办公厅	《湿地保护修复制度方案》
2016.12	国务院	《“十三五”生态环境保护规划》
2016.12	住建部、环保部	《全国城市生态保护与建设规划（2015—2020年）》

续表

时间	印发部门	出台的文件
2016. 12	农业部	《农业资源与生态环境保护工程规划（2016—2020年）》
2017. 07	环保部、国家发改委、水利部	《长江经济带生态环境保护规划》
2018. 04	国家林业和草原局	《国家储备林建设规划（2018—2035年）》
2018. 12	国家发改委等9部委	《建立市场化、多元化生态保护补偿机制行动计划》

在自然生态系统保护措施上，我国划定设立了范围较广、数目众多的各级自然保护区、生态功能区、生物多样性保护优先区以及森林公园、风景名胜区等，实施了大规模的生态建设与修复工程，有力推进了自然保护区、生态功能区、生态脆弱区（即“三区”）的保护。以自然保护区建设为例，自党的十七大以来我国自然保护区的个数逐年增长，从2007年的2531个增长到了2017年的2750个，增长了8.65%；其中国家级自然保护区的个数也从2007年的303个增长到了2017年的474个，增长了56.44%（见表1－2）。[①] 目前，我国已基本形成类型比较齐全、布局基本合理、功能相对完善的自然保护区网络。

表1－2　　2007—2017年我国自然保护区建设基本情况

年份	2007	2008	2010	2011	2012	2013	2014	2015	2016	2017
自然保护区总个数（个）	2531	2538	2588	2640	2669	2697	2729	2740	2750	2750
国家级自然保护区个数（个）	303	303	319	335	363	407	428	446	463	474
自然保护区占陆地面积比重（%）	15. 19	15. 1	14. 9	14. 9	14. 9	14. 8	14. 84	14. 83	14. 88	14. 88

为加强自然保护区建设和管理，保护自然环境和自然资源，我国于1994年10月发布了《中华人民共和国自然保护区条例》（以下简称《条

① 中华人民共和国生态环境部：《2018中国生态环境状况公报》，2019年4月22日。

例》)；2017年10月7日，李克强签署第687号中华人民共和国国务院令对《条例》进行了修改，将其中的第二十七条第一款修改为："禁止任何人进入自然保护区的核心区。因科学研究需要，必须进入核心区从事科学研究观测、调查活动的，应当事先向自然保护区管理机构提交申请和活动计划，并经自然保护区管理机构批准；其中，进入国家级自然保护区核心区的，应当经省、自治区、直辖市人民政府有关自然保护区行政主管部门批准。"充分表明我国加大了对自然保护区的保护力度。为规范我国自然保护区建设管理工作，提升我国自然保护区管理水平，环保部于2017年12月发布国家环境保护标准《自然保护区管理评估规范》。在此过程中，为进一步明晰生物多样性保护的管理主体，我国于2011年专门成立了生物多样性保护国家委员会，并印发了《中国生物多样性保护战略与行动计划》(下称《计划》)，该《计划》将持续至2030年。

此外，我国对自然生态保护的制度进行了改革探索，建立了生态保护红线制度和国家公园体制，为自然生态保护提供了制度保障。在生态保护红线制度的探索方面，党的十八届三中全会首次正式提出了"划定生态保护红线"的要求。中共中央、国务院《关于加快推进生态文明建设的意见》确立了生态保护红线等关键制度建设需要取得的主要目标，并对如何"严守资源环境生态红线"作出了具体的战略部署。2014年1月，环保部印发了《国家生态保护红线——生态功能红线划定技术指南(试行)》，将在内蒙古、江西、湖北、广西等地进行生态红线划定试点；在此基础上，2015年4月，环保部印发了《生态保护红线划定技术指南》，从操作层面对全国生态保护红线划定的技术流程、划定范围、划定方法等提供了技术指导。2016年5月，国家发改委等9部委联合印发《关于加强资源环境生态红线管控的指导意见》的通知，进一步明确了加强资源环境生态红线管控的"总体要求和基本原则""管控内涵及指标设置""管控制度""组织实施"等具体部署。2017年2月，国家出台《关于划定并严守生态保护红线的若干意见》，要求生态保护红线涵盖所有国家级、省级禁止开发区域，并分别提出分步实施的阶段性目标，那就是到2020年年底前全面完成全国生态保护红线划定，勘界定标，基本建立生态保护红线制度的目标；到2030年，生态保护红线布局进一步优化，生态保护红线制度有效实施，生态功能显著提升，国家生态安全得到全面保障。同年5月，环保部、国家发改委根据中共中央办公厅、国务院办公厅《关于划定并严守生态保护红线的若干意见》的安排部署，共同组织编制并印发了《生态保护红线划定指南》。

在国家公园体制试点探索方面，我国从2008年开始在云南省、黑龙江省进行国家公园体制探索，以便严格保护自然生态系统的原真性和完整性，但并没有取得实质性的制度突破。[①] 党的十八届三中全会明确提出“建立国家公园体制”。2015年5月，国家发改委联合国家林业局等13个部委印发了《建立国家公园体制试点方案》，确定在北京等9省（市）开展国家公园体制试点，并成立了以国家发改委为组长的国家公园体制试点小组。[②] 2015年9月，中共中央、国务院印发《生态文明体制改革总体方案》重申了“建立国家公园体制”，实行分级、统一管理的要求。2016年11月，国家发改委联合国家林业局等13个部门下发了《关于强化统筹协调进一步做好建立国家公园体制试点工作的通知》，要求一切工作服务和服从于保护，坚决防止借机大搞旅游产业开发；试点省（市）政府要切实承担试点工作主体责任，将建立国家公园体制试点工作纳入重要议事日程。2017年8月，国家发改委联合国家林业局等13个部委下发了《关于进一步统一思想认识扎实做好建立国家公园体制试点工作的通知》，要求认真汲取祁连山国家级自然保护区生态环境问题的深刻教训，进一步强化“四个意识”，坚决把国家公园体制改革作为生态文明建设的重要内容，摆在全局工作的突出地位抓紧抓实抓好。2017年9月，中共中央办公厅、国务院办公厅印发了《建立国家公园体制总体方案》，要求各地区各部门结合实际认真贯彻落实。[③] 2017年10月，国家林业局印发《关于公布第七批获得中国国家森林公园专用标志使用授权的国家级森林公园名单的通知》，同意授权山西太行洪谷等64处国家级森林公园使用中国国家森林公园专用标志，同时取消对福建龙

---

① 吕苑鹃：《九省市试点国家公园体制建设》，《西部资源》2015年第3期。

② 《21世纪经济报道》记者：《13个部门印发〈建立国家公园体制试点方案〉》，中国投资咨询网（http：//www. ocn. com. cn/chanye/201505/wotpy20085416. shtml），2015年5月20日。

③ 中共中央办公厅、国务院办公厅：《建立国家公园体制总体方案》，《人民日报》2017年9月27日第1版。

湖山国家森林公园的专用标志使用授权。到2017年底，全国共批建12处国家林木（花卉）公园和18处国家生态公园（试点），共建立森林公园达3505处。其中，国家级森林公园886处、国家级森林旅游区1处。[①]到2019年底，我国共设立的国家森林公园总数达897处，总面积达1287万公顷。[②]

从生态系统保护成效来看，截至2019年底，全国森林覆盖率达到22.96%；[③] 全国草原综合植被覆盖度达55.7%，比2011年增加6.7个百分点，天然草原鲜草总产量达到11亿吨，已连续8年保持在10亿吨以上。[④] 部分退化或脆弱的生态系统得到了有效保护，部分珍稀濒危动植物得到了挽救。如以大熊猫的保护为例，目前我国大熊猫种群数量已停止减少，且呈现增长趋势，已经不再处于世界濒危动物之列，世界自然保护联盟濒危物种红色名录已将该物种的现状由“濒危”改为“易危”[⑤]。

（二）全面打响“环境保卫战”

党的十七大以来，我国政府高度重视环境污染的防治，提出要像对贫困宣战一样坚决向污染宣战，针对大气污染、水污染、土壤污染、固体废弃物污染等突出环境问题，重拳出击、猛药不停、铁腕治理，全面打响了“环境保卫战”。先后制定并出台了国家环境保护“十一五”“十二五”和“十三五”专项规划及加强环境保护重点工作的指导意见等政策文件，并专门针对环境问题突出的农村、重点流域等区域出台了系列污染防治的规划、工作意见、实施方案等相关文件（见表1－3）。

① 怀化市林业局：《我国森林公园达3505处　2017年，全国森林公园共接待游客9.62亿人次，直接旅游收入878.5亿元》，怀化市林业局网站（http://linye.huaihua.gov.cn/25829/25834/25836/content_605629.html），2018年4月23日。

② 全国绿化委员会办公室：《2019年中国国土绿化状况公报》，国家林业和草原局政府网（http://www.forestry.gov.cn/），2020年3月12日。

③ 同上。

④ 国家林业和草原局：《2018年度中国林业和草原发展报告》，国家林业和草原局政府网（http://www.forestry.gov.cn/），2020年4月27日。

⑤ 周凤梅：《好消息！国宝大熊猫已经不再是濒危动物啦!》，中国日报网（http://world.chinadaily.com.cn/2016－09/05/content_26703272.htm），2016年9月5日。

表 1－3　　党的十七大以来我国出台的部分环境保护相关文件

时间	印发部门	出台的文件
2007.11	环保总局等 8 部门	《关于加强农村环境保护工作的意见》
2007.11	国务院	《国家环境保护“十一五”规划》
2008.01	环保总局等 5 部门	《关于加强重点湖泊水环境保护工作意见》
2009.02	国务院办公厅	《关于实行“以奖促治”加快解决突出的农村环境问题的实施方案》
2009.08	国务院	《规划环境影响评价条例》
2010.05	环保部等 9 部门	《关于推进大气污染联防联控工作改善区域空气质量的指导意见》
2010.08	环保部等 3 部门	《“十二五”近岸海域污染防治规划编制工作方案》
2011.04	环保部等 6 部门	《全国环境宣传教育行动纲要（2011—2015 年）》
2011.10	国务院	《国务院关于加强环境保护重点工作的意见》
2011.12	国务院	《国家环境保护“十二五”规划》
2013.01	环保部	《关于加强国家重点生态功能区环境保护和管理的意见》
2013.02	环保部	《国家环境保护标准“十二五”发展规划》
2013.09	国务院	《大气污染防治行动计划》
2013.09	环保部等 6 部门	《京津冀及周边地区落实大气污染防治行动计划实施细则》
2015.01	国务院	《关于推行环境污染第三方治理的意见》
2015.04	农业部	《关于打好农业面源污染防治攻坚战的实施意见》
2015.04	国务院	《水污染防治行动计划》
2015.11	住建部等 10 部门	《关于全面推进农村垃圾治理的指导意见》
2016.05	国务院	《土壤污染防治行动计划》
2017.04	环保部	《国家环境保护标准“十三五”发展规划》
2017.08	国务院	《关于修改〈建设项目环境保护管理条例〉的决定》
2017.08	环保部	《关于推进环境污染第三方治理的实施意见》
2018.06	中共中央、国务院	《关于全面加强生态环境保护坚决打好污染防治攻坚战的意见》
2018.06	国务院	《打赢蓝天保卫战三年行动计划》
2018.12	国务院办公厅	《“无废城市”建设试点工作方案》
2019.08	自然资源部	《矿山地质环境保护规定》

在大气污染防治方面。2013 年 9 月，国务院出台《大气污染防治行动计划》，明确了空气质量改善的目标，并提出 10 条 35 项综合治理措

施，重点治理细颗粒物（PM2.5）和可吸入颗粒物（PM10）。为贯彻落实《大气污染防治行动计划》，环保部、国家发改委等6部门随即联合印发了《京津冀及周边地区落实大气污染防治行动计划实施细则》。2017年，环保部会同有关部门和地方制订了《京津冀及周边地区2017年大气污染防治工作方案》《京津冀及周边地区2017—2018年秋冬季大气污染综合治理攻坚行动方案》以及强化督查方案、巡查方案、专项督察方案等6个配套文件，采取督查、交办、巡查、约谈、专项督察“五步法”，强力推进大气污染治理。

在水污染防治方面。加强水污染防范与城镇污水治理是我国环境治理的重点内容。2015年4月，国务院出台《水污染防治行动计划》（以下简称“水十条”），确定了水污染防治的10个方面238项措施。为配合“水十条”的真正落地，国家发改委、水利部等部门在2016年联合发布了《关于加强长江黄金水道环境污染防控治理的指导意见》《“十三五”全国城镇污水处理及再生利用设施建设规划（征求意见稿）》等文件，从不同领域、不同层次完善水治理体系；各个省份结合自身实际相继提出了地方版的“水十条”，全面打响水污染防治“攻坚战”。为落实水环境治理和水资源保护的主体责任，2016年12月，中共中央办公厅、国务院办公厅印发了《关于全面推行河长制的意见》，各地纷纷制定了推进落实河长制的“路线图”，一些地方在全面推行和落实河长制的过程中，还结合自身实际，打造了具有区域特色的升级版“河长制”，如四川省实行“双河长制”，每条河流皆设立两位河长；浙江省在沿海地区实施“滩长制”。2018年1月，中共中央办公厅、国务院办公厅印发了《关于在湖泊实施湖长制的指导意见》，并发出通知要求各地区各部门结合实际认真贯彻落实。

在土壤污染防治方面。我国从2014年开始启动重金属污染耕地修复综合治理，并选择在湖南省长株潭地区开展试点。2016年5月，国务院出台《土壤污染防治行动计划》，对我国土壤污染防治工作作出了系统而全面的规划及行动部署，提出了10条35项治理措施。2018年5月、6月，生态环境部先后印发了《土壤环境质量　农用地土壤污染风险管控标准（试行）》《土壤环境质量　建设用地土壤污染风险管控标准（试行）》以及《工矿用地土壤环境管理办法（试行）》。2018年8月，第十三届全国人民代表大会常务委员会第五次会议通过了《中华人民共和国土壤污染防治法》。

在环境保护制度改革方面，我国已初步建立了环境污染治理的市场化机制和环保督察制度、省以下环保机构监测监察执法垂直管理制度、污染排放许可制度等。从环境保护市场化机制实践探索来看，2015 年 1 月，国务院办公厅出台《关于推行环境污染第三方治理的意见》。此后，河北省、山西省、安徽省、湖南省、甘肃省等多地及环保部都相继出台了关于推行环境污染第三方治理的实施意见，积极推进环境污染第三方治理。此外，还印发了《培育发展农业面源污染治理、农村污水垃圾处理市场主体方案》《控制污染物排放许可制实施方案》，进一步发展了环境保护的市场机制。从环保督察制度实践探索来看，2016 年 1 月，由环保部、中纪委和中组部的相关领导共同组成的“环保钦差”即中央环境保护督察组正式成立（2018 年 8 月后环境保护督察更名为生态环境保护督察），并开始启动督察工作。2016 年到 2017 年两年间，督察组分四批对全国 31 个省份实现了第一轮督察全覆盖；2018 年 5 月和 10 月，督察组分两批对全国 20 个省份开展了中央生态环保督察“回头看”。第一轮督察及“回头看”直接推动解决群众身边生态环境问题 15 万余件，其中，立案处罚 4 万多家，罚款 24.6 亿元；立案侦查 2303 件，行政和刑事拘留 2264 人。2019 年，新一轮中央生态环保督察启动，预计用 3 年时间完成全覆盖的例行督察，再用 1 年时间完成第二轮督察“回头看”①。为了规范生态环境保护督察工作，压实生态环境保护责任，2019 年 6 月，中共中央办公厅、国务院办公厅印发《中央生态环境保护督察工作规定》。此外，我国还积极推进了环境影响评价制度和环保机构检测监察执法垂直管理制度改革探索，河北省、重庆市作为率先实施环保机构检测监察执法垂直管理制度改革的试点。

从环境保护成效来看，全国环境质量逐步好转，城市空气质量不断改善。2018 年，在 338 个被监测城市中，城市空气质量达标的城市占 35.8%，比上年增长了 6.5%；在细颗粒物（PM2.5）未达标城市（基

---

① 刘融、曹昆、王欲然等：《中国为什么提“绿水青山就是金山银山”?》，人民网（http://politics.people.com.cn/n1/2019/0909/c429373-31344147.html），2019 年 9 月 9 日。

于 2015 年 PM2.5 年平均浓度未达标的 262 个城市）年平均浓度比上年下降 10.4%。[①] 城市污染物处理能力不断加强，2017 年城市污水处理率与城市生活垃圾无害化处理率分别为 95.0% 和 98.0%，比 2007 年分别提高了 61.0% 和 58.1%，具体变化情况见图 1－1。[②] 截至 2018 年 6 月底，全国设市城市累计建成城市污水处理厂 5222 座（不含乡镇污水处理厂和工业），污水处理能力达 2.28 亿立方米/日；全国 97.8% 的省级及以上工业集聚区建成污水集中处理设施并安装自动在线监控装置；完成 2.5 万个建制村环境综合整治；浙江省"千村示范、万村整治"荣获 2018 年联合国地球卫士奖。[③]

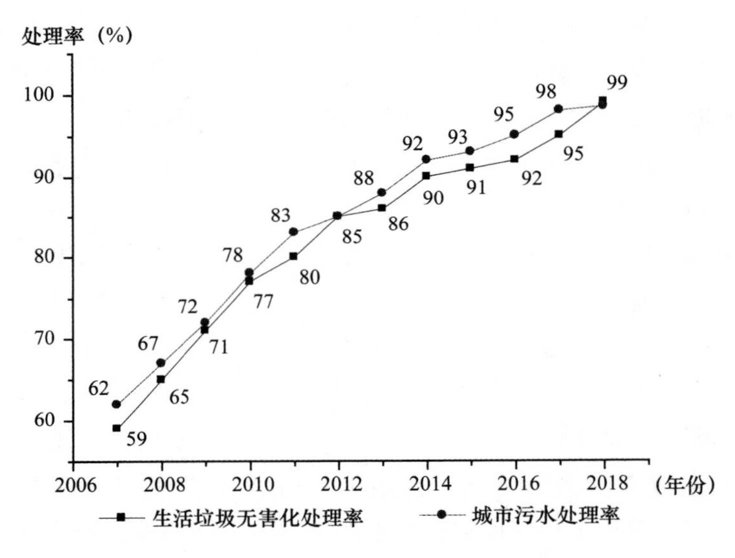

图 1－1　2007—2018 年城市污染物处理能力变化情况

（三）全面促进资源节约

继党的十六大提出"合理开发和节约使用各种自然资源"之后，我国在 2005 年提出了建设节约型社会的目标，并要求牢固树立节约资源的观念。党的十七大要求"加强能源资源节约"，并把"节约资源"作为

① 国家统计局：《中华人民共和国 2018 年国民经济和社会发展统计公报》，2019 年 2 月 28 日。

② 数据来源：《中华人民共和国 2006—2018 年国民经济和社会发展统计公报》。

③ 中华人民共和国生态环境部：《2018 年中国生态环境状况公报》，2019 年 4 月 22 日。

我国的基本国策之一。党的十八大在重申“坚持节约资源和保护环境的基本国策”的同时，进一步提出“全面促进资源节约”。中共中央、国务院《关于加快推进生态文明建设的意见》中把“全面促进资源节约利用”和“资源利用更加高效”分别作为加快推进生态文明建设的指导思想和主要目标之一，并就如何促进资源节约作出了具体的战略部署。党的十八届五中全会再次强调要“全面节约和高效利用资源”。为在实践中全面贯彻节约资源的基本国策，我国按照严守底线、提升效率的思路，全面促进能源资源节约。

在资源消耗总量控制方面，我国分别提出了耕地总量、水资源消耗总量等控制目标。在耕地总量控制方面，确立了十八亿亩耕地红线制度（见表1－4）；在水资源消耗的总量控制方面，全面实施了水资源消耗总量和强度双控行动，先后出台了《关于实行最严格水资源管理制度的意见》《“十三五”水资源消耗总量和强度双控行动方案》《全民节水行动计划》《国家节水行动方案》等，并确立了到2020年全国年用水总量控制在6700亿立方米以内、到2030年全国用水总量控制在7000亿立方米以内的总量控制红线。自2006年开始在全国范围内推动节水型社会建设，到2015年底，31个省级行政区全部成立节约用水办公室，全国100个节水型社会建设试点地区全部成立工作领导机构，全国各地开展了200个省级试点，形成了一批可复制、可推广的试点经验。2018年初，科技部办公厅、水利部办公厅联合发文公布了北京房山区、宁夏中卫市、山东威海市及浙江金华市为全国节水型社会创新试点示范市。

表1－4　　**党的十七大以来我国出台的土地资源控制相关文件**

时间	印发部门	出台的文件	土地控制目标
2008.10	国务院	《全国土地利用总体规划纲要（2006—2020年）》	到2010年和2020年全国耕地保有量分别保持在18.18亿亩和18.05亿亩，确保15.60亿亩的基本农田数量。
2016.06	国土资源部	《全国土地利用总体规划纲要（2006—2020年）调整方案》	2020年全国耕地保有量调整为18.65亿亩以上，基本农田保护面积为15.46亿亩以上，建设用地总规模控制在6.1079亿亩以内。
2017.02	国务院	《全国国土规划纲要（2016—2030年）》	2030年全国耕地保有量在18.25亿亩以上，国土开发强度不超过4.62%。

在资源利用效率提高方面，通过推广先进适用技术、发展循环经济等措施不断提高资源的利用效率，并取得了显著成效。以水资源的节约为例，到2018年底，全国万元国内生产总值用水量73立方米，比2007年下降约71.2%；全国万元工业增加值用水量45立方米，比2007年下降约67.6%。[①]

二 “融入共建”道路探索

党的十八大报告明确要求把生态文明建设融入经济建设、政治建设、文化建设、社会建设（以下简称“四大建设”）各方面和全过程，创新了我国生态文明建设的根本路径和基本模式。

（一）生态文明建设融入经济建设的探索

我国推进生态文明建设融入经济建设主要是围绕以下两个大方面进行的：一方面是以生态经济区试点示范建设为抓手，积极探索生态与经济协调发展的新模式和新路径。在国家层面，国务院先后批复了黄河三角洲高效生态经济区、鄱阳湖生态经济区、洞庭湖生态经济区；在省、市级区域层面，先后正式批复了杭州市浦阳江生态经济区、吉林省西部生态经济区、江苏省江淮生态经济区、四川省川西北生态经济区、江苏省泰州市里下河地区生态经济示范区等；另一方面在全国范围内通过优化提升传统产业、培育战略性新兴产业、发展循环经济和低碳经济等推动生产方式绿色转型，大力倡导绿色消费模式。关于生产方式的绿色循环低碳发展将在“绿色循环低碳发展道路的探索”部分单篇论述，本节主要就消费模式绿色转型方面的实践探索进行概括。

我国在推进消费模式绿色转型的过程中，主要是通过两条路径来推进的。

一是政府部门积极推动绿色采购。通过采购使用节能环保产品，能够有效降低能耗水平，节省能源费用开支，引导全社会形成节能减排、绿色环保的消费习惯。“十二五”以来，节能低碳采购理念在政府部门逐渐得以推广，政府采购节能产品清单和环境标志产品清单范围逐步扩大。2018年，全国强制和优先采购节能、节水产品1653.8亿元，占同

① 数据来源：《中华人民共和国2006—2018年国民经济和社会发展统计公报》。

类产品采购规模的90.1%；全国优先采购环保产品1647.4亿元，占同类产品采购规模的90.2%。[①]

二是通过在全社会广泛宣传绿色消费理念，倡导绿色消费模式。党的十七大报告提出“基本形成节约能源资源和保护生态环境的消费模式”；《中华人民共和国国民经济和社会发展第十二个五年规划纲要》提出要“推广绿色消费模式”；中共中央、国务院《关于加快推进生态文明建设的意见》则再次重申要“倡导勤俭节约、绿色低碳、文明健康的生活方式和消费模式”。党的十八届五中全会对消费方式作出了更加具体明确的要求，把“引导消费朝着智能、绿色、健康、安全方向转变”作为培育发展新动力、提高发展质量和效益的重要战略举措；同时还明确提出要“倡导合理消费，力戒奢侈浪费，制止奢靡之风”及“深入开展反过度包装、反食品浪费、反过度消费行动，推动形成勤俭节约的社会风尚”等推动全社会形成绿色消费自觉的战略路径。[②] 此后，国务院、环保部、国家发改委等部门为推动消费绿色转型，发挥消费引领供给侧结构改革的导向作用，相继出台了系列政策文件（见表1－5）。近年来，我国通过在全社会大力开展全国节能宣传周、全国城市节水宣传周、节能产品惠民工程、“26℃”空调节能活动等多种措施，鼓励全民节约资源能源；通过探索共享单车、共享汽车、闲鱼拍卖、闲鱼二手交易等在内的多种分享经济业务形态，有力推动绿色出行、绿色消费等绿色生活方式的普及；通过组织开展“绿色学校”“绿色社区”等创建评选活动，有力推动了“绿色细胞”工程建设。

表1－5　党的十八大以来我国出台的促进消费升级及绿色消费相关文件

时间	印发部门	文件名称
2015.11	国务院	《关于积极发挥新消费引领作用加快培育形成新供给新动力的指导意见》
2015.11	环保部	《关于加快推动生活方式绿色化的实施意见》

① 中华人民共和国财政部国库司：《2018年全国政府采购简要情况》（http：//gks.mof.gov.cn/tongjishuju/201909/t20190903_3379360.htm），2019年9月6日。

② 《中共十八届五中全会在京举行》，《人民日报》2015年10月30日第1版。

续表

时间	印发部门	文件名称
2016.02	国家发改委等10部委	《关于促进绿色消费的指导意见》
2016.05	国务院办公厅	《关于开展消费品工业“三品”专项行动营造良好市场环境的若干意见》
2019.10	国家发改委	《绿色生活创建行动总体方案》

（二）生态文明建设融入政治建设的探索

党的十八大后，党中央着力推进将生态文明建设纳入领导干部政绩考核体系和生态法制建设，将其作为生态文明建设融入政治建设的两大抓手，并取得了阶段性突破。

一是探索领导干部生态政绩考核制度建设。习近平在中央政治局集体学习等场合多次强调：“不能简单以国内生产总值增长率来论英雄”。党的十八大以来，党中央着力推进将生态文明建设逐步纳入地方党政领导班子和领导干部的政绩考核，为我国生态文明建设提供了有力的组织保障。2016年12月，中共中央办公厅、国务院办公厅印发了《生态文明建设目标评价考核办法》，在此基础上，国家发改委等部门联合制定了《生态文明建设考核目标体系》和《绿色发展指标体系》，为考评生态文明建设提供了科学依据。

从各地实践探索来看，部分地区在积极探索建立和实行生态GDP考核制度，已经建立了包括经济发展指标、社会发展指标和环境保护指标在内的综合政绩考核指标体系。如四川省成都市从2016年开始把环境质量改善纳入年度目标考核之中，积极探索建立激励约束并重的生态文明建设目标评价考核制度。2017年，贵州省、河北省、天津市、江西省、新疆维吾尔自治区、青海省、福建省、内蒙古自治区、江苏省、浙江省等多个省（区、市）相继印发了省级层面的生态文明建设目标评价考核办法；贵州省遵义市、青海省果洛州等印发了市（州）层面生态文明建设目标评价考核办法。此外，我国还高度重视生态文明领域的责任追究制度的建立和完善，并开始落地施行。目前，我国基本上建立起了事前预防监测、事中强化责任、事后终身追责的领导干部生态环境损害“全链条”责任追究体系。

二是探索生态文明法制建设。党的十七大以来，我国主要围绕环境污染治理与保护、能源节约等方面先后颁发并修订了《中华人民共和国环境保护法》《中华人民共和国节约能源法》《中华人民共和国环境保护税法》等系列法律法规，为我国生态文明建设提供了法律依据和法制保障（部分法律法规见表1－6）。为了给生态文明建设提供坚强有力的司法保障，2014年7月3日，最高人民法院召开新闻发布会，宣布环境资源审判庭正式成立。此后，中国特色社会主义生态文明建设的法制化道路逐渐步入正轨。2016年12月，历时6年、历经两次审议的《中华人民共和国环境保护税法》在十二届全国人大常委会第二十五次会议上获表决通过，并于2018年1月1日起施行。为保证《中华人民共和国环境保护税法》的顺利实施，我国于2017年12月制定并颁布《中华人民共和国环境保护税法实施条例》，与《中华人民共和国环境保护税法》同时施行。

表1－6　党的十八大以来我国颁发的推进生态文明建设的主要法律法规

时间	国家/部门	法律法规
2013.06	中华人民共和国	《中华人民共和国草原法》（2013年修正）
2013.10	国务院	《城镇排水与污水处理条例》
2013.11	国务院	《畜禽规模养殖污染防治条例》
2014.04	中华人民共和国	《中华人民共和国环境保护法》（2014年修订）
2014.07	最高人民法院	《关于全面加强环境资源审判工作为推进生态文明建设提供有力司法保障的意见》
2015.09	中华人民共和国	《中华人民共和国大气污染防治法》
2016.09	中华人民共和国	《中华人民共和国环境影响评价法》
2016.07	中华人民共和国	《中华人民共和国水法》（2016年修正）
2016.11	中华人民共和国	《中华人民共和国固体废物污染环境防治法》（2016年修正）
2016.12	中华人民共和国	《中华人民共和国环境保护税法》
2017.06	中华人民共和国	《中华人民共和国水污染防治法》（2017年修正）
2017.11	中华人民共和国	《中华人民共和国海洋环境保护法》（2017年修正）
2018.08	中华人民共和国	《中华人民共和国土壤污染防治法》

续表

时间	国家/部门	法 律 法 规
2018.10	中华人民共和国	《中华人民共和国节约能源法》（2018 年修正）
2018.10	中华人民共和国	《中华人民共和国防沙治沙法》（2018 年修正）
2018.12	中华人民共和国	《中华人民共和国环境噪声污染防治法》（2018 年修正）
2019.01	中华人民共和国	《中华人民共和国耕地占用税法》
2019.08	中华人民共和国	《中华人民共和国资源税法》

从区域生态文明法制探索实践来看，贵州省贵阳市是党的十七大以来全国第一个探索生态文明法制建设的地区，2007 年 11 月成立了贵阳市中级人民法院环境保护审判庭及辖区内清镇市人民法院环境保护法庭，率先在全国开展了环境审判三审合一、集中专属管理的司法实践。此后，江苏省、云南省、福建省、海南省等也相继设立了环境保护法庭或审判庭等，截至 2014 年 7 月，全国 16 个省、自治区、直辖市设立 134 个环境保护法庭、审判庭、合议庭或者巡回法庭，依法审判了一批有影响的环境资源类案件。[①] 但总体而言，大多环保法庭面临着“庭多案少”的尴尬，审理的案件范围也十分狭窄，主要是涉及林木、土地、矿产等自然资源类案件，审理的环境污染型的案件却不多，环境保护法庭在环境保护中的作用并没有充分发挥出来。

（三）生态文明建设融入文化建设的探索

为贯彻落实党的十八大报告提出的将生态文明建设融入文化建设的要求，中共中央、国务院《关于加快推进生态文明建设的意见》对此作了具体的战略部署，明确将“弘扬生态文化”作为加快推进生态文明建设的指导思想之一，要求“坚持把培育生态文化作为重要支撑”“加强生态文化的宣传教育”。此后，《生态文明体制改革总体方案》进一步把“培育普及生态文化”作为“加强舆论引导”的重要内容，为生态文明体制改革提供良好的舆论氛围。

为弘扬生态文化，全国多部门、多地区开展了形式多样的生态文化

① 李婧：《最高法：16 省市设立 134 个环境保护法庭》，人民网—法制频道（http：//legal. people. com. cn/n/2014/0703/c42510—25234326. html），2014 年 7 月 3 日。

创建活动。2008 年 10 月 8 日，由国家林业局主管的中国生态文化协会正式成立并于次日举办了首届“中国生态文化高峰论坛”，截至 2018 年底，该协会已连续举办了十届中国生态文化高峰论坛。2008 年以来，中国生态文化协会按照《全国生态文化村遴选命名管理办法》，每年在全国范围内开展全国生态文化村遴选命名，着力打造生态文化示范基地，截至 2018 年，共遴选命名 806 个“全国生态文化村”、14 个“全国生态文化示范基地”。这些村庄和基地充分体现了“天人合一”生态和谐美、文脉传承民风美、乡风文明环境美、文化繁荣素质美，在各地产生了良好的辐射带动和示范效应。为向广大青少年普及生态文化知识，自 2012 年起，中国生态文化协会还在各地组织开展了“生态文化进校园”活动，通过爱心捐赠、专家授课和评选“生态文化小标兵”等形式，号召全国广大中小学生一起参与到弘扬生态文化、倡导绿色生活、共建生态文明的行动中来，截至 2018 年底，已累计评选“生态文化小标兵”606 名。此外，协会还在 2018 年面向全国高校在校大学生开展了以“生态·文化·家园”为主题的生态文化征文活动，吸引了 100 余所高校的在校学生提交了 300 多篇文章。2011 年中国生态文化协会主办了“丝绸之路生态文化万里行”大型生态文化创意活动，开启了“让世界了解中国生态文化，让中国生态文化走向世界”的万里征程。几年来，协会先后在北京居庸关长城、陕西西安世园会生态园、内蒙古鄂尔多斯七星岩、甘肃敦煌鸣沙山、宁夏银川花博园等地和荷兰、土耳其两国设立了 7 座“丝绸之路生态文化万里行”生态文化地标，并大力开展中国生态文化海外传播。①

2015 年 5 月，中国农业大学等 19 所大学对青年学子们发出了“传播生态文化建设生态文明”的倡议书。2016 年 4 月，国家林业局出台《中国生态文化发展纲要（2016—2020 年）》，对我国“十三五”时期的生态文化建设进行了全面规划；为贯彻落实生态文化发展纲要，各地纷纷制订了具体的《生态文化建设活动方案》，大力推进生态文化建设。此外，中国生态文明论坛、林博会、绿化博览会、花博会、森林旅游节和竹文化节等活动的开展，也发挥了弘扬生态文化的引导作用；各类以

① 尹刚强：《中国生态文化协会十年》，《中国绿色时报》2018 年 12 月 17 日第 4 版。

生态文化为载体的生态文化产业正在成为最具发展潜力的就业空间和普惠民生的新兴产业，增加了生态文化产品的供给。

（四）生态文明建设融入社会建设的探索

我国将生态文明建设融入社会建设的探索主要是围绕开展生态文明宣传教育，提高广大社会成员的生态文明素质，通过多种途径在全社会大力营造尊重自然、顺应自然、保护自然的良好氛围，鼓励民众积极投身生态文明建设；同时，还把生态文明建设作为改善民生，增强人民获得感、幸福感的重要抓手，着力解决了部分人民群众最关心、最直接的生态环境问题，为人民群众创造良好的生产生活环境。

自党的十七大以来，环保部、国家林业局、教育部、共青团中央等多部门高度重视生态文明的宣传教育，积极推动生态文明教育实践活动。2009 年，国家林业局、教育部、共青团中央联合先后发布了《关于开展"国家生态文明教育基地"创建工作的通知》和《国家生态文明教育基地管理办法》，并启动了评选认定工作。截至 2016 年底，全国已命名 76 个"国家生态文明教育基地"，每年受教育的公众超过 4000 万人次。2015 年 4 月，围绕"林业与生态文明"主题，国家林业局、共青团中央、教育部等部门联合举办了"全国青少年生态文明教育体验活动"，倡议青少年以实际行动为实现天更蓝、水更清、山更绿作贡献，并通过"小手拉大手"的形式，进一步唤起全民节约意识、环保意识、生态意识，凝聚全社会生态文明建设力量。截至 2016 年 9 月，全国 31 个省（区、市）超过 700 多所学校的 30 多万名青少年参与了此活动。① 为加强生态环境保护宣传教育工作，增强全社会生态环境意识，环保部、中宣部等 6 部门先后联合编制了《全国环境宣传教育行动纲要（2011—2015 年）》和《全国环境宣传教育工作纲要（2016—2020 年）》。

为促进生态文明建设的理论和实践研究，在全社会推广普及生态文明理念，大力弘扬生态文化，我国先后成立了国家级和省级生态文明研究与促进会，建立了中国生态文明网、中国低碳网、中华循环经济网、绿色中国网等官方网络平台，并在"学习强国"平台上开设大自然、绿

① 王硕：《全国政协推动"关注森林活动"纪实》，人民政协网（http://www.rmzxb.com.cn/c/2016-09-20/1041982_2.shtml），2016 年 9 月 20 日。

水青山、生态文明、绿色发展等相关专栏或专题，充分利用“互联网+”传播生态文明理念。

从区域宣传和普及生态文明理念的实践来看，陕西省、贵阳市、福建省等，都先后出版了生态文明教育的相关读本或教材，积极推进生态文明教育进入中、小学课堂，引导孩子们积极参与生态文明建设。依托国家生态文明教育基地创建工作，各省（区、市）积极创建多种类型的省级生态文明教育基地，出台了省级层面的生态文明教育基地管理办法。为广泛普及生态知识、大力弘扬生态文化，不断强化生态理念，全国多个省、市、县纷纷设立了自己的“生态日”。自2003年浙江省安吉县将每年的3月25日定为“生态日”，开创了全国“生态日”的先河之后，浙江省、石家庄市、贵州省、贵州省沿河土家族自治县等地区都先后设立了各自的“生态日”（见表1-7）。各地每年利用“生态日”开展了主题鲜明、形式多样的生态文明知识宣传教育活动、生态保护实践活动、绿色生活活动、生态文明志愿者活动等，大力推进了生态文明理念的普及和对生态文明建设的“知行合一”。

表1-7　**我国部分地区已设立的“生态日”**

设立时间	地区	“生态日”起始时间及具体日期
2003.06	浙江省安吉县	2004年起，每年3月25日为“安吉生态日”
2008.11	浙江省开化县	2009年起，每年5月5日为“开化5.5生态日”
2010.09	浙江省	2011年起，每年6月30日为“浙江生态日”
2011.12	河北省石家庄市	2012年起，每年9月16日为“石家庄生态日”
2013.05	四川省甘孜藏族自治州	2014年起，每年3月11日为“甘孜藏族自治州生态日”
2015.12	贵州省沿河土家族自治县	2016年起，每年6月9日为“沿河土家族自治县生态日”
2016.09	贵州省	2017年起，每年6月18日为“贵州生态日”
2019.02	陕西省西安市	2019年起，每年2月15日为“西安生态日”

为了调查我国生态文明理念的普及和民众践行生态文明的情况，2015年6—8月，课题组根据我国生态文明的最新理念要求，围绕认知

度、认同度和践行度三个维度共设计了29个问题，对贵阳市、成都市、德阳市、雅安市、泸州市等共915名西部地区居民开展了随机抽样问卷调查，获得有效问卷901份，有效率约为98.5%。调查结果显示：受访者对生态文明建设认知度、认同度和践行度的平均值分别为45.7分、69.3分、54.7分，呈现出较高认同度、中等践行度和中等偏低认知度的特点，与2014年2月环保部对公众生态文明意识的调查结论基本一致但结果得分略低一些，这可能既与调查问题本身涵盖内容不完全相同有关，也与我们本次调查对象覆盖面不够广、问卷样本量不够大有关（见表1－8）。

表1－8　**我国社会公众生态文明素质调查总体状况**①

统计情况	认知度			认同度			践行度		
	比较了解	了解一点	不了解	完全认同	比较认同	一般认同	很高	比较高	一般
所占比例	47.7%	51.1%	1.2%	20.1%	72.1%	7.7%	1.9%	66.8%	31.3%
总体得分	45.7			69.3			54.7		

综上所述，尽管我国公众生态文明意识在逐步提高，绿色低碳出行等绿色生活方式逐渐得到推行，但生态文明素质总体水平有待进一步提高，仍然需要在全社会广泛而深入地普及生态文明理念。

三　绿色循环低碳发展道路探索

党的十七大以来，我国在推进绿色发展、循环发展和低碳发展方面进行了积极探索，并取得了显著的成效。党的十八大报告进一步明确把推进绿色发展、循环发展、低碳发展作为生态文明建设的重大战略任务。中共中央、国务院《关于加快推进生态文明建设的意见》明确要求“坚持把绿色发展、循环发展、低碳发展作为基本途径”。党的十八届五中

① 问卷采用1—4分制计分，认知度下的1—4表示对生态文明建设从非常了解—不清楚，认同度下的1—4表示对生态文明建设的态度从非常赞同—无所谓，践行度下的1—4表示参与生态文明建设的程度从总是—从不，得分越高，认知度、认同度和践行度越低。根据四分制计分，认知度、认同程度和践行度的得分分别为2.63分、1.92分和2.36分，然后再折合成百分制，百分制得分越高表示认知度、认同度和践行度越高。

全会进一步拓展了绿色发展的内涵、凸显了绿色发展的战略地位，将其纳入指导我国未来发展的新发展理念体系。

绿色发展可以分别从广义和狭义两个角度理解。与循环发展和低碳发展一起并列作为生态文明建设“基本途径”的绿色发展是狭义上的绿色发展，主要是指要素层面的绿色发展，强调的是对其他要素的“绿色化”渗透、净化或改造；而作为国家新发展理念的绿色发展是广义上的系统层面的绿色发展，强调的是对整个国家发展战略系统的绿色导向、绿色引领和绿色变革，既包含了低碳发展和循环发展的基本内涵，也包含了通过生态环境保护和建设为自然生态系统添绿的内涵，是自然生态系统的增绿和人类社会系统的变绿（即绿色化转型）的发展模式和路径，也是统领绿色循环低碳发展的指导性理念。因此，绿色发展既是一种新发展理念，也是一种新发展方向、新发展模式及新发展路径。

（一）绿色发展的实践探索

本节所指的绿色发展主要是从发展路径的角度来理解的狭义层面的绿色发展，是与循环发展、低碳发展相并列的推进生态文明建设的基本路径。党的十七大以来，我国围绕绿色农业、绿色工业、绿色建筑等方面开展了绿色转型发展的实践探索，相继出台了系列推进绿色转型发展的法律法规（见表1－9）。

表1－9　**党的十七大以来我国出台的推进绿色发展的相关法律法规**

时间	部门/地区	出台法律法规
2007.11	太原市	《太原绿色转型标准体系》
2010.01	农业部	《关于创建国家现代农业示范区的意见》
2011.11	国务院	《工业转型升级规划（2011—2015年）》
2013.04	住建部	《“十二五”绿色建筑和绿色生态城区发展规划》
2014.10	国家发改委	《中国—新加坡天津生态城建设国家绿色发展示范区实施方案》
2015.04	国务院	《中国制造2025》

续表

时间	部门/地区	出台法律法规
2015.05	农业部等8部委	《全国农业可持续发展规划（2015—2030年）》
2015.08	国务院办公厅	《关于加快转变农业发展方式的意见》
2016.03	工信部办公厅	《“中国制造2025”城市试点示范工作方案》
2016.06	工信部	《工业绿色发展规划（2016—2020年）》
2016.08	人民银行、财政部等7部委	《关于构建绿色金融体系的指导意见》
2016.09	工信部、国家标准委	《绿色制造标准体系建设指南》
2016.12	国务院	《关于建立统一的绿色产品标准、认证、标识体系的意见》
2017.07	工信部等5部委	《关于加强长江经济带工业绿色发展的指导意见》
2017.09	中共中央办公厅、国务院办公厅	《关于创新体制机制推进农业绿色发展的意见》
2017.11	交通运输部	《关于全面深入推进绿色交通发展的意见》
2018.11	民航局	《关于深入推进民航绿色发展的实施意见》

在农业绿色发展方面，自2005年起，我国政府先后通过实施测土配方施肥补贴项目、土壤有机质提升项目等，以促进化肥减量增效和耕地质量的改善。自2010年起，农业部启动了国家现代农业示范区创建工作，先后认定了三批共283个国家现代农业示范区。在此基础上，农业部办公厅于2016年6月发布了《关于实施国家现代农业示范区十大主题示范行动的通知》，提出在283个国家现代农业示范区推进粮食绿色高产高效创建等十大主题示范行动，充分发挥国家现代农业示范区引领带动作用。2017年2月，中共中央、国务院先后印发了《关于深入推进农业供给侧结构性改革加快培育农业农村发展新动能的若干意见》和《关于推进农业供给侧结构性改革的实施意见》，提出以绿色发展为导向，大力增加绿色优质农产品供给、全面推进农业废弃物资源化利用等重要绿色发展行动。

在工业绿色发展方面，党的十七大以来，国家着力推进工业绿色发展，将绿色发展作为工业转型升级的重要方向和重要任务之一。自2010年起，我国每年举办“中国绿色工业大会”，就我国推进工业绿色转型发展方面的理论问题和实践探索开展研讨。2011年8月，国务院印发《工业转型升级规划（2011—2015年）》；自2013年起，工信部每年连续发布《工业节能与绿色发展专项行动实施方案》，以探索深化工业节能降耗、推进绿色发展的模式和实现途径。2015年5月，《中国制造2025》正式出台，明确提出实施绿色制造工程。在此基础上，工信部于2016年3月启动“中国制造2025”试点示范城市工作，2016年8月，宁波市成为首个“中国制造2025”试点示范城市。截至2017年7月，已批复的“中国制造2025”试点示范城市有宁波市、泉州市、沈阳市、成都市等12个城市和苏南五市、珠江西岸六市一区、长株潭衡、郑洛新等4个城市群。[①] 目前，该试点上升为“中国制造2025”国家级示范区。2016年7月，工信部出台《工业绿色发展规划（2016—2020年）》，明确提出“十三五”以传统工业绿色化改造为重点，以绿色科技创新为支撑，提升清洁生产水平，加快构建绿色制造体系，建立健全工业绿色发展长效机制。此后，江苏省、甘肃省、安徽省、上海市、四川省等省（市）相继发布了工业绿色发展“十三五”规划。经过多年努力，我国工业绿色发展取得了显著成效，“十二五”期间，规模以上工业能源消费年均增速比“十一五”时期回落5.5个百分点，以年均2.6%的能耗增长支撑了年均9.57%的工业经济增长，技术节能对工业节能的贡献率达到41.5%。[②]

在城乡建设及建筑方面，我国积极开展绿色建筑行动。结合城镇体系规划和城市总体规划，引导农村住房、商业地产项目和政府投资的公共项目、保障性住房等执行绿色建筑标准，推广安全耐久、节能环保、施工便利的绿色建筑材料，引导高性能混凝土、高强钢、低辐射镀膜玻璃、断桥隔热门窗的发展和应用，因地制宜地推进绿色生态城区规划和建设。为引导和规范绿色建筑的发展，我国早在2005年，建设部、科技

---

① 夏旭田、钟华、李祺祺：《“中国制造2025”试点示范升至国家级　将探索市场准入负面清单》，《21世纪经济报道》2017年7月20日第6版。

② 工业和信息化部：《工业绿色发展规划（2016—2020年）》，《有色冶金节能》2016年第5期。

部就联合出台了《绿色建筑技术导则》，2007 年我国启动了“100 项绿色建筑示范工程与 100 项低能耗建筑示范工程”，并在同年出台了《绿色建筑评价技术细则（试行）》和《绿色建筑评价标识管理办法》。此后，北京市、天津市、重庆市、上海市和深圳市等 20 余个省市相继出台地方性绿色建筑相关标准，并开展了绿色建筑和绿色生态城区规划建设，启动了一批绿色建筑示范工程。我国绿色建筑规模保持大幅度增长态势，截至 2016 年底，全国累计绿色建筑面积超过 8 亿平方米，其中 2016 年新增绿色建筑面积超过 3 亿平方米。自 2008 年正式开展标识评价以来，各地获得绿色建筑评价标识的项目增长迅速，2016 年获得绿色建筑评价标识的建筑项目 3256 个，当年全国累计有 7235 个建筑项目获得绿色建筑评价标识。①

为修复城市生态环境、最大限度地减少城市开发建设对生态环境的影响，促进城市绿色发展，我国分别于 2014 年和 2015 年开启了“海绵城市”建设和“城市双修”工作。2014 年 12 月，财政部、住房城乡建设部、水利部决定开展中央财政支持海绵城市建设试点工作，先后制定并印发了《国务院关于推进海绵城市建设的指导意见》《海绵城市专项规划编制暂行规定》等系列推进海绵城市建设的指导性文件。到目前为止，住房城乡建设部分两批共公布了 30 个“海绵城市”试点。自 2015 年 6 月将三亚作为首个“城市双修”试点城市以来，住房城乡建设部分三批共公布了 58 个试点城市。

（二）循环发展的实践探索

推动循环发展就是在生产过程中遵循清洁生产和资源循环利用的宗旨，对资源实行循环利用，以提高资源利用效率、减少资源浪费、降低废弃物的排放。其基本理念：废物是放错地方的资源，要遵循“减量化、再利用、资源化”的“3R”原则。

从 21 世纪初开始，我国就大力倡导发展循环经济，并相继出台了推动循环经济发展的若干意见。党的十七大以来，我国从立法、规划、政策、试点示范、工程项目等方面多措并举，在政策措施上形成了一系列的“组合拳”，大力推动循环发展（见表 1－10）。

① 数据来源：《2018—2023 年中国绿色建筑行业发展模式与投资预测分析报告》。

表1－10　　**党的十七大以来我国出台的推进循环发展的相关法律法规**

时间	部门/国家	出台法律法规
2008.08	中华人民共和国	《中华人民共和国循环经济促进法》
2008.08	国务院	《废弃电器电子产品回收处理管理条例》
2010.05	央行、银监会、证监会	《关于支持循环经济发展的投融资政策措施意见的通知》
2010.05	国家发改委等4部委	《关于组织开展城市餐厨废弃物资源化利用和无害化处理试点工作的通知》
2010.05	国家发改委	《关于推进再制造产业发展的意见》
2010.05	国家发改委、财政部	《关于开展城市矿产示范基地建设的通知》
2011.09	国家发改委	《全国循环经济发展规划（2011—2015）》
2012.03	国家发改委、财政部	《关于推进园区循环化改造的意见》
2013.01	国务院	《循环经济发展战略和近期行动计划》
2016.09	农业部等6部委	《关于推进农业废弃物资源化利用试点的方案》
2017.04	国家发改委等14部委	《循环发展引领行动》
2018.05	国家发改委、住房城乡建设部	《关于推进资源循环利用基地建设的通知》
2018.10	中华人民共和国	《中华人民共和国循环经济促进法》（2018年修正）

在农业循环发展方面。通过推动资源利用节约化、生产过程清洁化、产业链接循环化、农业废物资源化，利用农作物秸秆和畜禽粪便等农业废弃物推进农村沼气工程建设，初步形成农林牧渔多业共生的循环型农业生产方式。2007年7月，农业部印发《农业生物质能产业发展规划（2007—2015年）》；2016年9月，农业部等相关部门出台《关于推进农业废弃物资源化利用试点的方案》，开始启动农业废弃物资源化利用试点探索，将推进畜禽粪污、病死畜禽、农作物秸秆、废旧农膜及废弃农药包装物等五类废弃物的循环综合利用；2017年6月，国务院办公厅印发了《关于加快推进畜禽养殖废弃物资源化利用的意见》，这是我国第一个畜禽粪污资源化利用指导性文件。《意见》提出到2020年，全国畜禽粪污综合利用率将达到75%以上，规模养殖场粪污处理设施装备配套率达到95%以上。为了推进农作物秸秆的综合利用，2008年7月，国务院办公厅印发了《关于加快推进农作物秸

秆综合利用的意见》；在此基础上，为进一步加强秸秆综合利用与禁烧工作，国家发改委、财政部、农业部、环保部于2016年11月共同印发了《关于进一步加快推进农作物秸秆综合利用和禁烧工作的通知》。到2017年，全国已有12省（区）开展了秸秆综合利用试点，全国秸秆还田面积8亿多亩，秸秆综合利用率达到82%。[①] 全国沼气工程每年消纳近20亿吨粪污、秸秆和生活垃圾，年产沼肥7100万吨。[②] 2019年，农业农村部办公厅印发《关于全面做好秸秆综合利用工作的通知》，决定开始全面推进秸秆综合利用工作。

在工业循环发展方面，大力推进循环型生产方式，全面推行清洁生产，实现源头减量、能源梯级利用、水资源循环利用、废物交换利用等。为促进可再生资源的循环利用，构建了覆盖城乡的集回收站点、分拣中心、专业运输和集散市场为一体的再生资源回收网络，以加强废金属、废塑料、废玻璃、废纸、废弃电器电子产品等“城市矿产”的回收利用。

在推进方式上，我国坚持试点先行、逐步推进的工作方针，通过积极探索循环经济试点示范，在各领域各层面探索循环经济发展路径和模式。自2005年10月国家发改委等相关部门选取部分重点行业、重点领域启动循环经济试点工作以来，“十一五”期间，共批准两批178个国家循环经济示范试点。自2012年起启动了园区循环化改造试点示范工作。“十二五”期间，国家发改委、财政部等部门组织开展了“城市矿产”示范基地、餐厨废弃物资源化利用的试点示范工作，提出实施循环经济“十百千”示范行动计划。[③] 为加强对国家“城市矿产”示范基地、园区循环化改造示范试点的监督管理，充分发挥试点示范的引领作用，提高中央财政资金使用效益，国家发改委、财政部于2015年10月，国家发改委、财政部发布《关于印发国家循环经济试点示范典型经验的通知》，对循环经济试点的前期典型经验和做法进行了总结，并制定了

---

① 乔金亮：《绿色农业发展又有大思路》，《经济日报》2017年9月19日第10版。

② 国家发展改革委、农业部：《全国农村沼气发展“十三五”规划》，国家发展改革委网站（http：//www.ndrc.gov.cn/zcfb/zcfbtz/201702/t20170210_837546.html），2017年2月10日。

③ “十百千”行动计划是指：建设循环经济十大工程，创建一百个循环经济示范城市和乡镇，培育一千家循环经济示范企业。

《国家循环经济试点示范典型经验及推广指南》，要求在全国进行推广。目前，全国共确定了六批49个国家“城市矿产”示范基地、五批100个餐厨废弃物资源化利用和无害化处理试点城市和五批100个园区循环化改造示范试点园区、两批101个地区为国家循环经济示范城市（县）。[①]

（三）低碳发展的实践探索

我国作为一个负责任的发展中国家，高度重视气候变化问题，把积极应对气候变化作为国家经济社会发展的重大战略，把推动低碳发展作为生态文明建设的重要内容，不仅成立了国家气候变化对策协调机构，还根据国情特点、发展阶段和国际责任，先后出台了一系列促进低碳发展的政策法规（见表1－11），采取了一系列控制温室气体排放、节能减排低碳行动等促进低碳发展的行动措施，为应对全球气候变化作出了重要贡献。2007年6月，我国发布《中国应对气候变化国家方案》和《中国应对气候变化科技专项行动》；2009年12月哥本哈根世界气候大会前夕，我国提出到2020年单位GDP二氧化碳比2005年降低40%—45%；2014年11月APEC会议期间，我国政府承诺到2030年左右二氧化碳排放达到峰值且力争提早达峰。为宣传和反映中国在低碳发展中的重大行动和成效，自2011年起，每年由国家发改委、工信部、环保部、《中国经济导报》等多部门牵头，共同评选并发布中国低碳发展的“十大新闻”。

表1－11　**党的十七大以来我国促进低碳发展的主要政策法规**

时间	部门/国家	出台政策法规
2011.09	国务院	《“十二五”节能减排综合性工作方案》
2011.12	国务院	《“十二五”控制温室气体排放工作方案》
2011.12	国家发改委等12部门	《万家企业节能低碳行动实施方案》
2012.08	国务院	《节能减排“十二五”规划》

① 国家发展改革委环资司、财政部经建司：《第六批国家“城市矿产”示范基地公布》，《再生资源与循环经济》2015年第7期。

续表

时间	部门/国家	出台政策法规
2013.11	国家发改委等9部门	《国家适应气候变化战略》
2014.01	国家发改委	《关于组织开展重点企（事）业单位温室气体排放报告工作的通知》
2014.05	国务院办公厅	《2014—2015年节能减排降碳行动方案》
2014.09	国家发改委	《国家应对气候变化规划（2014—2020年）》
2014.11	中华人民共和国	《中美气候变化联合声明》
2015.06	中华人民共和国	《强化应对气候变化行动——中国国家自主贡献》
2015.09	中华人民共和国	《中美元首气候变化联合声明》
2016.11	国务院	《“十三五”控制温室气体排放工作方案》
2016.12	国务院	《“十三五”节能减排综合性工作方案》
2017.12	国家发改委	《全国碳排放权交易市场建设方案（发电行业）》

在能源低碳发展方面，通过控制煤炭消耗总量、优化能源结构、加强企业节能减排降碳管理等，大力推进低碳发展。通过大力发展非化石能源、可再生能源等清洁能源，严控煤炭消费总量，促进我国的能源结构逐步优化，其中煤炭消费比重不断降低，煤炭消费增速放缓明显且出现了下降的趋势，清洁能源占比逐年提高。2018年，煤炭消费量占能源消费总量的59%，使我国煤炭占一次能源消费比重首次低于60%，与2007年相比累计下降约14%；天然气等清洁能源消费量占能源消费总量的22%，比2007年上升了约12%（见图1－2）。①

在工业低碳发展方面，工信部、发改委、科技部、财政部于2012年12月，制定了《工业领域应对气候变化行动方案（2012—2020年）》，进一步明确了工业领域应对气候变化的目标和任务，大力推动工业领域低碳发展。通过应用先进技术改造工程设备，推广重大节能技术及装备，提升能源利用效率。通过开展“万家企业节能低碳行动”，大力推动重点用能单位加强节能工作，强化企业碳排放管理，加强企业能源和碳排放管理体系建设。通过实施能效“领跑者”制度，定期公布能源利用效

① 数据来源：《2007—2018年中华人民共和国国民经济和社会发展统计公报》。

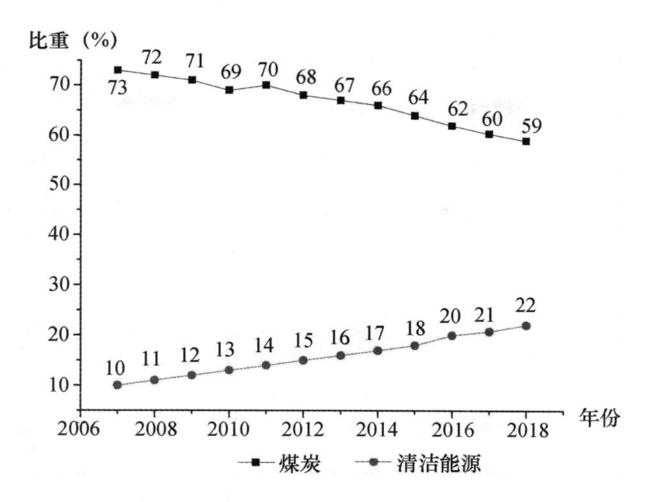

图 1－2　2007—2018 年煤炭和清洁能源消费量占能源消费总量的比重

率最高的产品目录、单位产品能耗最低的高耗能产品生产企业名单以及能源利用效率最高的公共机构名单，对能效“领跑者”给予政策扶持；推行能效标识和节能产品认证，引导生产、购买、使用高效节能产品。经过多年努力，我国能源消耗强度逐年下降，2007—2018 年，我国万元国内生产总值能耗累计下降 46.1%（见图 1－3）。全国万元国内生产总值二氧化碳排放大幅下降，2017—2019 年全国万元国内生产总值二氧化

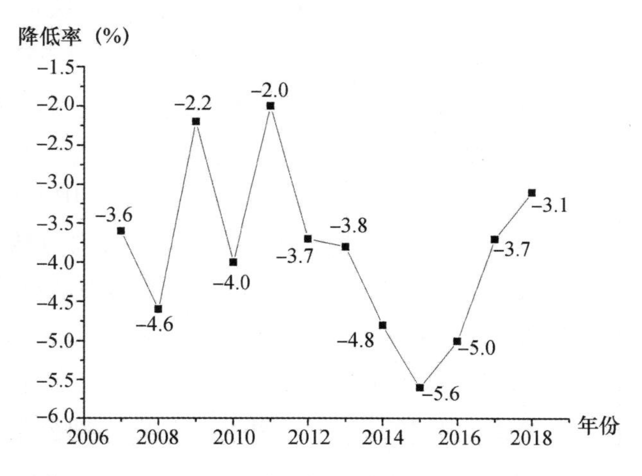

图 1－3　2007—2018 年万元国内生产总值能耗降低率

碳排放接连下降 5.1%、4.0%、4.1%。[①]

此外，我国还在低碳农业、森林碳汇、低碳交通运输体系建设等方面进行了积极的探索实践。通过大力发展低碳农业，降低农业领域温室气体排放；加快造林绿化步伐，实施森林质量精准提升工程，着力增加森林碳汇；建设低碳交通运输体系，大力发展公共交通，鼓励使用节能、清洁能源和新能源运输工具等。

从低碳发展的推进方式来看，我国坚持试点先行、逐步铺开的工作方针。2010 年 8 月，国家发改委发布《关于开展低碳省区和低碳城市试点工作的通知》，明确将在广东省、辽宁省、湖北省、陕西省、云南省和天津市、重庆市、深圳市、厦门市、杭州市、南昌市、贵阳市、保定市开展试点工作。截至 2017 年底，我国已确定 29 个省区 81 个城市进行低碳试点，试点工作基本在全国范围全面铺开。各试点省区和城市根据国家发改委批复的《低碳试点工作实施方案》，成立了低碳试点工作领导小组，积极探索城市碳排放核算与管理平台、碳排放影响评估、企业碳排放核算报告、低碳产品认证等试点工作，并取得重大进展。为推动城市节能减排降碳，国家财政部、国家发改委于 2011 年 6 月发布了《关于开展节能减排财政政策综合示范工作的通知》，于同年 7 月启动了“节能减排财政政策综合示范城市”评选工作，截至 2016 年底，已确立了三批共 30 个城市为试点示范城市。2013 年 10 月，国家工信部、发改委印发《关于组织开展国家低碳工业园区试点工作的通知》，截至 2016 年底，全国共确定了两批 67 家低碳试点工业园区。为加强低碳社会建设，倡导低碳生活方式，推动社区低碳化发展，国家发展改革委决定组织开展低碳社区试点工作，并于 2014 年 3 月印发了《关于开展低碳社区试点工作的通知》，于 2015 年 3 月发布了《低碳社区试点建设指南》。此外，我国还积极探索运用市场机制推进减碳，2011 年 10 月，国家发改委办公厅发布《关于开展碳排放权交易试点工作的通知》，同意北京市、天津市、上海市、重庆市、湖北省、广东省及深圳市开展碳排放权交易试点；2014 年 12 月，《碳排放权交易管理暂行办法》出台，7 个试点省市碳交易平台全部上线交易；2017 年 12 月《全国碳排放权交易市

① 数据来源：《2007—2019 年中华人民共和国国民经济和社会发展统计公报》。

场建设方案（发电行业）》印发，标志着全国碳排放交易体系正式启动。截至2019年10月底，中国碳交易试点地区的碳排放配额成交量达3.47亿吨二氧化碳当量，交易额约76.8亿元人民币。试点地区碳市场覆盖的行业企业碳排放总量和强度实现双降，碳市场控制温室气体排放的良好效果初步显现，为建设全国碳排放权交易市场积累了宝贵经验。①

第三节　中国特色社会主义生态文明建设道路的探索总结

我国在探索中国特色社会主义生态文明建设道路的实践中取得了显著成效，积累了丰富经验，但同时也存在一些不足之处。归纳总结实践探索中取得的经验和存在的不足，对于新时代进一步坚持和发展中国特色社会主义生态文明建设道路，加快推进生态文明建设迈上新台阶，具有十分重要的现实意义。

一　中国特色社会主义生态文明建设道路的探索经验

综合党中央对社会主义生态文明建设路线图的顶层设计和部门、区域探索的实践可以发现，我国在社会主义生态文明建设的理念指导、路径选择、推进方式、开放合作、制度体系构建等多个方面都取得了成功的经验。

（一）坚持用生态文明理念作指导

习近平总书记多次强调，推进生态建设，既是经济发展方式的转变，更是思想观念的一场深刻变革。② 生态文明理念是建设生态文明实践活动过程中，为促进人与自然和谐发展所应遵循的具有全局性、战略性、统率性的根本观念。党的十七大把“生态文明观念在全社会牢固树立”作为建设生态文明的基本要求之一；党的十八大明确提出必须树立“尊

① 赵英民：《中国碳交易试点地区配额交易累计约76.8亿元》，中国新闻网（http://www.chinanews.com/cj/2019/12-11/9031271.shtml），2019年12月11日。

② 人民日报社理论部：《深入学习习近平同志重要论述》，人民出版社2013年版，第71页。

重自然、顺应自然和保护自然”的生态文明理念；中共中央、国务院《关于加快推进生态文明建设的意见》在重申这一理念的同时，还提出了“坚持绿水青山就是金山银山”的理念；中共中央、国务院《生态文明体制改革总体方案》进一步全面系统地阐述了生态文明体制改革必须树立的六大生态文明理念。

1. “尊重自然、顺应自然和保护自然”的理念

尊重自然是人与自然相处时应秉承的首要的科学态度，要求人类对自然怀有敬畏之心、感恩之情、报恩之意，要尊重自然的主体性和文明性，尊重自然的一切生命、一切创造、一切价值、一切文明成果，也就是说“人应以满意和感激的心情栖息于大自然中”①。顺应自然是人与自然相处时应遵循的基本原则，要求人类科学认识自然规律、严格顺应自然规律并按自然规律办事。“我们对自然界的整个支配作用，就在于我们比其他一切生物强，能够认识和正确运用自然规律”②。自然界有着自身运动、变化和发展的客观规律，如果人类在实践活动中违背了自然规律，必将受到大自然的“报复”和“惩罚”。对此，恩格斯曾告诫我们：“不要过分陶醉于我们人类对自然界的胜利。对于每一次这样的胜利，自然界都对我们进行报复。每一次胜利，起初确实取得了我们预期的结果，但是往后和再往后却发生完全不同的、出乎预料的影响，常常把最初的结果又消除了。”③ 因此，我们必须要尊重并顺应自然主体的规律性，严格按照自然规律办事，才能有效防止在开发利用自然上走弯路。保护自然，是人与自然相处时应承担的责任和义务，要求人类在利用自然、索取生存发展之需时，必须要给自然足够的休养生息空间，促进和维护自然生态系统的稳定和平衡，提升自然的安全性和文明性。人因自然而生，伤害自然最终会伤及人类自身，保护自然实则就是保护我们自己。④ 因此“尊重自然、顺应自然和保护自然”的理念要求我们要像尊

---

① ［美］霍尔姆斯·罗尔斯顿：《环境伦理学》，杨通进译，中国社会科学出版社2000年版，第451页。

② 《马克思恩格斯文集》第9卷，人民出版社2009年版，第560页。

③ 同上书，第559—560页。

④ 习近平：《在省部级主要领导干部学习贯彻党的十八届五中全会精神专题研讨班上的讲话（2016年1月18日）》，人民出版社2016年版，第18页。

重、热爱母亲一样尊重、热爱自然，要像对待生命一样对待自然，像保护眼睛一样保护自然。

2. “发展和保护相统一”的理念

必须要破除那种把发展与保护完全割裂或对立起来的形而上学发展观，这种观点片面地认为追求人类社会经济的发展就必然要以牺牲自然生态环境为代价、而保护自然生态环境就意味着放弃人类的发展权利而完全让位于自然的发展。事实上，倘若离开发展抓保护就相当于“缘木求鱼”，而脱离保护求发展则是在“竭泽而渔”，因此，强调保护自然并不是要求放弃人类发展的权利，而是要求将二者统一起来，主张在保护中发展、在发展中保护，统筹推进经济社会发展与自然生态环境保护。这就要求，在发展路径上，要坚持推进绿色循环低碳发展，决不走“先污染后治理”的路子；[①] 在发展程度上，要坚持以自然生态环境可承载、可持续发展为前提，也就是要解决好发展的“度”的问题，尽力寻求二者之间的平衡点。只有牢固树立发展和保护相统一的理念，才能推动经济发展与环境保护的反向发展转变成共耦、同向、互利共赢的发展，真正实现在发展中保护、在保护中发展。

3. “绿水青山就是金山银山”的理念

“绿水青山就是金山银山”是生态文明理念中的核心理念。自 2005 年 8 月首次提出这一理念后，习近平多次在不同场合重申这一理念，并不断丰富和拓展了其内涵，深刻阐释了“绿水青山”和“金山银山”即自然（或生态）生产力和社会生产力之间的辩证关系，这是对马克思主义生产力理论的重大发展，为经济社会发展与生态环境保护相统一、协调提供了思想基础。“绿水青山就是金山银山”是生态文明的价值观和财富观的集中体现，绿水青山是生态财富，是生态文明建设创造的生态产品，是生态生产力；金山银山是物质财富，是经济建设创造的物质产品，是社会生产力，这两者都是人类生存和发展所必需的。在实践发展过程中要牢牢坚持“既要金山银山，更要绿水青山”的理念，若当金山银山和绿水青山发生冲突不可兼得时，“宁要绿水青山，不要金

---

① 《习近平在中共中央政治局第六次集体学习时强调　坚持节约资源和保护环境基本国策　努力走向社会主义生态文明新时代》，《环境经济》2013 年第 6 期。

山银山”[①]。这一科学论断充分彰显了坚持“生态优先、绿色发展”的理念。

4.“自然价值和自然资本”的理念

自然生态系统是有价值的，不仅有满足人类经济社会发展的经济价值、审美价值等外在价值，还具有自身的内在价值，自然价值是内在价值与外在价值的有机统一。自然不仅有价值，而且其价值还能够增值，而能够增值的价值就是资本，因此，自然本身就是一种资本，即自然资本。自然资本既有资本的增殖性、存量与流量特性、非完全资本折旧特性，同时，还具有稀缺性和不可替代性，也就是说自然资本是一种不可或缺的稀有资本。但长期以来，人类忽视了自然的价值和自然资本的稀缺性，仅重视的是对物质资本、人力资本和社会资本的投资，把自然生态环境视为取之不尽用之不竭的资源库和废料场，尽可能多地索取自然资源并把自然资源不断转化为物质资本。生态文明理念要求把自然资本纳入资本范畴进行考察，不仅要注重对自然资本、物质资本、人力资本、社会资本四种资本的函数的综合投入和平衡协调，更要注重对其中的自然资本这一稀缺性资本的投入，必须要加大自然资本的保护力度，不断创造自然价值、增值自然资本，增强自然生态产品的供给能力。[②]

5.“空间均衡”的理念

空间是一切实践活动的载体，生态文明建设必须正视不同类型、不同区域的空间属性，促进各类空间的均衡发展。一方面，要坚持贯彻主体功能区制度，落实主体功能区规划，健全完善相关政策，充分发挥主体功能区在国土空间开发保护基础制度中的作用。[③] 在此基础上，建立健全空间规划体系、加强国土空间的用途管制等。另一方面，由于我国国土空间的区域差异性明显，因此，推进生态文明建设必须要充分考虑各地空间的差异性，要因地制宜地选择合适路径，同时要统筹兼顾、协调平衡不同空间相关利益者的利益。

---

① 中共中央宣传部：《习近平总书记系列重要讲话读本》，学习出版社、人民出版社 2016 年版，第 230 页。

② 诸大建：《倡导投资自然资本的新经济》，《解放日报》2015 年 3 月 12 日第 11 版。

③ 胡锦涛：《坚定不移沿着中国特色社会主义道路前进　为全面建成小康社会而奋斗——在中国共产党第十八次全国代表大会上的报告》，人民出版社 2012 年版，第 39 页。

6. “山水林田湖草是一个生命共同体”的理念

根据生态学原理，整个自然生态系统和人类社会系统、自然生态系统内部的生物群落与无机环境之间、生物与生物之间由于物质交换、能量和信息传递等使之构成了一个相互联系、相互作用、彼此制约的生命共同体，是一个动态开放、不可分割、休戚与共的有机统一整体，其结构组成、存在方式和生态功能等都表现出统一的整体性。如果破坏了其中的任何一个生态因子，整个自然生态系统都会受到影响甚至崩溃。如砍了林，毁了山，就破坏了土地，山上的水就会倾泻到河湖，土淤积在河湖，水就变成了洪水，山就变成了秃山。一个周期后，水也不会再来了，一切生命都不会再光顾了。因此，必须坚持山水林田湖草是一个生命共同体的理念。[①]

以上六大生态文明理念看似属于不同的方面，实则是一个相互联系、相互补充、相互制约的有机统一整体，其中，坚持“尊重自然、顺应自然和保护自然”是基础，坚持“绿水青山就是金山银山”是核心和关键，其余理念分别从不同侧面对基础理念和核心理念进行补充和完善，共同构成了一个全面系统的理念体系，为生态文明建设道路的选择提供了方向和基本价值遵循。

党的十八届五中全会将这六大理念高度凝练和集中概括为绿色发展理念，并与创新、协调、开放、共享的发展理念一并构成国家的新发展理念，成为新时代我国建设人与自然和谐共生的社会主义现代化强国必须坚持的新发展理念。

（二）坚持多元化路径共同推进

根据党中央、国务院对推进生态文明建设路径的顶层设计来看。党的十七大部署的路径可以归纳为三条：一是要求构建“节约能源资源和保护生态环境的产业结构、增长方式、消费模式”及大力发展“循环经济”和“可再生能源”，这一目标的实现就要求推动经济发展方式向绿色循环低碳方向转型发展，实质上就是要求走一条绿色循环低碳发展的

① 本报评论员：《保护草原生态环境　建设山水林田湖草生命共同体》，《农民日报》2017年8月4日第1版。

路径；二是提出控制“主要污染物排放”和改善“生态环境质量”的目标，这就要求走一条保护生态和防治环境污染的生态环保路径；三是提出“生态文明观念在全社会牢固树立”的目标，这就要求加强生态文明观念的宣传和教育，也就是走一条生态文化建设的路径。综合党的十八大及以后党中央、国务院对生态文明建设战略推进路径的顶层设计，可概括为三条实现路径：其一，继续强化生态环境保护路径；其二，提出将生态文明建设与社会主义现代化建设的其他建设“融入共建”的路径；其三，提出着力推进“绿色发展、循环发展、低碳发展”的基本途径，即绿色循环低碳发展路径。

由于我国当前生态环境问题突出，已成为制约全面小康目标实现的短板，自然生态环境保护路径就成为最为紧迫且重要的路径，在实践探索中推进力度最大，为此投入的人力、物力、财力最多，取得的经验最为丰富。绿色循环低碳发展路径是直接推动生产生活方式等社会行为方式绿色化转型的路径，这也是当前大力推进的路径。而“融入共建”路径是推动人类价值观念、生产生活方式、制度体系等生态化变革和绿色化转型的根本路径，因为，自然生态环境保护路径和绿色循环低碳发展路径的贯彻落实及生态文明成果的巩固，都必须要依靠人类价值观念和制度体系的生态化变革和绿色转型，才能提供持久的内生动力和外在的管控压力，切实有效地坚持绿色循环低碳发展，从源头上保护自然生态环境；在实践探索中，“融入共建”路径的推进力度还亟待加强，这是一项长期而艰巨的任务。

（三）坚持重点突破和整体推进相结合

自党的十七大提出建设生态文明以来，在实践探索中形成了以试点示范为引领的重点突破与整体推进相结合即“点面结合、以点带面”的推进方式。

从面上来看，国家先后出台了系列重要文件，要求“动员全党、全社会积极行动，深入持久地推进生态文明建设”①。多部委、多地区主动

① 中共中央、国务院：《关于加快推进生态文明建设的意见》，《人民日报》2015年5月6日第1版。

跟进，初步形成全域推进、整体推进生态文明建设的格局。在部委层面，国务院、环保部、国家发改委、国家林业局、中宣部、教育部、中央文明办等部委都在大力推进；在区域省级层面，从全国各省（区、市）“十三五”规划来看，所有省（区、市）都把坚持绿色发展、推进生态文明建设作为指导经济社会发展的新理念，并就如何推进生产方式、生活方式的绿色转型作出了战略规划。

从点上来看，国家高度重视试点示范工作，无论是区域整体层面的生态文明还是其中某一条具体道路如循环发展、低碳发展等，国家都是鼓励“支持各地区根据总体方案确定的基本方向，因地制宜，大胆探索、大胆试验”①。从区域整体层面的生态文明示范工作来看，我国在继续推进生态建设示范区、可持续发展试验区等创建工作的基础上，先后开展了多种类型的生态文明建设试点示范工作。经过多年的试点探索，各类示范区建设都取得了积极进展，示范效应不断凸显，各类示范区致力于从不同侧面探索适应不同区域特点的建设模式和推进方案，已为全面推进生态文明建设积累了一定的宝贵经验。目前示范区覆盖范围已经遍布全国31个省（区、市），示范规模不断扩大（见表1－12）。

表1－12　**党的十七大以来我国生态文明建设试点示范情况一览表**

时间	印发文件	主管部门	示范区名称	命名情况
2007.12	修订《生态县、生态市、生态省建设指标》	环保部（环保总局）	生态建设示范区	到2013年5月，全国已有16个省（自治区、直辖市）开展生态省建设，1000多个市（县、区）开展生态市县建设
2010.01	《关于进一步深化生态建设示范区工作的意见》			
2012.04	《国家生态建设示范区管理规程》			
2013.05	《国家生态文明建设试点示范区指标（试行）》	环保部	生态文明建设试点	到2016年，全国共有六批125个市（县）开展生态文明建设试点

① 中共中央、国务院：《生态文明体制改革总体方案》，《经济日报》2015年9月22日第2版。

续表

时间	印发文件	主管部门	示范区名称	命名情况
2013.11	《关于大力推进生态文明建设示范区工作的意见》	环保部（生态环境部）	生态文明建设示范区（2013年6月之前称为生态建设示范区）	2014年5月，全国37个市（县、区）被授予“国家生态文明建设示范区”称号① 到2019年底，已经命名三批共175个市县为国家生态文明建设示范市县
2013.11	《关于全面推进生态文明建设示范区创建工作有关事项的通知》			
2016.01	《国家生态文明建设示范区管理规程（试行）》《国家生态文明建设示范县、市指标（试行）》			
2011.08	《关于开展西部地区生态文明示范工程试点的实施意见》	国家发改委、财政部、国家林业局	西部地区生态文明示范工程试点	到2016年底，共有两批26市（州）、103个县（区）开展试点
2014.11	《关于在西部地区开展生态文明示范工程试点的通知》	国家发改委、国家林业局		
2013.12	《国家生态文明先行示范区建设方案（试行）》	国家发改委等6部门	生态文明先行示范区	到2016年底，全国共有两批100个地区获得命名
2014.09	《生态保护与建设示范区实施意见》	国家发改委等11部门	生态保护与建设示范区	到2016年底，全国共确认143个国家级生态保护与建设示范区
2015.05	《关于印发生态保护与建设示范区名单的通知》			
2016.08	《关于设立统一规范的国家生态文明试验区的意见》《国家生态文明试验区（福建）实施方案》	中共中央办公厅、国务院办公厅	生态文明试验区	到2018年底，全国共有福建、江西、贵州和海南4个国家生态文明试验区
2017.09	《关于命名浙江省安吉县等13个地区为第一批“绿水青山就是金山银山”实践创新基地的通知》	环保部（生态环境部）	“绿水青山就是金山银山”实践创新基地	到2019年底，已经命名三批共52个地区为“绿水青山就是金山银山”实践创新基地

① 商意盈：《37个市（县、区）被授予“国家生态文明建设示范区”》，中央政府门户网（http://www.gov.cn/xinwen/2014-05/20/content_2682976.htm），2014年5月20日。

续表

时间	印发文件	主管部门	示范区名称	命名情况
2018.12	《关于印发“无废城市”建设试点工作方案的通知》	国务院办公厅	“无废城市”建设试点	到2019年底，全国共有11个“无废城市”建设试点城市

（四）坚持用制度保护生态环境

生态文明建设的顺利推进，离不开体制机制改革和制度体系的建立。党的十七大报告提出“要加快形成可持续发展的体制机制”。党的十八大报告首次明确提出要“加强生态文明制度建设”。党的十八届三中全会强调“要加快建立生态文明制度”，“必须建立系统完整的生态文明制度体系”，“用制度保护生态环境”。党的十八届四中全会要求“用严格的法律制度保护生态环境”。中共中央、国务院《关于加快推进生态文明建设的意见》提出要基本确立生态文明重大制度，健全生态文明制度体系，关键制度建设取得决定性成果等。[①]《生态文明体制改革总体方案》提出要构建自然资源资产产权制度等八个关键制度[②]，相继出台了6个配套方案，包括《环境保护督察方案（试行）》《开展领导干部自然资源资产离任审计的试点方案》《党政领导干部生态环境损害责任追究办法（试行）》《生态环境监测网络建设方案》《编制自然资源资产负债表试点方案》《生态环境损害赔偿制度改革试点方案》，这一系列的制度体系初步构建起了我国生态文明制度体系的“四梁八柱”雏形。2016年12月，习近平总书记明确要求“尽快把生态文明制度的‘四梁八柱’建立起来，把生态文明建设纳入制度化、法治化轨道”[③]。

为保证全面深化改革顺利推进和各项改革任务落实，中共中央于2013年12月30日正式成立了中央全面深化改革领导小组，由习近平任

① 生态文明重大制度具体包括：基本形成源头预防、过程控制、损害赔偿、责任追究的生态文明制度体系，自然资源资产产权和用途管制、生态保护红线、生态保护补偿、生态环境保护管理体制等关键制度。

② 八个关键制度包括：自然资源资产产权制度、国土空间开发保护制度、空间规划体系、资源总量管理和节约制度、资源有偿使用和生态补偿制度、环境治理和生态保护市场体系及其绩效考核和责任追究。

③ 习近平：《尽快建立生态文明制度“四梁八柱”》，《解放日报》2016年12月3日第1版。

组长，下设经济体制和生态文明体制改革等6个专项小组，为全面深化生态文明体制改革的顶层设计提供了坚强的组织保障，截至2017年8月底，共召开了38次中央全面深化改革领导小组会议，审议通过了生态文明领域改革的文件达44份，逐步构建起了我国生态文明建设“四梁八柱”的制度体系（见表1－13）。

表1－13　**中央全面深化改革领导小组会议审议通过的生态文明领域改革文件**①

序号	审议时间	审议会议	审议通过的文件
1	2015.07	第14次会议	《环境保护督察方案（试行）》
2	2015.07	第14次会议	《生态环境监测网络建设方案》
3	2015.07	第14次会议	《关于开展领导干部自然资源资产离任审计的试点方案》
4	2015.07	第14次会议	《党政领导干部生态环境损害责任追究办法（试行）》
5	2015.12	第19次会议	《中国三江源国家公园体制试点方案》
6	2016.03	第22次会议	《关于健全生态保护补偿机制的意见》
7	2016.04	第23次会议	《宁夏回族自治区空间规划（多规合一）试点方案》
8	2016.05	第24次会议	《探索实行耕地轮作休耕制度试点方案》
9	2016.06	第25次会议	《关于设立统一规范的国家生态文明试验区的意见》
10	2016.06	第25次会议	《国家生态文明试验区（福建）实施方案》
11	2016.07	第26次会议	《关于省以下环保机构监测监察执法垂直管理制度改革试点工作的指导意见》
12	2016.08	第27次会议	《关于构建绿色金融体系的指导意见》
13	2016.08	第27次会议	《重点生态功能区产业准入负面清单编制实施办法》
14	2016.08	第27次会议	《生态文明建设目标评价考核办法》
15	2016.08	第27次会议	《关于在部分省份开展生态环境损害赔偿制度改革试点的报告》
16	2016.10	第28次会议	《关于推进防灾减灾救灾体制机制改革的意见》
17	2016.10	第28次会议	《关于全面推行河长制的意见》
18	2016.10	第28次会议	《省级空间规划试点方案》
19	2016.11	第29次会议	《建立以绿色生态为导向的农业补贴制度改革方案》
20	2016.11	第29次会议	《关于划定并严守生态保护红线的若干意见》
21	2016.11	第29次会议	《自然资源统一确权登记办法（试行）》

① 《中央全面深化改革领导小组会议》，共产党员网（http：//www.12371.cn/special/zyqmshggldxzhy/）。

续表

序号	审议时间	审议会议	审议通过的文件
22	2016.11	第29次会议	《湿地保护修复制度方案》
23	2016.11	第29次会议	《海岸线保护与利用管理办法》
24	2016.12	第30次会议	《关于健全国家自然资源资产管理体制试点方案》
25	2016.12	第30次会议	《关于加强耕地保护和改进占补平衡的意见》
26	2016.12	第30次会议	《大熊猫国家公园体制试点方案》
27	2016.12	第30次会议	《东北虎豹国家公园体制试点方案》
28	2016.12	第30次会议	《围填海管控办法》
29	2016.12	第31次会议	《矿业权出让制度改革方案》
30	2016.12	第31次会议	《矿产资源权益金制度改革方案》
31	2017.02	第32次会议	《按流域设置环境监管和行政执法机构试点方案》
32	2017.04	第34次会议	《关于禁止洋垃圾入境推进固体废物进口管理制度改革实施方案》
33	2017.05	第35次会议	《关于建立资源环境承载能力监测预警长效机制的若干意见》
34	2017.05	第35次会议	《关于深化环境监测改革提高环境监测数据质量的意见》
35	2017.05	第35次会议	《跨地区环保机构试点方案》
36	2017.05	第35次会议	《海域、无居民海岛有偿使用的意见》
37	2017.06	第36次会议	《祁连山国家公园体制试点方案》
38	2017.06	第36次会议	《领导干部自然资源资产离任审计暂行规定》
39	2017.06	第36次会议	《国家生态文明试验区（江西）实施方案》
40	2017.06	第36次会议	《国家生态文明试验区（贵州）实施方案》
41	2017.07	第37次会议	《关于创新体制机制推进农业绿色发展的意见》
42	2017.07	第37次会议	《建立国家公园体制总体方案》
43	2017.08	第38次会议	《关于完善主体功能区战略和制度的若干意见》
44	2017.08	第38次会议	《生态环境损害赔偿制度改革方案》

党的十九大报告强调要“完善生态环境管理制度”，“构建国土空间开发保护制度，完善主体功能区配套政策”，等等。党的十九届四中全会进一步彰显了生态文明制度在推进国家治理体系和治理能力现代化中的重要地位，将生态文明制度作为中国特色社会主义制度的一项基本制度，并对如何“坚持和完善生态文明制度体系，促进人与自然和谐共生”的方向、重点等作出了具体部署。

（五）坚持主动作为和国际合作相结合

作为世界上第一个正式提出建设生态文明战略的国家，我国始终以发展中大国负责任和开放的姿态，高度重视生态文明建设的国际对话交流，积极推动全球生态环境治理领域的开放合作。从可持续发展战略的实施到生态文明建设国家战略的提出、战略理念的创新、战略体系的顶层设计、战略方法和路径的积极探索等，都充分体现了我国在应对全球气候变化、维护全球生态安全等领域的勇于担当和主动作为，为全球生态文明建设提供了中国智慧和中国方案。在此过程中，为加强生态文明建设的国际对话交流，借鉴他国推进绿色发展的有益经验，我们采取了“走出去”和“请进来”相结合的方式。

从国家层面来看，自党的十八大以来，习近平在多种国际场合先后多次表达了中国深入开展生态文明领域国际交流与合作的政治主张。2013 年 7 月，他在《致生态文明贵阳国际论坛二〇一三年年会的贺信》中指出：“中国将继续承担应尽的国际义务，同世界各国深入开展生态文明领域的交流合作，推动成果分享，携手共建生态良好的地球美好家园。”2018 年 7 月，他在《致生态文明贵阳国际论坛二〇一八年年会的贺信》中指出：“生态文明建设关乎人类未来，建设绿色家园是各国人民的共同梦想。国际社会需要加强合作、共同努力，构建尊崇自然、绿色发展的生态体系，推动实现全球可持续发展。”事实上，中国不仅是生态文明建设国际交流合作的倡导者、更是积极的参与者与推动者。为应对全球气候变化，我国先后多次参加在丹麦哥本哈根、墨西哥坎昆、南非德班、卡塔尔多哈、波兰华沙、秘鲁利马、法国巴黎、摩洛哥马拉喀什等召开的世界气候变化大会，主动承诺并积极履行减排义务和责任，为应对全球气候变化注入了新的活力。2015 年 11 月，习近平在气候变化巴黎大会开幕式上的讲话中指出：“中国坚持正确义利观，积极参与气候变化国际合作。”[①] 2014 年 9 月，国家发改委会同有关部门组织编制了《国家应对气候变化规划（2014—2020 年）》，提出在全社会推进减缓和适应气候变化等行动与举措。2016 年 9 月，李克强在纽约联合国总部主持召开“可持续发展目标：共同努力改造我们的世界——中国主

① 《习近平谈治国理政》第 2 卷，外文出版社 2017 年版，第 530 页。

张”座谈会，并宣布发布《中国落实2030年可持续发展议程国别方案》。为加强亚太区域合作，促进亚太区域绿色增长，2010年4月，习近平在《携手推进亚洲绿色发展和可持续发展》一文中指出：“我们亚洲各国应该统筹经济增长、社会发展、环境保护。”[①] 为加强“一带一路”沿线国家生态文明领域合作，我国在推进“一带一路”倡议中，高度重视生态治理工作，优化生态条件保障，与相关国家共建绿色丝绸之路；2016年1月，中国发布了《中国对阿拉伯国家政策文件》，确定了中阿在应对气候变化和环境保护、林业合作及能源合作等生态文明领域方面的合作方向和重点；2017年5月，习近平在“一带一路”国际合作高峰论坛开幕式上提出建设“一带一路”生态环保大数据服务平台和建立“一带一路”绿色发展国际联盟。[②]

从部委及民间来看，生态环保部与中国社会科学院、国家行政学院、中央编译局、北京大学、清华大学等专家学者及学者型官员多次积极参与美国举办的全球“生态文明国际论坛”，已成为中国民间外交在海外传播生态文明理念、推动生态文明建设的一个重要国际平台。2011年9月，我国举办了首届亚太经合组织（APEC）林业部长级会议，会上通过了《北京林业宣言》，迄今为止亚太经合组织（APEC）林业部长级会议已举办四届，为促进亚太经合组织交流林业发展经验、深化林业发展合作提供了对话交流平台。2018年11月，生态环境部国际合作司负责人在亚信国际环保合作会议开幕式上表示，中国愿与各国加强生态环保合作，促进区域环境质量改善，推动实现2030年可持续发展目标。此外，自2009年以来，每年在贵阳市举办的生态文明贵阳国际论坛已成为我国普及生态文明理念、加强生态文明建设的理论与实践交流、借鉴国内外成果并向世界传递生态文明建设“中国声音”的窗口和展示生态文明建设成果的平台，使中国的生态文明建设得到了国际社会的广泛认同。2013年2月，联合国环境规划署第27次理事会通过了宣传中国生态文明理念的决定草案。[③] 2016年5月，联合国环境规划署发布《绿水青山

---

① 习近平：《携手推进亚洲绿色发展和可持续发展——在博鳌亚洲论坛开幕式上的演讲》，《人民日报》2010年4月11日第1版。

② 《习近平谈治国理政》第2卷，外文出版社2017年版，第515页。

③ 冯文雅：《“2013年度中国生态文明建设十件大事”发布》，人民网（http://yuqing.people.com.cn/n/2014/0318/c210129-24664590-2.html），2014年3月18日。

就是金山银山：中国生态文明战略与行动》报告，向国际社会展示了中国建设生态文明、推动绿色发展的决心和成效。[①] 由此可见，随着生态文明建设方面的主动作为和国际合作交流的深入开展，我国已日益成为全球生态文明建设的重要参与者、贡献者、引领者。[②]

二　中国特色社会主义生态文明建设道路实践探索存在的不足

党的十七大以来，我国在探索中国特色社会主义生态文明建设道路进程中取得的成效有目共睹，但在具体的实践探索中也存在一些不足之处。全面总结实践探索中存在的不足，既有必要，也很迫切，可为进一步加快推进生态文明建设提供借鉴。

（一）部分地方政府对党中央推进生态文明建设的战略意图认识不充分

总体而言，我国生态文明建设的国家战略在全社会得到了广泛认可和积极响应，全党全国贯彻绿色发展理念的自觉性和主动性显著增强，忽视生态环境保护的状况明显改变。[③] 但也有相当一部分领导干部在思想上重视程度不够，对生态文明建设的重要性和必要性认识不充分，对“五位一体”总体布局和新发展理念认识不深刻，对生态文明建设内容的系统性理解不全面，尚未形成自觉积极开展生态文明建设的良好氛围。在实践中推进生态文明建设主要还是停留在生态环境建设和保护层面，其推进主体仍然被视为是环保、林业、国土等个别部门的职责任务。[④] 更为甚者的是有些地区的党政领导干部尤其是部分基层领导尚未充分认识到加强生态环境保护的必要性和紧迫性，把生态环境保护视为是阻碍或拖累经济社会发展的负担，当成国家布置的一项政治任务来被动推进，在实践推进中的主动性、积极性不强，存在消极应对、被动应付的现象，在贯彻党中央决策部署上作选择、搞变通、打折扣以及阳奉阴违等，依

---

① 张蕾：《2016 年度中国生态文明建设十件大事发布》，《光明日报》2017 年 1 月 19 日第 8 版。

② 习近平：《决胜全面建成小康社会　夺取新时代中国特色社会主义伟大胜利——在中国共产党第十九次全国代表大会上的报告》，人民出版社 2017 年版，第 6 页。

③ 同上书，第 5 页。

④ 何克东、邓玲：《我国生态文明建设的实践困境与实施路径》，《四川师范大学学报》（社会科学版）2013 年第 6 期。

然片面追求经济增长和眼前的利益，甚至不惜以牺牲绿水青山来换取一时的金山银山。在近两年开展的中央生态环保督察过程中频频曝光的自然保护区违法违规问题，包括令人震惊的祁连山国家级自然保护区生态破坏事件、黑龙江省挠力河国家级自然保护区违建问题、安庆保护区为项目开发“让路”、衡阳常宁市“以调代改”使保护区为矿产开发让路、广西多地削减自然保护区面积达80%以上等，都足以说明以损害自然保护区生态环境为代价谋求一时一地经济增长的行为仍然时有发生。在“绿盾2018”专项行动中发现，有的地方政府及其工作人员依然为侵占自然保护区的开发建设活动开“绿灯”，违规审批、虚报情况、敷衍整改的现象仍然存在，导致在保护区内违建别墅、搞畜禽养殖、大肆开发旅游项目等。自然保护区存在的突出问题充分暴露了部分地方党政领导对中央坚持绿色发展、推进生态文明建设的战略意图的认识不充分、重视程度不够，表现出来就是行为上不作为、不担当、不碰硬，没有致力于把“绿水青山就是金山银山”等生态文明理念内化为建设生态文明的实际行动，没有从根本上探索在发展中保护、在保护中发展的生态文明建设新方略和新道路。

（二）推进生态文明建设的力度不够、工作方法亟待创新

从实践探索来看，生态文明建设融入“四大建设”的路径推进困难、进程缓慢，还处于探索起步阶段，对“融入共建”生态文明建设道路的试点示范探索力度不够，生态文明建设国家战略尚未完全进入地方经济政治文化社会发展的主干线和大舞台。导致融入路径推进困难的原因既有上述思想认识上的不足或偏差，也有融入方法、融入重点、融入路径等选择上的偏差。在融入方法上，可以在要素层面、结构层面和系统层面的融入，但要素层面的融入是最深刻的、持久有效的。[①] 因此，既需要加大生态文明建设与社会主义现代化建设“融入共建”的推进力度，也需要更新发展理念、创新融入方法、找准融入重点、选对融入路径。具体地说，要在生态文明理念导向下，对生态、经济、政治、文化和社会发展的各方面和全过程进行深入剖析；在此基础上根据不同地区

① 邓玲等：《我国生态文明发展战略及其区域实现研究》，人民出版社2014年版，第149页。

的具体情况，因地制宜地在要素层面设计融入重点和融入路径，形成生态文明建设与其他各大建设深度融合的绿色新要素、绿色新系统和绿色新路径，才能加快推动绿色发展，这是中国特色社会主义生态文明建设的独特模式和成功的关键所在。

（三）推进生态文明建设的法制体系不健全

目前，我国推进生态文明建设的法律法规、组织机制、协调机制、市场机制、监管机制等都不健全，这是导致生态文明建设实践中出现知易行难、知行不一等现象的根本原因。

从现有的生态文明领域相关法律法规来看，尽管我国自1979年首次颁布第一部环境保护的法律即《环境保护法（试行）》以来的30多年间，在生态环保领域的立法取得了重大成就，先后制定并颁布了多部与生态环境保护、节约资源等相关的法律及大量的行政法规、地方性法规和部门规章等，初步建立了相对完整的生态环境资源法体系。党的十七大以来，我国对原有的部分法律法规进行了修订并颁布了部分促进生态文明建设的法律法规。但与当前坚持绿色发展、加快推进生态文明建设的要求相比而言还有较大差距，多数法律法规存在立法理念落后、法律内容不全面、法律制度不健全、处罚力度偏轻、违法成本较低、适应性差等缺陷，导致生态文明建设的一些重要领域如绿色生活方式、生态文化建设等都还存在无法可依的情况，或导致生态文明领域的执法困难，不能对违法违规行为形成有效震慑，束缚了各级政府对生态文明建设监管职能的发挥。①

从推进生态文明建设的组织机制和协调机制来看，缺乏专门的机构来组织、协商并协调推进生态文明建设。长期以来，我国生态文明建设的推进主要实行的是分部门的条块分割式推进，也就是将生态文明建设的任务通过政府的条块结构，分解到发改、环保、林业、国土、水利、住建等各个部门，各部委从自身的管理层级自上而下推进部署。这种条块分割式的推进方式虽然有利于提高部门的管理和执行效率，但限于各自的职能权限，各部门在推进生态文明建设的过程中只能局限于自身的

① 秦书生：《生态文明论》，东北大学出版社2013年版，第127页。

部门职责，容易导致各自为政，难以形成合力；同时，这种“九龙治水”式的多头管理结果往往可能导致职能不清、责任不明，甚至是否会出现推诿扯皮等现象都有待商榷。2018年，《国务院机构改革方案》实施以后，对与生态文明建设直接相关的部分机构进行了改革和职能优化调整，组建了自然资源部、生态环境部、农业农村部等，使条块分割的程度有所缓解，有助于统一行使自然资源的开发利用保护和生态环境保护，但部门之间协调难题并不会随着国务院机构的改革而消失，因此，仍然亟须建立不同部门之间的协调工作机制，才能协同推进生态文明建设。

从推进生态文明建设的市场机制和监管机制来看，主要是以管控和约束制度居多，而对于以市场机制为主的激励机制及与之相配套的运行监管机制的建立重视程度不够，生态产品市场发育不健全，对企业和个人绿色发展的内在需求激励不足、开发不够，没有很好地把国家的生态文明战略目标与企业或个人自身发展的生态需求紧密结合起来，从而导致部分企业或个人参与生态文明建设、提供生态产品和生态服务的内生动力不足，大多属于外在压力约束下的被动式跟进，其主动性、积极性和创造性没能充分有效地发挥出来。目前我国在市场机制探索方面，主要围绕节能量、碳排放权、排污权和水权交易及生态补偿机制等开展了部分试点工作，但试点成效并不十分显著，总体呈现不愠不火的状态，企业参与的主动性积极性并不高，其主要原因在于交易机制不健全、政策法规不健全。以排污权交易为例，我国自2007年开始在湖南、湖北、青岛等12省市启动试点工作，并于2014年8月和2015年7月先后发布了《关于进一步推进排污权有偿使用和交易试点工作的指导意见》和《排污权出让收入管理暂行办法》等工作条例，但由于政策法规、交易制度不健全，各地各自为政，交易信息也不透明，企业参与积极性并不高，市场建设仍处于探索阶段。[①] 再以环境污染治理市场交易机制为例，尽管在2015年1月就从国家层面进行了总体布局，以期推动第三方治理在地方落地生根，可谓是中央和地方政策共同发力。但时至今日，第三

① 崔莹、钱青静：《我国排污权交易市场的发展情况、问题和政策建议》，中央财经大学绿色金融国际研究院（http://iigf.cufe.edu.cn/article/content.html?id=838），2018年11月12日。

方治理仍旧推行缓慢、落地艰难，这既与环保部门的监管机制缺失、监管不力有关，也与现有工业企业环保达标率较低有关，阻碍了这一机制的推行。因此，要加快推进生态文明建设，必须全面深化生态文明体制机制改革，建立健全推进生态文明建设的制度体系，切实增强生态治理效能。

第二章　中国特色社会主义生态文明建设道路的内涵

实践是认识的起点和基础，在全国各部门、各地区对生态文明建设道路进行积极实践探索的同时，学术界的众多专家、学者也从不同的视角对生态文明建设的理论与实践问题开展了大量的理论探索，并取得了重大的进展和丰硕的理论成果。但总体而言，对生态文明建设的理论研究尤其是对生态文明建设道路的理论研究还不够全面、系统和深入，对中国特色社会主义生态文明建设道路的科学内涵、特征等尚未作出明确的理论概括。因此，对这一道路的科学内涵进行马克思主义的理论概括和学术建构，就成为一个亟待研究和突破的重大理论课题。而要科学界定生态文明建设道路的内涵，首要的基本理论问题就是必须准确理解什么是生态文明、什么是生态文明建设。对生态文明理论认识的高度及其深刻程度，将直接决定我国生态文明建设的变革力度，以及能够最终实现的未来图景。任何理论学说的发展和创新都要吸收和借鉴前人的思想成果，对中国特色社会主义生态文明建设道路内涵的理论概括和科学建构，也必须借鉴学界对中国生态文明建设道路等相关概念的内涵探索理论成果。本章在对国内现有关于生态文明及生态文明建设内涵的研究成果进行系统梳理的基础上，从地球文明的视角重构生态文明及生态文明建设的科学内涵；再根据党中央、国务院对我国生态文明建设的战略部署，借鉴我国探索生态文明建设道路的实践经验和理论成果，探索性地对中国特色社会主义生态文明建设道路的科学内涵作出马克思主义的理论概论。

第一节　生态文明的内涵

生态文明的内涵是生态文明理论体系的元问题，其核心是对“生态文明是什么”或“什么是生态文明”作出清晰的界定与描述。[①]

在人类学术思想史上，生态文明作为一个理论概念最早是由德国法兰克福大学伊林·费切尔（Iling Fetscher）教授在1978年《论人类的生存环境——兼论进步的辩证法》（最初发表于《宇宙》英文版，1978年第3期）一文中提出的，用以表达对工业文明和技术进步主义的批判。[②]“生态文明”一词在我国最早是由叶谦吉教授提出的，1984年他在苏联讲学时就呼吁生态文明建设[③]；1987年他在我国生态农业研讨会上呼吁要“大力提倡生态文明建设”，并首次界定了生态文明的概念，认为生态文明是指人类既获利于自然，又还利于自然，在改造自然的同时又保护自然，人与自然之间保持着和谐统一的关系。[④] 同年，刘思华开创性地把生态文明与社会主义相结合，正式提出“社会主义生态文明”的新概念，他在《理论生态经济学若干问题研究》一书中指出：“人民群众的生态需要及其满足程度和实现方式，构成社会主义生态文明的基本内容”[⑤]；1988年，刘思华进一步把生态文明与物质文明和精神文明相并列作为社会主义现代文明建设的根本任务之一，认为社会主义现代文明达到高度的物质文明、精神文明、生态文明的有机统一是社会主义历史时期的根本任务，也是社会主义初级阶段全国人民的中心任务。[⑥] 从此拉开了学界系统研究“生态文明”和“社会主义生态文明”的序幕。2007年，“建设生态文明”的国家战略正式提出，标志着“生态文明”正式

---

① 郇庆治：《推进生态文明建设的十大理论与实践问题》，《北京行政学院学报》2014年第4期。

② 贾治邦：《论生态文明》（第2版），中国林业出版社2015年版，第139页。

③ 本刊记者：《正确认识和积极实践社会主义生态文明——访中南财经政法大学资深研究员刘思华》，《马克思主义研究》2011年第5期。

④ 邓玲等：《我国生态文明发展战略及其区域实现研究》，人民出版社2014年版，第4页。

⑤ 刘思华：《对建设社会主义生态文明论的再回忆——兼论中国特色社会主义道路“五位一体”总体目标》，《中国地质大学学报》（社会科学版）2013年第5期。

⑥ 刘思华：《社会主义初级阶段生态经济的根本特征与基本矛盾》，《广西社会科学》1988年第4期。

从学界马克思主义视野进入政界马克思主义视野，“生态文明”一词也由此从学术用语转变成了政治用语[1]，进一步掀起了我国学界深入系统研究生态文明的热潮。

一　生态文明内涵研究综述

通过对现有文献研究发现，当前生态文明依然是一个存在歧义和备受争议的概念，对其内涵存在多种不同角度的理解和解读，可以说是“仁者见仁，智者见智”，综合起来可以从三个视角对其进行梳理归类。

（一）从生态文明内涵要素进行界定

根据生态文明内涵要素的不同，又可划分为两大类型的观点：

一是把生态文明仅仅视为一种社会文明，认为生态文明包含了生态物质文明、生态意识（或精神）文明、生态行为文明和生态制度文明，代表学者如吴舜译等（2006）[2]、陈寿朋（2008）[3] 等。

二是在把生态文明视为一种社会文明的基础上，把生态环境或自然也纳入了生态文明的内涵要素。如秦书生（2009）认为，生态文明是指科学上的生态发展意识、健康有序的生态运行机制、和谐的生态发展环境、全面协调可持续发展的态势，经济社会生态的良性循环与发展以及由此保障的人和社会的全面发展[4]。王奇等（2012）认为，生态文明的内涵应当包括生态环境、生态型物质文明、生态型政治文明、生态型精神文明四个方面的内容[5]。文传浩等（2013）认为，生态文明包括生态意识文明、生态政治文明、生态社会文明、生态经济文明和生态环境文明五种子文明形态[6]。唐代兴（2014）认为，生态文明是生境主义文明，

---

① 刘思华：《对建设社会主义生态文明论的再回忆——兼论中国特色社会主义道路“五位一体”总体目标》，《中国地质大学学报》（社会科学版）2013 年第 5 期。

② 吴舜译、王金南、邹首民等：《珠江三角洲环境保护战略研究》，中国环境科学出版社 2006 年版，第 286 页。

③ 陈寿朋：《略论生态文明建设》，人民网—人民日报（http：//theory. people. com. cn/GB/49154/49156/6745417. html），2008 年 1 月 8 日。

④ 秦书生：《生态技术论》，东北大学出版社 2009 年版，第 36 页。

⑤ 王奇、王会：《生态文明内涵解析及其对我国生态文明建设的启示——基于文明内涵扩展的视角》，《鄱阳湖学刊》2012 年第 1 期。

⑥ 文传浩、马文斌、左金隆等：《西部民族地区生态文明建设模式研究》，科学出版社 2013 年版，第 8 页。

是人、社会、地球生命、自然四者共生共存共荣的文明形态。① 方时姣（2014）明确提出“自然生态系统的文明”的概念，并将之纳入生态文明内涵之中。②

（二）根据生态文明归属主体不同进行界定

根据生态文明所属主体的不同，又可划分为三大类型的观点：

一是把生态文明的主体归属于自然，认为生态文明是一种自然的文明或生态的文明。如谢光前等（1994）认为，生态文明是一个独立的、归属于自然的元文明形态，而人类文明都是建立在元生态文明的基础上才逐渐得以发达的。③ 目前学界持这一观点的学者并不多。

二是把生态文明的主体归属于人类，是属于人的文明④，是指那些合乎生态的或环境友好的人类文明性（社会化）生存生活方式及其总和⑤，或者是指人类改善和优化人与自然关系中所取得的物质、精神和制度成果的总和。⑥ 目前这一观点是学界比较认可的主流观点。

三是把生态文明的主体归属于人与自然。代表学者有饶世权、邓玲、广佳、郁立强等，饶世权（2013）将生态文明定义为“人与生物、环境等各要素和谐共生、相互促进、共同发展的先进状态”⑦。邓玲（2012）⑧、广佳（2014）⑨ 同时兼顾“生态”主体性和“文明”属性，认为生态文明既是生态的文明，又是文明的生态，是“涉及人与自然两个平等主体的地球文明”。郁立强（2015）认为“生态文明就是一种人与自然和谐发展的文明境界和社会形态”⑩。

① 唐代兴：《生境主义：生态文明的本质规定及社会蓝图》，《天府新论》2014 年第 3 期。

② 方时姣：《论社会主义生态文明三个基本概念及其相互关系》，《马克思主义研究》2014 年第 7 期。

③ 谢光前、王杏玲：《生态文明刍议》，《中南民族学院学报》（哲学社会科学版）1994 年第 4 期。

④ 吴祚来：《生态文明不只是保护自然生态》，《广州日报》2007 年 10 月 24 日第 12 版。

⑤ 郇庆治：《生态文明概念的四重意蕴：一种术语学阐释》，《江汉论坛》2014 年第11 期。

⑥ 周生贤：《积极建设生态文明》，《求是》2009 年第 22 期。

⑦ 饶世权：《论公民生态文明素质的结构体系重构》，《高等农业教育》2013 年第 6 期。

⑧ 邓玲：《努力探索中国特色生态文明发展道路》，《中国社会科学报》2012 年 3 月 21 日第 B04 版。

⑨ 广佳：《基于生态文明理念的区域经济可持续发展研究——以四川省为例》，《西南民族大学学报》（人文社会科学版）2014 年第 4 期。

⑩ 郁立强：《当前生态文明建设面临的挑战及实现途径》，人民网—理论频道（http：//theory. people. com. cn/n/2015/0531/c40537—27082294. html），2015 年 5 月 31 日。

（三）从生态文明历史定位进行解读

根据生态文明在人类文明中的历史定位不同，又可以划分为三大类型的观点：

一是从历史纵向的视角，认为生态文明是原始文明、农业文明、工业文明之后的新人类文明形态。目前持这一观点的学者较多，代表学者有俞可平（2005）[①]、余谋昌（2007）[②]、赵建军（2007）[③]、叶文虎（2010）[④]、刘铮（2014）[⑤] 等。同样基于人类文明历史演变的视角，也有学者质疑这一观点，认为这种观点未能全面把握生态文明的本质及其在整个人类文明历程中的历史定位，认为生态文明不仅仅是一种新文明，而且还是一种真文明，而之前的一切文明都不是真文明，属于前文明[⑥]。

二是从横向的视角，认为生态文明是与物质文明、精神文明及政治文明相并列的社会文明要素之一。代表学者有朱孔来（2004）[⑦]、黄爱宝（2006）[⑧]、姬振海（2007）[⑨]、曾正德等（2011）[⑩] 等。

三是分别从纵向和横向两个维度来阐释生态文明。代表学者有夏光（2009）[⑪]、徐春（2010）[⑫]、赵凌云等（2014）[⑬]、方时姣（2014）[⑭] 等。

① 俞可平：《科学发展观与生态文明》，《马克思主义与现实》2005 年第 4 期。

② 余谋昌：《生态文明：人类文明的新形态》，《长白学刊》2007 年第 2 期。

③ 赵建军：《生态文明的内涵与价值选择》，《理论视野》2007 年第 12 期。

④ 叶文虎：《论人类文明的演变与演替》，《中国人口·资源与环境》2010 年第 4 期。

⑤ 刘铮：《中国特色社会主义的生态文明理论内涵与价值意蕴》，《毛泽东邓小平理论研究》2014 年第 5 期。

⑥ 徐海红：《生态文明的历史定位——论生态文明是人类真文明》，《道德与文明》2011 年第 2 期。

⑦ 朱孔来：《社会文明体系中应包含生态文明》，《理论学刊》2004 年第 10 期。

⑧ 黄爱宝：《生态文明与政治文明协调发展的理论意蕴与历史必然》，《探索》2006 年第 1 期。

⑨ 姬振海：《大力推进生态文明建设》，《环境保护》2007 年第 21 期。

⑩ 曾正德、李雪菲：《生态文明概念、内涵、本质的确认及其阐释》，《南京林业大学学报》（人文社会科学版）2011 年第 4 期。

⑪ 夏光：《“生态文明”概念辨析》，《环境经济》2009 年第 3 期。

⑫ 徐春：《对生态文明概念的理论阐释》，《北京大学学报》（哲学社会科学版）2010 年第 1 期。

⑬ 赵凌云、张连辉、易杏花等：《中国特色生态文明建设道路》，中国财政经济出版社 2014 年版，第 3—4 页。

⑭ 方时姣：《论社会主义生态文明三个基本概念及其相互关系》，《马克思主义研究》2014 年第 7 期。

二 对现有生态文明内涵主流认识的反思

综上所述，目前对生态文明内涵的分歧主要体现在生态文明的历史定位和主体归属两个方面，其根本原因在于对“生态”和“文明”内涵的理解具有分歧和争议。由于“生态”和“文明”一词本身是一个较为模糊的概念，而“文明”与“生态”联结在一起，就使“生态文明”成为一个更具争议性的概念。[①] 其中，对生态文明历史定位的争议亦即是对“文明形态”或“文明要素”的争议，争议的焦点在于：生态文明是一种独立的新型文明形态还是一个文明组成部分或文明结构要素；对生态文明主体归属的争议亦即是对“生态”一词内涵理解的分歧，即生态究竟意指人、自然，还是二者皆有？生态文明是自然生态的文明还是人类文明的生态，抑或两者皆是？这些都是学术界亟待澄清的认识。

我国在生态文明建设实践中暴露出来的问题与不足，既反映了文明转向的艰难，也表明我们在生态文明的理论认识方面存在着偏差与不足。[②] 从现有对生态文明的主流认识可以看出，多数学者都将生态文明仅仅视为一种人类文明，认为生态文明的主体是人且仅仅是人。部分学者虽然将自然生态环境纳入了生态文明的内涵，并突出了“人与自然和谐”的理念，但自然依然是被置于客体地位而从属于人类主体且处于一种“被和谐”的状态之中，自然应有的主体性和文明性始终处于“怯魅”状态，导致现有生态文明主流认识产生的原因是多方面的，其中最主要的原因有三个。

一是受主客观条件的制约导致人类自身认识能力存在局限，人类目前对自然生态系统生物多样性组分和互动方式等都还不甚了解，还缺乏对自然生态系统主体性和文明性的深刻认识，从而片面地否定自然本该具有的主体性和文明性。事实上，面对浩瀚的地球生物圈，人类还不得不承认自己的无知，在其他生命那里，人类需要学习的东西实在太多。[③]

二是受“人类中心主义”价值观的影响，把自然视为与人类完全对

① 郇庆治：《生态文明概念的四重意蕴：一种术语学阐释》，《江汉论坛》2014 年第11 期。

② 曾刚等：《我国生态文明建设的科学基础与路径选择》，人民出版社 2018 年版，第 7 页。

③ 张晓斌：《感恩自然》，光明日报出版社 2014 年版，第 6 页。

立的纯粹客体，自然界本身所具有的主体性和文明性完全被剥夺，沦为人类意欲统治、战胜和征服的客体。为了自身的发展，人类趾高气扬地让高山低头、河水让路，在自然面前为所欲为、肆意掠夺，这种无知的狂妄已成为现代人的一种普遍心态，而这种反自然性正是导致资源短缺、环境污染、生态退化、物种灭绝等系列生态危机的文化根源所在。

三是囿于对“文明”一词内涵的狭隘解读，仅仅把人类获得的成果纳入了文明范畴。根据《中国大百科全书·哲学》（2009 年版）对文明的权威界定，文明是指“人类在认识和改造世界的活动中所创造的物质的、制度的和精神的成果总和”。这已成为通常意义上人们对“文明”的理解，人们普遍认为，文明在起源上就是非自然甚至是反自然的，一部文明史就是人类不断摆脱自然控制、不断利用自然、改造自然进而逐渐掌控自然的历史。对文明图景的描绘都是从人的历史页卷上开始勾勒的，而对人类诞生之前的历史则一概拒斥之为“野蛮”或者“洪荒”时代。甚至有论者认为，文明是自人类有可识别的文字出现之后才有的，因为若没有文字记载就没有历史，没有历史也就没有文明。因此，从这一意义上说，真正的文明是从农耕文明开始的，而之前的一切人类文明也只能算是前文明，而自然生态系统就更无任何文明性可言。

由此可见，现有对文明的定义依然是沿着“人类中心主义”的思路，明确将“文明”视为人类一个主体所拥有的“成果”，而自然是完全被排除在文明之外甚至在文明之下的，因此，文明纯粹被视为是一个标志人类社会进步的哲学范畴。这一传统的文明定义在当时来说具有进步性和合理性，能够极大地调动人类的主观能动性，但当生态危机威胁到人类生存时，这一传统定义难以体现生态文明时代要求的生态伦理观和有机论自然观，已经变得不再适用了，其不足之处或明显缺陷体现在以下三个方面：一是过于强调人类的主体性和能动性，而遮蔽了自然的主体性和创造性，使自然长期处于“祛魅”状态；二是将人与自然完全割裂开来，忽视了人类对自然生态系统的依赖性及人与自然的有机统一性；三是把自然生态环境视为文明进步的外在要素，把自然生态系统创造的生态成果排斥在文明之外，忽视了自然的文明性。① 以上三方面的

① 王奇、王会：《生态文明内涵解析及其对我国生态文明建设的启示——基于文明内涵扩展的视角》，《鄱阳湖学刊》2012 年第 1 期。

缺陷驱使人类在长期追求自身文明发展过程中忽视甚至违背自然规律，肆意践踏自然的主体性和文明性，导致自然资源不断枯竭、环境污染日益严重、生态系统持续退化。可以说，生态危机本质上是人类反自然反生态的结果，是人类文明的危机。因此，在人与自然关系日趋紧张的新时代，生态文明建设已经成为数十亿中华儿女向往美好生活、建设美好家园的新期待，成为建设美丽中国、实现中华民族伟大复兴和永续发展的根本大计，我们不能再对自然的主体性和文明性熟视无睹，将自然置于人类之下、文明之外。

对传统文明定义进行质疑和批判的目的并不是要全盘否定文明的含义，而是主张拓展认识文明的视角、创新文明的内涵。否则，“文明”和“生态”始终是处于完全对立的两极，二者之间的矛盾和冲突就无法调和、无法统一，“生态文明”的概念就无法成立，建设生态文明也就成为一句空话。创新，是文明的灵魂所在，是文明发展的不竭动力。作为一种新型文明，生态文明是对原有文明的解构和重构，必须要以创新为原动力来推进发展，既需要科技创新、制度创新、产品创新来推进和保障，更需要文化创新和理念创新来引领和重构。因此，要从理念创新的高度来重新审视文明的内涵，将文明的内涵扩展到生态环境之中，复归自然应有的主体性和文明性，彻底突破原有文明的局限性，才能发自内心地给予自然以足够的尊重乃至敬畏，才能在实践中更加自觉地珍爱自然、顺应自然、善待自然和保护自然，开创社会主义生态文明新时代。

三　从地球文明视角对生态文明内涵的再认识

基于上述对现有生态文明内涵的解读及“生态”与“文明”各自的内涵进行深刻反思和再认识，充分借鉴上述部分学者的相关研究成果，从地球文明的视角对生态文明的内涵进行再认识和创新型解读。

（一）对生态文明内涵的再认识

借鉴邓玲等学者的观点，将生态文明界定为：人与自然和谐发展的状态、进步过程和积极成果，是人类文明[①]与自然文明和谐发展的地球

① 为了表述方便，“人类文明”与“人类社会文明”存在互通互用的情况。

文明。[1] 从这一概念出发，生态文明包含以下内涵：

1. 从生态文明包含的主体来看，包含人与自然两个主体。

生态文明的主语“生态”是一个多义词，其词源学上的含义是指生物的家和环境；美国《韦氏词典》将其解释为：“生物体与环境的适应性互动”；在生态学上，主要是指生物群落之间以及生物群落与其环境之间的相互关系。可见，尽管“生态”一词本身具有多义性，但无论何种意义上的“生态”都绝不仅仅指人类。因为，“生态”包含的任何一个生物与其他生物与环境之间都是相互依存、相互作用、不可分割的，对于维护生态系统的多样性、稳定性和平衡性都有着不可替代的作用；而人作为自然之物，也不过是众多物种中平等的一员而已。[2] 因此，“生态文明”中的“生态”是指地球上所有生物与其环境的总和即生物圈，也就是地球上最大的生态系统，这一生态系统既包括自然生态系统，也包括人类社会生态系统。从“生态”的这一内涵出发，生态文明就不应当仅仅看成人类一个主体的文明，而是包含自然生态和人类社会生态在内的整个地球生物圈的文明；生态文明的主体就不仅仅是人类一个主体，而应当包含人与自然两个主体。[3] 从这个意义上说，生态文明是具有“双主体”的文明。那么，自然是否具有主体性而成为真正的主体呢?

首先，自然具有主体性。主体性是主体的根本属性。“自然”一词本身具有多义性，本书所指的自然既不是某一特定的自然物，也不是连同人类社会在内的广义自然界，而是指相对独立于人类社会之外且“先于人类历史而存在的那个自然界”[4]。自然是由各种相互联系、相互作用的自然物构成的矛盾统一体。自然界不仅仅是客体，也是主体，其主体性主要表现在整体性、系统性、能动性、创造性等多种特征上。早在19世纪中叶，以阿伦·奈斯为代表的深层生态学家们就坚持主张自然具有

---

① 邱高会、邓玲：《从地球文明的视角论生态文明的科学内涵及其实现》，《甘肃社会科学》2014年第3期。

② 熊韵波、李尧、齐梅：《“生态”的价值内涵与生态文明建设》，《晋中学院学报》2013年第1期。

③ 此处的“人”既包含个体的人、也包含人类或人类社会，以下同。

④ 《马克思恩格斯文集》第1卷，人民出版社2009年版，第530页。

主体性，认为人与自然同属共同体而不存在任何分界线，提倡的是“生态中心主义”的平等；20世纪中叶以后，以海德格尔为代表的现代西方生态主义哲学家们也坚决反对“人类中心主义”的价值观，认为人不应当是自然的主宰，主张人与自然的整体关联性。我国众多专家学者也对自然的主体性进行了充分的肯定，并从不同的视角展开了详尽的论述。早在1995年，我国学者谢光前在《自然主体性的复归》一文中就提出了自然具有主体性的观点。此后，卢风（2001）①、肖显静（2007）②、詹荣海（2011）③、陶火生等（2015）④都认为，不仅人是主体，自然也是主体；不仅人有价值，自然也有价值。新自然主义学派也主张，必须对自然进行一场返魅运动，破除把自然抽象为纯粹的客体而存在，以还原并复归自然主体性。党的十九大报告创造性地提出“人与自然是生命共同体”的科学论断，充分说明了在“自然的主体性”世界中，人不再是自然的唯一目的和最终尺度，人只是自然生态系统中的一员，与其他物种共同构成一个生命共同体处于平等的存在地位，人与自然的关系不再是单向度的主客关系，即不再是掠夺与被掠夺、占有与被占有、统治与被统治、征服与被征服的关系，而应当是一种相互平等、互利共赢、和谐共生、协调发展的对立统一关系。

其次，自然的主体性对于人类的主体性具有根源性。达尔文的生物进化论足以证明人是自然界长期进化发展的产物，是自然进化发展到一定阶段才孕育而生的，也就是说自然界是先于人类社会而存在的。据此，马克思主义历来坚持自然界对于人类的优先地位的不可动摇性，马克思在批判费尔巴哈的机械唯物主义自然观时明确强调了外部自然界的优先地位。恩格斯也认为，“人本身是自然界的产物，是在自己所处的环境中并且和这个环境一起发展起来的”⑤。因此，自然创造并哺育了我们人

---

① 卢风：《论自然的主体性与自然的价值》，《武汉科技大学学报》（社会科学版）2001年第4期。

② 肖显静：《论主体性的重构与“人—自然”新关系的建立》，《南京林业大学学报》（人文社会科学版）2007年第1期。

③ 詹荣海：《马克思主义环境哲学视域下的生态文化自觉》，《前沿》2011年第21期。

④ 陶火生、宁启超：《“自然的主体性”——现代主体性的新自然主义消解》，《中国石油大学学报》（社会科学版）2015年第4期。

⑤ 《马克思恩格斯文集》第9卷，人民出版社2009年版，第38—39页。

类，是人类之母，而人类不过是自然母亲哺育的芸芸众生中的一员而已。由此，从本体论上说，自然对人类具有根源性和优先地位，自然的主体性高于和先于人类的主体性，人类主体性的获得来源于自然主体性的创造，没有自然，就不会有人类及人类社会。[①] 如果将整个自然演进的历史比作人的一生，那么人类历史仅仅占整个自然史中的最近半小时。[②]

最后，人类主体的生存和发展须臾离不开自然主体。人作为对象性的自然存在物和活的生物有机体，自诞生以来就是在大自然的恩泽、庇护之下成长的，无论是在肉体上，还是在精神上，都需要依靠自然界供给。一方面，从肉体上说，自然是人“赖以生活的无机界”。根据生态学原理，人作为自然生态系统中的一员消费者，无法自给自足，必须要依靠自然生态系统提供的阳光、水、土壤、氧气和有机物等才能生存，倘若离开自然生态系统，人类将无法生存（见图2-1）。也就是说，“人在肉体上只有靠这些自然产品才能生活”，不管这些产品是以何种形式表现出来。[③] 同时，自然界不仅给人提供生存所需的物质生活资料和生活场所，还给人提供进行劳动的生产资料，是人的实践活动领域；离开自然界，人的生产实践活动将无法进行，劳动就不能存在。[④] 因此，“人靠自然界生活”，“自然界是人为了不致死亡而必须与之处于持续不断的交互作用过程的、人的身体”[⑤]。美国“生物圈二号”实验的失败再次证明了这一真理。

另一方面，作为人的“无机身体”，自然界不仅是人“赖以生活的无机界”、给人提供物质生活资料，还是“人的精神的无机界”、给人提供精神食粮。因为，人类意识的产生是自然界长期进化发展的产物，意识的内容离不开客观自然界中的各种对象，是各种对象性的存在物在人类头脑中的主观反映，倘若没有被反映的客观对象，就不会有反映，就不会有人的意识。也就是说人类意识无论是从起源上说还是从内容本质

① 邱高会、邓玲：《从地球文明的视角论生态文明的科学内涵及其实现》，《甘肃社会科学》2014年第3期。

② 贾治邦：《论生态文明》（第2版），中国林业出版社2015年版，第15页。

③ 《马克思恩格斯文集》第1卷，人民出版社2009年版，第161页。

④ 同上书，第158页。

⑤ 同上书，第161页。

上说，都离不开自然。因此，自然是人的精神的无机界，是人的“精神食粮”。

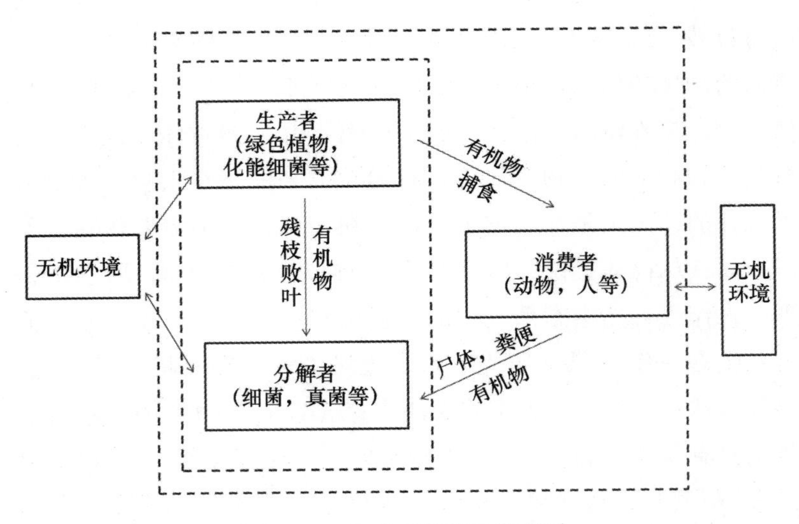

图2-1　生态系统结构模型图

综上，人类属于自然，是自然生态系统中的一员，永远不能摆脱对外部自然的依赖关系，无论是在肉体上还是在精神上，都须臾离不开自然母亲这一主体的供养；但自然却不属于人类，对于人类社会的发展具有独立性和制约性。[①] 正如美国学者罗尔斯顿指出的：“地球不属于我们，相反，我们属于地球。”[②] 倘若没有人类主体的开发利用或破坏，自然主体照常甚至可能更好地得到休养生息和繁衍。人作为一种自然存在物虽然本身是自然界的一部分，但人类在长期的劳动实践过程中构建了与自然相对独立的人类社会，与自然构成了一种既对立又统一的共生关系[③]。因此，不能简单地把人类还原为自然物与自然混为一体毫无区别，人与自然是两个既对立又统一的矛盾统一体，是两个相对独立的平等

① 许崇正、杨鲜兰等：《生态文明与人的发展》，中国财政经济出版社2011年版，第146页。

② 转引自余谋昌《地学哲学：地球人文社会科学研究》，社会科学文献出版社2013年版，第81页。

③ 汤伟：《中国特色社会主义生态文明道路研究》，天津人民出版社2015年版，第53页。

主体。

随着现代经济社会的发展与自然生态环境之间矛盾的日益尖锐，自然界对人类及人类社会的客观基础性作用越发凸显。大自然既可以孕育生命，滋养人类；也可以轻而易举地夺走生命，甚至摧毁人类引以为傲的文明。法国作家雨果曾经说过："大自然既是善良的慈母，同时也是冷酷的屠夫。"在强大的自然面前，尤其是在地震、海啸、火山喷发、龙卷风、泥石流等重大自然灾难面前，人类是如此的渺小脆弱、如此的不堪一击！近年接连发生的禽流感、汶川地震、玉树地震、海地地震、芦山地震、尼泊尔地震、阜宁龙卷风冰雹、茂县山体垮塌、九寨沟地震以及新型冠状病毒肺炎疫情等，都在不断警示我们：人类无视自然的主体性就是无知地无视自我！

综上所述，无论是从时间先后顺序还是空间的并存关系来看，自然的主体性都先于或高于人的主体性；但若从主体性涵盖的具体内容和表现形式来看，人与自然各自所具有的主动性、主导性、能动性和创造性等主体性特征又各不相同。因此，无须评判人与自然主体性的高低，唯有辩证地看待人与自然之间的关系，将人与自然视为互为主体的矛盾统一体，牢固树立人与自然平等的伦理观、价值观，由衷地尊重、顺应并保护自然，与自然和谐共生、共同发展才是明智之举。正如有学者主张用主体间性理论来重新审视人与自然之间的关系，将人与自然主客二者的关系转向为主体—主体的关系，把人与自然共同视为相互"交往行为"中的主体，是相辅相成、休戚与共的生命共同体。①

2. 从生态文明包含的文明来看，包含人类文明和自然文明，是人类文明与自然文明和谐发展的地球文明。

（1）自然生态具有文明性

人类作为地球上迄今为止发现的唯一一类智能生物，在长期的劳动实践过程中，凭借日益发达的科学技术不断提高认识自然、利用自然和改造自然的能力，并成功地利用自然物创造了璀璨的物质文明、精神文

① 薛方圆：《人与自然关系的重新审视——以哈贝马斯主体间性理论为解读视角》，《长治学院学报》2016 年第 4 期。

明、政治文明和社会文明等人类文明成果。但这并不意味着人类文明就高于自然，自然就应当被排斥在文明之外或在文明之下，其文明性可以被忽视或被否定。[①] 相反，自然在长期的演进过程中本身也创造了精彩的文明成果，自然不仅具有自身的内在价值、特有的规律和行为等文明特征，还创造了各种令人叹为观止的自然景观等文明成果。

首先，自然生态系统具有内在价值性。中共中央、国务院《生态文明体制改革总体方案》明确要求“树立自然价值和自然资本的理念，自然生态是有价值的”[②]。这就明确告诉我们，自然是有价值的，自然不仅有满足人类主体需求的各种工具价值，还有其自身存在的内在价值。尊重自然的前提就必须承认生命和自然界的内在价值。其次，自然生态系统具有本身所固有的、本质的、必然的、稳定的联系，即自然规律。自然生态系统的各种生物及其环境都有其特定的运行规律，对于生物群落来说，无论是动物、植物还是微生物都既有自己特有的生长、发育、繁殖等行为方式和活动规律，也有对外界环境刺激作出感应的特性；对于自然环境而言，无论是日出日落、潮起潮落、四季更替等各种自然现象的发生都有其特殊的规律性。顺应自然的实质就是要求人类顺应自然规律，违背自然规律的结果必然要遭到自然的惩罚，当前人类遭遇的多种生态危机，大多是由人类违背自然规律引起的，是自然对人类违背自然规律的报复和惩罚的结果。最后，自然创造了璀璨的文明景观成果。自然生态系统中各因素之间的相互作用、相互影响推动着自然不断发生演变和进化，不仅创造了各具特色、千变万化、鬼斧神工的自然生态景观；更为重要的是，自然还创造和孕育了文明的另一主体即人类，人类是自然文明成果中最为壮丽的景观，是自然文明成果最生动的展现。

由此可见，自然具有的价值、行为、规律和景观文明都充分说明了自然具有文明属性，只是其文明表现形式不同于人类文明的表现形式。事实上，自然不仅具有文明性，而且其文明性与其主体性一样都先于人类文明而存在，是人类文明的摇篮，人类所创造的全部文明成果都是建

① 严耕、杨志华：《生态文明的理论与系统建构》，中央编译出版社2009年版，第68页。

② 中共中央、国务院：《生态文明体制改革总体方案》，《经济日报》2015年9月22日第2版。

立在自然文明基础之上的，且无论人类文明发展到什么程度，都离不开自然文明的支撑。无论是人类远古文明的衰亡和陨落，还是如今频发的地震、海啸、泥石流、干旱、洪涝等各种自然灾害对人类文明的毁灭性破坏，以及当今面临的资源枯竭、生态退化、环境污染等自然文明性衰退，对人类文明永续发展构成了巨大威胁，都充分说明了自然文明是人类文明的根基。如果没有自然文明，人类历史就会失去背景，人类的一切文明都会失去依托，人类文明就会成为无源之水、无本之木。因此，人类文明既是自然文明的产物，也离不开自然文明的支撑。从这一意义上说，人类文明从属于自然文明，人类文明是整个自然文明的一部分，只不过是其中最精彩的一部分。

随着现代经济社会的发展与自然生态环境之间的矛盾日益加剧，自然生态的文明性对于人类文明性的优先地位也就愈加凸显。承认自然生态具有文明性，突破了人类文明的局限性，既是对文明内涵的拓展，也是对人类文明的一种反思、重构和提升，更是生态文明的创新性、先进性、高级性的表现。

（2）生态文明是人类文明与自然文明和谐发展的地球文明

生态文明既包括自然文明，又包括人类文明，但并不是自然文明与人类文明的简单相加，而是人类文明与自然文明和谐共生、协调发展而形成的共生共荣的生物圈文明或地球文明。

一方面，人与自然和谐共生是生态文明质的规定性。要实现人与自然之间的和谐共生就必须先实现自然界内部的和谐、个人自我身心的和谐、人类社会的和谐。因此，生态文明所指的和谐是多方面、多层次的和谐，包括自然内部、个人身心、人类社会及人与自然四个方面的和谐：其一，自然生态内部的和谐，是指自然内部各生物群落与环境之间、生物与生物之间以及整个自然生态系统呈现出的动态平衡的关系，这是自然文明的表现，是生态文明的前提和基础，如果自然生态系统失衡即爆发生态危机，生态文明将不复存在。其二，个人自我身心的和谐，是指个人的身心健康、人格健全、言行一致等，是人的精神生态文明的表现，人的身心不和谐即人自身失衡也是引发生态危机的重要原因，因为人内心的贪婪将导致人对自然的贪得无厌、无尽掠夺。[①] 其三，人类社会中人与人、人与社会之间关系的和谐即社会和谐，社会和谐的关键是利益协调和均衡，包括不同社会形态的国家之间、同一国家内的不同部门、不同区域、不同利益群体或个人之间以及不同代际之间的利益协调与均衡，这是社会文明的表现，人类社会的不和谐是导致生态危机的直接原因，正如美国学者丹尼尔·A. 科尔曼所言："所有生态问题均植根于社会问题"。生态危机本质上是人与人、人与社会之间的社会危机。其四，人与自然之间的和谐，是指人与自然两个主体之间的和睦共处、共生共荣的关系和状态，这是最高层次的和谐，是生态文明的根本表征，是生物圈文明或地球文明的表现。

另一方面，发展是生态文明的第一要义。生态文明强调的和谐共生，并不是静止不变的绝对和谐共生，而是人与自然之间通过相互作用、相互影响，推动二者之间的关系不断发生运动变化，在动态变化发展中逐步实现动态平衡与和谐共生。因此，人与自然之间的和谐共生是不断发展变化的，发展也就成为生态文明的第一要义。但生态文明主张的发展，并不是以牺牲"绿水青山"（或以降低自然生态系统文明性）为代价而换取"金山银山"来促进人类自身的发展，也不是完全放弃"金山银山"、停止人类的发展而只要"绿水青山"，完全让位于自然生态系统的发展，而是坚持"绿水青山就是金山银山"的绿色发展理念，矫正"人类中心主义"价值观下人类通过剥夺自然的发展权利来追求自身发展，避免继续陷入"有增长无发展""为发展而发展"的怪圈。主张在尊重自然、顺应自然、保护自然和自然生态系统可承载的前提下追求人类社会的发展，在发展过程中保护自然，不断缩小人与自然之间的物质变换裂缝，实现人与自然的和谐共生与协调发展，真正实现金山银山与绿水青山的兼得。不仅如此，生态文明还强调人类自身的全面发展，认为人不仅是经济人、社会人，还应是自然人、生态人，发展不仅是为了满足人类的物质需求和精神需求，还应提供更多的优质生态产品满足人的生态需求。因此，生态文明要求的发展是人与自然和谐共生的全面、协调、

① 刘湘溶等：《我国生态文明发展战略研究》，人民出版社 2013 年版，第 76 页。

可持续的绿色发展。由此可见，生态文明是人类在追求文明进步的过程中，对人与自然关系的认识方式和处理方式不断进步和升华的积极成果和进步过程。

（二）对生态文明历史定位的再认识

对生态文明的历史定位不能一概而论，既要着眼于人类文明发展的演进规律和发展趋势，又要立足于当今世界的世情和当代中国的国情，不能把广义（或纵向）的生态文明和狭义（横向）的生态文明完全割裂开甚至对立起来。[①] 正如夏光（2009）指出的，从不同思路来理解生态文明都有道理，并各有其作用，若从纵向的人类文明演变历史视角来理解，生态文明是一种比较抽象和长远的价值追求，是一种价值理性；而从横向的我国治国理念体系视角来看，生态文明是中央治国理政的手段，是一种工具理性。[②]

从当前来看，生态文明是要素层面的文明，是现有社会文明体系中与物质文明、政治文明、精神文明和社会文明相并列、与工业文明在一定时期内相并存的文明要素。因为，从事物发展的规律来看，新生事物是在旧事物的母腹中逐渐孕育起来的，新生之初的力量还十分弱小，不可能立即战胜并取代旧事物。生态文明作为一种在工业文明母腹中孕育起来的新型文明，与工业文明不可立即分割。一方面，生态文明需要工业文明作支撑，工业文明创造的丰富的物质财富和辉煌的科技文化成果等为生态文明奠定了坚实的物质基础，是生态文明建设进程中需要汲取、继承和发扬的；另一方面，工业文明亟须生态文明理念的导向、管控、净化、协调和提升，工业文明在快速推进的进程中遭遇了资源短缺、环境污染、生态破坏等诸多困境，陷入了无法自拔的泥潭，因此，亟须生态文明理念来对传统工业文明的“黑色”发展方式进行“绿色化”变革，尤其需要矫正工业文明框架下的“人类中心主义”价值取向，以指引工业文明走出泥潭；同时，建设生态文明可为经济发展尤其是新型工业化建设创造新的经济增长点，促进传统工业化道路提档升级，真正走

---

① 方时姣：《论社会主义生态文明三个基本概念及其相互关系》，《马克思主义研究》2014年第7期。

② 夏光：《“生态文明”概念辨析》，《环境经济》2009年第3期。

出一条绿色循环低碳的新型工业化道路。而无论是上述的哪一个方面都需要一个循序渐进的长期发展过程，因此，生态文明还必须与工业文明在一定的时期内并存。

从历史纵向来看，生态文明是一种形态文明，是对传统工业文明的一种生态化扬弃与超越，终将取代工业文明而成为一种独立的人与自然共生的文明新形态。因为，从生态文明的内涵来看，生态文明是致力于实现人与自然生命共同体的和谐共生及人类文明与自然文明的协调发展，是一种双向互动、和谐共生型的文明形态，是一种生命共同体文明、地球文明或生物圈文明；而“人类中心主义”价值观导向下的工业文明单纯强调人类一个主体的文明发展，在发展历程中只顾向自然索取不愿回报，不择手段地掠夺、征服甚至破坏自然，其实质是一种反自然的不可持续的“黑色”文明形态。因此，生态文明是对工业文明的生态化扬弃与超越，其内涵和外延都广于工业文明，是一种理念比工业文明更为先进、形态比工业文明更为高级，更有利于实现人与自然永续发展的文明。尽管当前生态文明还不够发达，无法立即取代工业文明的主导地位，但从长远来看，终将取代工业文明而成为独立的文明形态。因此，生态文明是人类文明发展的必由之路。

第二节　生态文明建设的内涵

由于对生态文明内涵的理解具有多种视角，学术界对生态文明建设内涵的界定和解读也呈百花齐放、百家争鸣的态势。有的学者直接把生态文明建设等同于生态文明，也有的学者对生态文明建设与生态文明作了明确区分。

一　生态文明建设内涵研究综述

学界对生态文明建设概念的界定和内涵的解读，有着重揭示生态文明建设本质的“本质论”，有从生态文明建设内容或建设体系进行建构的“内容论”，也有将生态文明建设视为一个过程并同时论及生态文明建设内容的“过程兼内容论”。

“本质论”者认为生态文明建设的本质是建设“两型社会”或“三

型社会”。如周生贤（2012）认为生态文明建设的本质是为了建设“资源节约型、环境友好型社会”即“两型社会”。杨朝霞（2014）在“两型社会”的基础上增加了“生态健康型文明社会”的内涵，认为生态文明建设的本质是建设“资源节约型、环境友好型和生态健康型文明社会”即“三型社会”[①]。

“内容论”者如于维民（2008）认为，生态文明建设的内容包含生态文明意识、生态文明制度和生态文明行为。[②] 何华征（2013）认为生态文明建设的内容包含价值内涵、思想内涵和实践内涵，即在价值诉求上体现为人类从对单一价值的过度追求转向动态、综合价值的追求；在思想上体现为主客二元对立思想的瓦解和“大自然观”的确立；在实践上开启了工程实践、社会实践、伦理实践的系统实践图景。[③]

“过程兼内容论”者如李宏伟（2013）认为生态文明建设是人们“为实现人与自然和谐发展的生态文明而不懈努力的社会实践过程”[④]。陈江昊（2013）认为生态文明建设是人类“克服工业文明弊端，探索资源节约型、环境友好型发展道路的过程；包括人类在生态问题上所有积极、进步思想观念建设及其在各领域的延伸和物化建设”[⑤]。方时姣（2014）认为生态文明建设是生态文明理念、理论在联合劳动者创造性的生态实践中的现实表现，是对以往人类文明发展模式与文明建设结构模式的生态变革与绿色创新转型的重塑过程；或者说是人民建设生态文明的绿色路径，实现对以往文明发展模式与文明建设模式扬弃与超越的构建过程；且生态文明建设有广义和狭义之分，其中，狭义的生态文明建设是以谋求人与自然和谐发展为灵魂和主旨，推进“自然生态系统的文明”或“生态环境文明”建设的过程；而广义的生态文明建设是指我国社会主义现代化的各个方面、各个领域诸层面的文明结构乃至全过程的整个社会文明建设的重塑过程。[⑥]

---

① 杨朝霞：《生态文明建设的内涵新解》，《环境保护》2014 年第 4 期。
② 于维民：《生态文明建设初探》，《开发研究》2008 年第 3 期。
③ 何华征：《论生态文明建设的三重内涵及其逻辑》，《学术交流》2013 年第 10 期。
④ 李宏伟：《当代中国生态文明建设战略研究》，中共中央党校出版社 2013 年版，第4 页。
⑤ 陈江昊：《生态文明建设内涵解析》，《陕西社会主义学院学报》2013 年第 2 期。
⑥ 方时姣：《论社会主义生态文明三个基本概念及其相互关系》，《马克思主义研究》2014 年第 7 期。

二　从地球文明视角对生态文明建设内涵的再认识

基于地球文明的视角，借鉴学界对生态文明建设定义方式，采用“过程论兼内容论”的表述方式，将生态文明建设定义为：推进自然生态系统文明化和人类文明系统生态化，促进人类社会文明与自然生态文明和谐发展的过程。生态文明建设的重点在“化”，是一个自然化自然、人化自然、自然化人、人化人协调推进的过程。具体地说，生态文明建设的内涵可以从以下几个方面理解。

（一）从建设的内容来看，包括自然生态文明建设和社会生态文明建设

简单地说，生态文明建设就是为了促进人与自然及人类社会文明与自然生态文明和谐发展。为此，需要对自然生态系统进行文明化提升，并对现有的非生态化的人类社会文明系统进行生态化变革，以促进人类社会文明与自然生态文明和谐共生、协调发展。[①] 因此，生态文明建设不是单纯的生态环境建设与保护，而是包括了自然生态文明建设和社会生态文明建设两个大的方面，具体包括四个层次（见图 2 – 2）。[②]

一是要转变“人类中心主义”的价值观念，牢固树立生态文明观念或理念，这是推进生态文明建设的根本。因为理念是行动的先导，人类的一切体制机制改革和制度安排、行为方式都是由人的价值观念决定的，只有观念转变了，人类的行为方式和制度安排才能随之改变。二是要构建符合生态文明价值观念的生态文明制度体系。文明的解构和重构仅仅依靠自觉和自律的软约束是远远不够的，而在人们的生态自觉、自律意识还尚未牢固树立的当下，更需要通过制度的硬约束，才能保障生态文明建设有序推进，这是我国推进生态文明建设中具有攻坚性质的重要一环。三是要矫正不符合生态文明价值观念的行为方式，积极推进绿色生产生活方式，这是建设生态文明、消除生态危机的关键。因为人类不当行为是环境恶化和生态危机加剧的直接诱因，只有通过矫正人类的不当

① 邱高会：《生态文明建设视域下生态消费模式的构建》，《中国环境管理干部学院学报》2015 年第 4 期。

② 邱高会、魏晨：《欠发达地区新型工业化与生态文明建设协调发展——以四川革命老区为例》，《党政干部学刊》2015 年第 8 期。

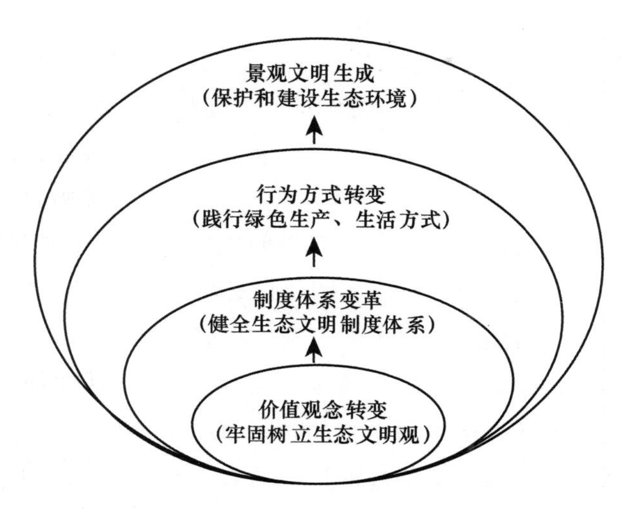

图2－2　生态文明建设层次示意图

行为方式，才能防治环境恶化和生态危机；四是要加强自然生态环境保护和建设。在尊重自然、顺应自然的基础上，加大自然生态环境保护力度，充分发挥自然主体的自我创造和恢复能力，生成自然生态文明景观，提升自然生态系统的稳定性、文明性，这是当前我国生态文明建设最为紧迫而重要的任务。

在上述四个层次的建设内容中，生态价值观念的树立、生态文明制度体系的构建、行为方式的绿色化转变都是属于人类文明系统的生态化改造或绿色化变革过程，是人类生态文明建设的过程；而保护和建设生态环境生成景观文明是自然生态系统文明化提升的过程，是自然生态文明建设的过程。二者属于生态文明建设的两个不同方面或两个相对独立的过程，二者是相互影响、相互制约、相互促进的，必须协调推进持续推进，才能实现人类文明与自然文明和谐发展与永续发展。由此可见，生态文明建设是包含价值观念、行为方式、制度安排和景观改造的文明提升工程，是一场全方位、系统性、根本性的生态化改造和绿色化变革。

（二）从建设的动力来看，生态文明建设需要“四化”力量协调推进

根据生态文明建设的内容要求，生态文明建设的关键在“化”，即

“生态化”或“绿色化”，而“化”的动力来源于自然和人类两个主体，具体包括自然化自然、人化自然、自然化人、人化人四种力量即“四化”，必须要依靠“四化”力量协调推进才能顺利实现。

1. 自然生态文明建设需要“自然化自然”与“人化自然”两种力量协调推进

自然化自然是指自然生态系统内部的自然调节、自然修复、自然重建和自然平衡的过程。自然生态文明建设必须要依靠“自然化自然”的力量，才可能促进自然生态系统向有序方向转化，增强自然生态系统的稳定性和平衡性，提升自然生态系统的文明性。但当自然生态系统过度退化或严重污染单凭自然生态系统的自我组织、自我调节能力难以恢复时，就需要依靠适当的人工措施助推自然生态系统修复，增强自然生态系统的稳定性和平衡性。这是人类认识自然、尊重自然，并不断通过实践活动给自然打上人类印记，建造人工自然的过程，也就是“人化自然”的过程。因此，自然生态系统的文明化，既需要尊重自然、顺应自然，减少对自然的干扰和破坏，给自然留下更多修复空间，让自然休养生息和按照自然规律进行自然修复和演进；同时还需要人类增强对自然生态规律的认识，充分利用绿色先进适用技术，提升保护和修复自然的能力，并制定严格的保护和建设自然生态的法制体系，采取积极有效的人工措施促进自然生态系统的修复和演进，提升自然生态系统的文明性，增强生态产品的生产能力。

2. 社会生态文明建设需要“自然化人”与“人化人”两种力量协调推进

“自然化人”是指外部自然元素不断注入人类文明系统，被人类吸纳并变为人类文明系统的一部分，即“人的自然化”过程。既包括自然生态系统为人类发展提供生产生活资料来孕育、滋养和哺育着人类，并以其价值、规律、行为、景观等自然文明成果来熏陶、启迪、感化着人类，为人类提供“精神食粮”；也包括外部自然界以其消极的自然力量来制约、惩罚和教化人类，以迫使人类更加充分地认识自然、更加自觉地尊重自然和顺应自然。“人化人”主要是指人类在遵循自然规律的基础上，自觉按照人与自然和谐发展的价值取向对现有的人类文明系统进行生态化改造，推动价值观念、行为方式及制度安排等人类社会文明系统绿色化变革，这是促成人与自然和谐共生、实现生态文明的关键环节。因为当今各种生态危机即人与自然极端不和谐的根源就在于人类不合理的实践活动，这是现代人类文明反自然、反生态化扩张的结果，而导致这种反自然扩张的根源在于“人类中心主义”的价值取向对人的异化。可以说，生态危机根本上是人类的文化危机或文明危机，要走出这种危机，就必须对现有的文明内涵进行拓展，还原和复归自然生态系统的主体性和文明性；同时必须对现有的人类文明系统进行生态化改造和提升，变革“人类中心主义”的价值取向和相应的制度安排，才能从源头上扭转生态环境恶化趋势、从根本上消除生态危机、实现人与自然和谐发展与永续发展，这是生态文明建设最为关键而艰巨的任务。

（三）从建设的主体来看，生态文明建设由人与自然共同推进

从上述生态文明建设的动力可以看出，生态文明建设必须要由人与自然两个主体共同推进才能实现，且人类主体性的发挥必须以尊重自然、顺应自然主体为前提。

1. 生态文明建设必须要依靠自然主体

前已述及自然生态文明建设必须依靠自然生态系统的自我演化和自我恢复，才能提升自然生态系统的稳定性和文明性。因此，生态文明建设离不开自然主体性的发挥。党的十八大和中共中央、国务院《关于加快推进生态文明建设的意见》等都把“自然恢复为主”作为生态文明建设的基本方针，明确要求“在生态建设与修复中，以自然恢复为主”，就是对自然在生态文明建设中的主体性地位的充分肯定，是尊重自然主体性、创造性的具体表现。

2. 生态文明建设必须充分发挥人类的主观能动性

肯定自然的主体性，并不是意欲否定人的主体性，让人的主体性从社会主义生态文明建设的实践活动中“出场”。相反，在生态文明建设过程中必须要充分肯定人的主体性、充分发挥人的意识的主观能动性。因为，无论是自然生态系统的文明化提升，还是人类文明系统的生态化改造，都离不开人的建设作用。人之所以能够担当生态文明建设的主体，是由人的本质决定的，人的本质是自然生态本质和经济社会本质的有机

统一，人既是自然存在物，又是社会存在物和精神存在物，是自然人—经济人—文化人—社会人的复合人。

马克思认为，人作为自然存在物，具有自然力、生命力，既是受动的、受制约的和受限制的存在物，又是能动的自然存在物。[①] 一方面，人类作为受动的自然存在物，一刻都离不开自然；另一方面，劳动使人不仅仅是自然存在物，同时还是社会存在物，人作为社会存在物，具有经济性、文化性和社会性等本质属性。这就使人不同于其他动物完全被动地受制于自然；相反，人通过实践活动既能够逐步认识自然规律、适应自然环境，还能够充分运用自然规律，通过劳动实践能动地反作用于自然、有效地改造自然，“使自然界为自己的目的服务，来支配自然界”[②]。对此，列宁曾指出：“世界不会满足人，人决心以自己的行动来改变世界”[③]；列宁在此所指的人“自己的行动”就是指人的劳动实践活动。因此，劳动是调整、控制人与自然之间的物质变换过程的现实力量，如何有效地调整人与自然之间的物质变换关系就成为解决人与自然之间矛盾的关键。[④] 这就需要通过坚持主体与客体相统一，坚持合目的性与合规律性有机结合，通过正确的劳动实践促进人与自然之间的物质变换良性循环，以实现“人同自然的和解”。

因此，生态文明建设的实践离不开人类主体性的发挥，生态文明建设从概念的提出到战略目标、战略理念、战略任务、战略路径、战略行动等的设计和实施，都是人类的实践活动行为，是人类为促进人与自然和谐共生、协调发展所作出的全部努力和实践探索。生态文明建设的提出是人类对人与自然关系进行深刻反思、对人类行为进行全面反省、对人类文明发展前景进行积极探索后作出的明智选择，是人类在尊重自然、顺应自然的前提下，充分发挥人的主动性、创造性，不断促进人类文明系统生态化改造和促进自然生态系统良性循环（文明化提升）的过程。

---

① 《马克思恩格斯文集》第 1 卷，人民出版社 2009 年版，第 209 页。

② 《马克思恩格斯文集》第 9 卷，人民出版社 2009 年版，第 559 页。

③ 《列宁专题文集·论辩证唯物主义和历史唯物主义》，人民出版社 2009 年版，第138 页。

④ 赵成、于萍：《马克思主义与生态文明建设研究》，中国社会科学出版社 2016 年版，第 224 页。

作为一项涉及价值观念、行为方式和制度设计的深刻变革，生态文明建设涉及多方利益主体之间的博弈、协调和平衡，既需要政府领导、管理和示范，还需要媒体的宣传、呼吁、鼓励、监督，更需要企业和公众的积极响应和自觉参与，才能全面推进。因此，生态文明建设的人类行为主体和责任主体就包括政府、企业和社会公众，新修订的《中华人民共和国环境保护法》（自2015年1月1日起施行）就明确规定了“一切单位和个人都有保护环境的义务”。其中，党政领导是推进生态文明建设的主要行为主体和责任主体，既是生态文明建设的领导者、组织者、管理者和监督者，也是与世界各国在生态文明领域进行对话交流合作的代言人和执行者，担负着宣传普及生态文明理念，制定与生态文明建设相适应的制度体系，引导、组织并监督企业和公众积极投身生态文明建设，为生态文明建设提供财政支持等诸多生态职责。企业既是损害生态环境的行为主体和责任主体，也应当是生态文明建设的主力军。企业是从事生产经营活动的主要场所，是实施节能减排、推动生产生活方式绿色化转型的关节点和主战场，只有企业坚持实施绿色生产，才能为全社会提供绿色产品，从而带动全社会践行绿色生活方式。社会公众是推进生态文明建设的基本力量。新环保法将全民环保写入法律，这意味着公众参与生态文明建设，不再是公众的自愿行为，而是公众必须履行的法定义务和必须承担的社会责任。因此，示范型责任政府、媒体、绿色型环保型企业和生态自觉的公众就成为建设生态文明缺一不可的人类行为主体和责任主体。

综上所述，生态文明建设就是人类协调推进“自然化自然”“人化自然”“自然化人”“人化人”四种力量整合形成合力，促进人类文明系统生态化发展和自然生态系统文明化提升，实现人类社会文明与自然生态文明和谐发展永续发展的过程。既是人类主体了解自然、尊重自然、顺应自然并保护自然，还自然以更多的休养生息空间，促进自然生态系统良性循环，提升自然生态系统文明性的过程；也是人类主体应用生态文明理念改造和变革人类社会文明系统，并作出相应的制度安排来进行管理和协调，促进人类社会文明系统绿色化转型发展的过程。

第三节　中国特色社会主义生态文明建设道路的内涵

任何理论学说的创新和发展都要吸收和借鉴前人的理论成果，对中国特色社会主义生态文明建设道路内涵的理论概括和科学建构，也是在吸收中国特色社会主义生态文明建设的道路实践探索经验和理论探索成果的基础上，充分借鉴中国特色社会主义道路等道路内涵的表述方式，探索性地对中国特色社会主义生态文明建设道路的科学内涵作出马克思主义理论界定。

目前国内直接对中国特色社会主义生态文明建设道路进行理论探究的学者并不多，有关这一道路的理论研究成果也并不丰富，对这一道路科学内涵的理论概括还不十分明朗。[①] 但现有研究成果的研究视角和观点可为进一步概括这一道路的科学内涵提供有益借鉴和参考。

一　中国特色社会主义生态文明建设道路的内涵研究综述

理论和学术界最早对中国特色社会主义生态文明发展道路进行专门研究的是刘思华教授。1991 年他首次提出把建设社会主义生态文明作为社会主义现代化建设的一项战略任务；[②] 2009 年他全面阐述了这一道路的战略地位、时代特色、理论与实践宗旨，他认为，就其战略地位来说，中国特色社会主义生态文明发展道路是实现中华文明生态复兴的广阔道路；其时代特色是生态自然和经济社会“双赢”发展的新时代；其理论与实践宗旨是保证全体人民和非人类生命物种的可持续生存与全面健康发展。[③] 此后，部分专家学者从不同的视角对中国特色社会主义生态文明建设道路进行理论探讨，观点各异、精彩纷呈，总体可以概括为以下几类。

① 邓玲：《努力探索中国特色生态文明发展道路》，《中国社会科学报》2012 年 3 月 21 日第 B04 版。

② 刘思华：《企业生态环境优化技巧》，科学出版社 1991 年版，第 477 页。

③ 刘思华：《中国特色社会主义生态文明发展道路初探》，《马克思主义研究》2009 年第 3 期。

（一）从道路选择的现实依据探索中国特色社会主义生态文明建设道路

赵凌云等（2011）以发达国家生态文明发展道路为参照，认为中国的生态文明建设道路要从历史逻辑和时代要求出发，依托中国的后发优势，确立中国特色生态文明超越式发展道路。[①] 王宏斌（2016）认为，中国生态文明建设要发挥我国社会制度的优越性，超越西方发达国家生态现代化理论，走一条中国特色的生态现代化道路。[②]

（二）从道路要素特征探索中国特色社会主义生态文明建设道路

唐代兴（2010）认为，生态文明建设的唯一正确道路是探索以低碳化生存、灾疫防治、生境化教育为主要方式的可持续生存式发展[③]。周生贤（2012）认为，建设生态文明是要走生产发展、生活富裕、生态良好的文明发展之路。[④] 薛建明（2012）认为，中国特色生态文明道路的鲜明旗帜是科学发展、显著特征是全面高效、综合优势是后发优势、明确目标是和谐进步。[⑤] 黄娟等（2014）认为，建设生态文明、实现美丽中国梦必须走一条生态优先的新型文明发展道路，即“生态良好、生产发展、生活幸福”的新型发展道路[⑥]，或“生态美丽、生产美化、生活美好”的道路。[⑦]

（三）从道路的战略框架探索中国特色社会主义生态文明建设道路

邓玲（2012）认为，“四位一体”背景下中国特色社会主义发展道路的基本骨架至少应当包括：生态文明理念下建设生态环境的新道路、从工业文明向生态文明提升的道路、差别化的区域实现道路、全民绿色人生发展道路、开放合作的国际化道路、人与自然和谐发展的价值体系

① 赵凌云、常静：《历史视角中的中国生态文明发展道路》，《江汉论坛》2011 年第 2 期。

② 王宏斌：《借鉴生态现代化理论，推进我国生态文明进程》，《红旗文稿》2016 年第 12 期。

③ 唐代兴：《可持续生存式发展：强健新生的生态文明道路》，《爱思想》（http://www.aisixiang.com/data/36460.html），2010 年 10 月 8 日。

④ 周生贤：《中国特色生态文明建设的理论创新和实践》，《环境经济》2012 年第 10 期。

⑤ 薛建明：《生态文明与低碳经济社会》，合肥工业大学出版社 2012 年版，第 57—58 页。

⑥ 黄娟、汪宗田：《美丽中国梦及其实现——兼论生态文明建设：道路、理论与制度的统一》，《理论月刊》2014 年第 2 期。

⑦ 黄娟：《经济新常态下中国生态文明发展道路的思考》，《创新》2016 年第 1 期。

和制度体系六个方面。[①] 刘湘溶等（2013）分别从理论和实践两个层面构建了中国特色社会主义生态文明建设的道路或模式，即在理论上要积极吸收和借鉴国外经验、立足中国的现实国情、坚持马克思主义指导、发挥社会主义制度优势；在实践层面要推进思维方式、科学技术、经济发展方式、城乡建设、消费方式、人格六个方面的生态化。[②] 赵凌云等（2014）分析了科学发展观指导下的中国特色生态文明建设道路的基本框架即十大支柱，分别是生态友好型发展方式、低碳产业结构、生态制度安排、生态科技创新、“两型社会”、合理的空间经济布局、开放合作格局、生态文化、评价体系、生态理论联盟。[③]

（四）从道路的实现途径探索中国特色社会主义生态文明建设道路

一是围绕党的十八大报告提出的“融入”路径展开探索，如余谋昌（2013）认为，生态文明深刻融入和全面贯穿经济、政治、文化和社会建设的“五位一体”战略，是新的“中国道路”，是中华民族伟大复兴之路。[④] 裴玮（2013）认为，要深入推进中国特色生态文明建设，必须从理论体系、实践方法、行动体系等方面构建融合共建道路。[⑤]

二是围绕“绿色发展”路径展开探索，如郝栋（2012）认为，绿色发展道路是我国建设生态文明的必经之路，我国的生态文明建设必须构建系统化、可实践的绿色发展道路。[⑥] 阿瑟·汉森（2013）认为：“中国对生态文明的最大投入必将是探索绿色发展模式并取得成就，而若没有绿色发展，要将价值观转向生态文明的希望恐怕不大。”[⑦] 钱易（2016）认为，生态文明、绿色发展既彰显历史担当，也蕴涵治理智慧，为破解

① 邓玲：《努力探索中国特色生态文明发展道路》，《中国社会科学报》2012年3月21日第B04版。

② 刘湘溶等：《我国生态文明发展战略研究》，人民出版社2013年版，第82—86页。

③ 赵凌云、张连辉、易杏花等：《中国特色生态文明建设道路》，中国财政经济出版社2014年版，第16页。

④ 余谋昌：《生态文明：建设中国特色社会主义的道路——对十八大大力推进生态文明建设的战略思考》，《桂海论丛》2013年第1期。

⑤ 裴玮：《积极探索中国特色生态文明融合共建道路》，《宁夏社会科学》2013年第1期。

⑥ 郝栋：《绿色发展道路的哲学探析》，博士学位论文，中共中央党校，2012年。

⑦ 阿瑟·汉森：《生态文明建设的“中国道路”》，《中国社会科学报》2013年5月3日第A06版。

发展和保护之间的世界性难题提供了中国方案。[①]

上述研究成果从不同的视角围绕战略定位、战略框架或实现路径等其中的某一个具体方面或两个方面展开，且部分专家学者的某些观点已经成为了理论共识或已在实践中被纳入了国家的战略决策之中，丰富和发展了中国特色社会主义生态文明建设道路的内涵，为进一步凝练和概括这一道路的科学内涵指明了方向、奠定了基础。

二　中国特色社会主义生态文明建设道路的内涵理论表述借鉴

“实现中华民族伟大复兴是近代以来中华民族最伟大的梦想”[②]。为实现这一梦想，中国共产党坚持把马克思主义与中国的具体实际相结合，带领中国人民先后开辟了新民主主义革命道路、社会主义革命道路和社会主义建设道路。改革开放以来，我国创造性地开辟了一条具有中国特色的实现国家富强、民族振兴、人民幸福的社会主义道路，即中国特色社会主义道路。在坚持和发展中国特色社会主义道路进程中，中国特色社会主义道路本身的科学内涵和其中的政治发展道路、文化发展道路及中国特色社会主义经济发展道路中的新型工业化道路、新型城镇化道路等的科学内涵都日益清晰，其理论概括和书面表述也逐步科学和精炼。由于社会主义生态文明建设是与政治建设、文化建设相并列且都属于中国特色社会主义事业的重要组成部分，从理论上说，中国特色社会主义政治建设道路、文化建设道路及中国特色社会主义道路三条道路的内涵表述对中国特色社会主义生态文明建设道路内涵的归纳和概括具有重要的参考价值。因此，通过剖析以上三条道路的科学内涵，提炼这些道路的理论表述方式和表述特点，为概括中共特色社会主义生态文明建设道路内涵提供借鉴。

（一）中国特色社会主义道路的内涵表述剖析

自党的十六大首次提出中国特色社会主义道路之后，党的十七大

---

① 钱易：《生态文明：解决世界性难题的中国方案》，《光明日报》2016年3月4日第14版。

② 习近平：《决胜全面建成小康社会　夺取新时代中国特色社会主义伟大胜利——在中国共产党第十九次全国代表大会上的报告》，人民出版社2017年版，第13页。

首次完整地表述了中国特色社会主义道路的科学内涵；党的十八大进一步拓展和完善了中国特色社会主义道路的科学内涵，将其表述为："中国特色社会主义道路，就是在中国共产党领导下，立足基本国情，以经济建设为中心，坚持四项基本原则，坚持改革开放，解放和发展社会生产力，建设社会主义市场经济、社会主义民主政治、社会主义先进文化、社会主义和谐社会、社会主义生态文明，促进人的全面发展，逐步实现全体人民共同富裕，建设富强民主文明和谐的社会主义现代化国家。"在此基础上，党的十九大增添了"美丽"的元素和"强国"的梦想，将最后一句丰富和完善为"建设富强民主文明和谐美丽的社会主义现代化强国"，使中国特色社会主义道路的科学内涵表述更加全面、科学、准确地体现了中国特色社会主义道路的本质要求、总体布局和价值目标。

根据党的十八大和十九大对中国特色社会主义道路的科学内涵的表述，不同学者作出了不同的剖析和解读，综合起来可以概括为七要素论、五要素论、四要素论。七要素论者如张峰，将其剖析为"中共领导、国情基础、基本路线、根本任务、总体布局、价值取向、奋斗目标"① 七大要素；五要素论者如李君如②、徐志宏③等，将其剖析为"一个领导力量、一个基本国情、一条基本路线、一个总体布局和一个发展目标"五大要素；四要素论者如程浩，将其剖析为"两个前提、一条途径、两项任务和三个目标"④ 四个要素。由此可见，七要素论者对中国特色社会主义道路的内涵展示得更为全面、直接、明了，更有益于我们从中得到启示，借鉴张峰的七要素论，中国特色社会主义道路的内涵可以剖析为"领导核心、现实依据、基本路线、根本任务、总体布局、价值取向、奋斗目标"七大要素。具体地说，这七大要素分别是指：（1）领导核心

① 张峰：《解读十八大报告：中国特色社会主义道路的七个基本要素》，中国共产党新闻网（http：//theory. people. com. cn/n/2012/1115/c40531—19589907. html），2012年11月15日。

② 李君如：《中国特色社会主义道路：十八大的新境界》，《科学社会主义》2013年第1期。

③ 徐志宏：《中国特色社会主义道路的历史选择和科学内涵》，《新疆财经大学学报》2013年第4期。

④ 程浩：《中国特色社会主义道路再认知》，《晋阳学刊》2014年第3期。

是“中国共产党”；（2）现实依据是“立足基本国情”；（3）基本路线是“以经济建设为中心，坚持四项基本原则，坚持改革开放”，概括地说就是“一个中心、两个基本点”；（4）根本任务或本质要求是“解放和发展社会生产力”；（5）总体布局或具体任务是“五位一体”的总体布局，包括建设社会主义的市场经济、民主政治、先进文化、和谐社会和生态文明；（6）价值取向是“促进人的全面发展，逐步实现全体人民共同富裕”；（7）奋斗目标是“建设富强民主文明和谐美丽的社会主义现代化强国”。

（二）中国特色社会主义政治发展道路的内涵剖析

党的十六大首次提出了“政治发展道路”的概念，十六大报告指出：“中国共产党和中国人民对自己选择的政治发展道路充满信心”。党的十七大首次提出中国特色社会主义政治发展道路的论断并予以阐释。党的十八大进一步将这一道路的科学内涵概括为：“必须坚持党的领导、人民当家作主、依法治国有机统一，以保证人民当家作主为根本，以增强党和国家活力、调动人民积极性为目标，扩大社会主义民主，加快建设社会主义法治国家，发展社会主义政治文明。”① 可以看出，对中国特色社会主义政治发展道路基本内涵的理论表述主要是围绕这一道路的“领导核心、根本任务、价值取向、发展目标以及实现路径”五个层面展开的。其领导核心是中国共产党；根本任务是“坚持党的领导、人民当家作主、依法治国有机统一”；根本价值取向是“保证人民当家作主”；发展目标是“增强党和国家活力、调动人民积极性”；实现路径是“扩大社会主义民主，加快建设社会主义法治国家，发展社会主义政治文明”。

（三）中国特色社会主义文化发展道路的内涵剖析

党的十七届六中全会首次提出“中国特色社会主义文化发展道路”的命题，指出改革开放特别是中共十六大以来我们党走出了中国特色社会主义文化发展道路，并围绕文化发展所举旗帜、指导思想、发展方向、

① 胡锦涛：《坚定不移沿着中国特色社会主义道路前进　为全面建成小康社会而奋斗——在中国共产党第十八次全国代表大会上的报告》，人民出版社2012年版，第25页。

发展主题、根本任务、价值取向、发展动力、发展目标八个方面阐述了如何坚持中国特色社会主义文化发展道路。党的十八大进一步从发展方向、基本方针、基本原则、发展目标四个方面，对如何走中国特色社会主义文化发展道路、建设社会主义文化强国作出了明确要求，那就是“坚持为人民服务、为社会主义服务的方向，坚持百花齐放、百家争鸣的方针，坚持贴近实际、贴近生活、贴近群众的原则，推动社会主义精神文明和物质文明全面发展，建设面向现代化、面向世界、面向未来的，民族的科学的大众的社会主义文化”[①]。其中，发展方向是“坚持为人民服务、为社会主义服务”；基本方针是“坚持百花齐放、百家争鸣”；基本原则是“坚持贴近实际、贴近生活、贴近群众”；发展目标是“发展面向现代化、面向世界、面向未来的，民族的科学的大众的社会主义文化，推动社会主义精神文明和物质文明全面发展”。在此基础上，党的十九大增加了指导思想、基本立场、现实基础、创新创造等方面的内涵，具体表述为：“发展中国特色社会主义文化，就是以马克思主义为指导，坚守中华文化立场，立足当代中国现实，结合当今时代条件，发展面向现代化、面向世界、面向未来的，民族的科学的大众的社会主义文化，推动社会主义精神文明和物质文明协调发展。要坚持为人民服务、为社会主义服务，坚持百花齐放、百家争鸣，坚持创造性转化、创新性发展，不断铸就中华文化新辉煌。”[②]

（四）中国特色社会主义道路等道路内涵表述的共性及启示

通过对中国特色社会主义道路、中国特色社会主义政治发展道路及中国特色社会主义文化发展道路的科学内涵的理论表述进行剖析发现，尽管不同的道路内涵包含的内容或要素及其各自的表述方式各不相同，但同时又包含共同的特点即共性，那就是三条道路的内涵表述都涵盖有“领导核心”或“指导思想（理念）”“价值取向”“发展目标”“根本任务”和“实现路径”五大要素，具体内涵要素见表2－1。

---

① 胡锦涛：《坚定不移沿着中国特色社会主义道路前进　为全面建成小康社会而奋斗——在中国共产党第十八次全国代表大会上的报告》，人民出版社2012年版，第30—31页。

② 习近平：《决胜全面建成小康社会　夺取新时代中国特色社会主义伟大胜利——在中国共产党第十九次全国代表大会上的报告》，人民出版社2017年版，第41页。

表2－1　中国特色社会主义道路等道路内涵理论表述内涵要素比较

道路类型	包含要素						
中国特色社会主义道路	领导核心	价值取向	奋斗目标	根本任务	实现路径	具体任务	现实依据
中国特色社会主义政治发展道路	领导核心	价值取向	发展目标	根本任务	实现路径		
中国特色社会主义文化发展道路	指导思想	价值取向	发展目标	根本任务	发展方向	发展主题	发展动力

三　中国特色社会主义生态文明建设道路的内涵新探

根据党中央、国务院对我国生态文明建设路线图的战略部署，借鉴我国探索社会主义生态文明建设道路的实践经验、理论成果，参照中国特色社会主义道路等道路内涵的理论表述方式，探索性地围绕指导思想、实践基础、价值取向、基本动力、根本任务、建设路径、建设目标等七个方面，将中国特色社会主义生态文明建设道路定义为：是在马克思主义指导下，深入贯彻习近平新时代生态文明思想，立足中国基本国情，以人与自然和谐共生、协调发展为价值取向，以改革创新为基本动力，以融入共建为根本路径，协同推进自然生态系统文明化提升和人类文明系统生态化转型，努力走向社会主义生态文明新时代的生态治理现代化道路。概括地说，中国特色社会主义生态文明建设道路就是新发展理念指导下，协调推进自然生态文明化提升和人类文明生态化转型，努力走向社会主义生态文明新时代的绿色、创新、协调、开放、共享的生态治理现代化道路，是一条生态良好、生产发展、生活美好的生态治理现代化新道路。具体地说，这条道路的内涵可以从以下五个方面进行解读。

（一）中国特色社会主义生态文明建设道路是科学理论体系指导下走向社会主义生态文明新时代的必由之路

正确道路的开辟和发展必须要坚持以科学的理论作指导。无论是中国革命道路取得的胜利还是社会主义建设道路的成功开辟和发展完善，都离不开中国化的马克思主义科学理论体系即毛泽东思想和中国特色社会主义理论体系的正确指导。其中，中国特色社会主义理论体系是在我国社会主义现代化建设的伟大实践中，总结我国社会主义建设正反两个方面的历史经验和改革开放以来的新鲜经验基础上形成和发展起来的，是指导党和人民实现中华民族伟大复兴的正确理论，中国特色社会主义生态文明建设道路必须坚持中国特色社会主义理论体系作指导。而中国特色社会主义理论体系是开放、发展的，需要在实践中不断创新、丰富和发展。党的十八大以来，以习近平同志为核心的新一届中央领导集体站在谋求中华民族伟大复兴、实现中华民族永续发展的战略高度，举旗定向、谋篇布局、励精图治，不断推进党的理论创新，逐步形成了习近平新时代中国特色社会主义思想。这一思想内涵丰富、结构严密，时代特征鲜明，而其中最具创新性和时代特色的一个重要组成部分就是新时代中国特色社会主义生态文明思想，这是关于“为什么要建设生态文明、建设什么样的生态文明、怎样建设生态文明”，实现人与自然和谐共生与协调发展的根本性、全局性、战略性的指导思想，为我国生态文明建设道路的选择指明了方向、确立了目标、明晰了任务，是指引建设美丽中国的精神旗帜和行动指南。因此，中国特色社会主义生态文明建设道路必须深入贯彻新时代中国特色社会主义生态文明思想，牢固树立“绿水青山就是金山银山”的强烈意识，努力建设美丽中国，走向社会主义生态文明新时代。综上所述，中国特色社会主义生态文明建设道路就是在科学理论体系指导下走向社会主义生态文明新时代的必由之路。

（二）中国特色社会主义生态文明建设道路是与社会主义现代化建设融入共建、协调发展的社会主义现代化文明提升新道路

我国是一个社会主义现代化进程中的发展中国家，实现工业化、现代化是一项长期而艰巨的历史任务，还有很长的路要走。党的十九大指出：“我们要建设的现代化是人与自然和谐共生的现代化，既要创造更多物质财富和精神财富以满足人民日益增长的美好生活需要，也要提供更多优质生态产品以满足人民日益增长的优美生态环境需要。”① 面对当前资源环境生态约束趋紧的现实国情，必须把生态环境保护上升为一项

① 习近平：《决胜全面建成小康社会　夺取新时代中国特色社会主义伟大胜利——在中国共产党第十九次全国代表大会上的报告》，人民出版社 2017 年版，第 50 页。

文明发展战略，坚持把生态文明理念全面贯穿和深刻融入生态环境保护和治理的各方面和全过程，维护自然生态系统的稳定性和安全性，促进自然生态文明的提升，走一条生态文明理念下的生态环境保护新道路即自然生态文明发展道路。同时，实现社会主义工业化仍然是我国现代化进程中长期而艰巨的历史性任务，在工业文明还不发达的背景下建设生态文明，并非要求我们停止社会主义工业化、城镇化等现代化前进的步伐，完全让位于自然生态文明的发展；也不可能在现阶段全盘否定和取代工业文明，把生态文明建设作为一种独立的后工业文明形态完全脱离社会主义工业化和现代化建设的生动实践；而是要继承和发扬工业文明的优点，克服和矫正工业文明的弊病和缺陷，尤其要矫正工业文明的“人类中心主义价值”观念，推动工业文明生态化变革和绿色化转型，走人与自然和谐共生的绿色新型工业化道路。这就要求必须把生态文明建设深刻融入和全面贯穿到社会主义现代化建设的各方面和全过程，走一条与社会主义现代化建设融入共建、协调发展的道路，全面促进社会主义文明体系的绿色转型提升，建设现代化社会主义社会生态文明。因此，中国特色社会主义生态文明建设道路既不是一条单纯的生态环境保护道路，也不是一条后工业文明发展道路，而是一条与社会主义现代化建设融入共建，自然生态文明化提升与人类社会文明体系绿色化转型协调推进、和谐发展的社会主义现代化文明提升道路。

（三）中国特色社会主义生态文明建设道路是以绿色为导向、以创新为驱动的绿色创新发展道路

绿色是人类追求美好生活的共同期盼，绿色发展已经成为当今世界共同的先进发展理念、发展潮流和发展趋势。为顺应世界绿色发展趋势，我国不仅把绿色发展作为推进社会主义生态文明建设的根本途径之一，还把绿色发展理念作为指导社会主义生态文明建设的新发展理念之一。因此，绿色是生态文明的底色、方向，中国特色社会主义生态文明建设从根本上说就是一场全面、系统、深刻的生态化变革和绿色化转型，以创造天蓝、地绿、水净的美好绿色家园。

而要坚持绿色发展理念导向、推动绿色转型，必须改变传统的依靠资源、资本、劳动扩张等外生动力来推动发展的外生式发展模式，而应转向依靠改革和创新等内生动力驱动的内涵式发展模式，尤其要“强化

科技创新引领作用”①。坚定实施创新驱动发展战略，全面推进以绿色科技创新为引领的绿色创新。加快推进制度绿色创新，建立系统完整的生态文明制度体系；积极鼓励理论绿色创新，大胆提出推进生态文明建设的新理念、新思路；鼓励文化绿色创新，努力开创推进生态文化创作、传播的新方法、新渠道；全面增强绿色自主创新能力，为推动绿色发展、促进生态文明建设提供持久的内生动力。由此可见，中国特色社会主义生态文明建设道路就是一条以绿色发展为导向、以绿色科技创新为引领、以生态文明制度创新为突破口，进而推进理论创新、实践创新等各方面创新，全面推动整个社会的价值观念、生产方式、生活方式、制度体系等绿色转型发展的道路。纵观党的十七大以来中国特色社会主义生态文明建设道路的探索历程，可以发现，从生态文明建设道路的提出到全面部署、从试点示范到全面推进、从理念创新到制度变革，都在致力于探索一条绿色创新的中国特色社会主义生态文明建设道路。

（四）中国特色社会主义生态文明建设道路是开放合作的绿色和平崛起道路

当今世界，和平与发展依然是时代的主题，中国始终坚持独立自主的和平外交政策、坚持和平共处五项原则、坚持互利共赢的开放战略。作为一个社会主义现代化进程中的后发国家，早期工业化粗放型的发展模式付出了巨大的资源环境生态代价，面对发展过程中遭遇的资源环境生态瓶颈约束，中国不可能也没有效仿和推行发达资本主义国家所走的生态殖民主义和生态霸权主义道路，通过资本输出及战争等暴力手段掠夺其他国家的资源并将生态环境问题转嫁给他国；而是从中国的现实国情出发，依托后发优势，勇敢地提出生态文明建设的国家战略，不断创新发展理念，积极推进绿色转型，努力促进经济社会发展的同时逐步消解自身面临的生态危机，走出一条内生式的绿色和平崛起道路。同时为应对全球气候变化、推进全球绿色可持续发展作出了举世瞩目的中国贡献，充分展示了中国作为一个负责任的大国对维护世界绿色和平的道义与担当。

① 中共中央、国务院：《关于加快推进生态文明建设的意见》，《人民日报》2015年5月6日第1版。

当今世界，是一个多元化的世界，存在着不同的国家、不同的民族、不同的利益群体，其历史文化背景、价值诉求、社会制度、发展模式、发展水平都各有差异，但对生态文明的价值认同却是一致的。因为，人类只有一个地球家园，人与地球是一个同呼吸、共患难即休戚与共的地球命运共同体，全球正向的生态利益要由人与自然共享，而负向的生态破坏代价也要由人与自然共担。因此，我们只有建设绿色家园，才能与地球和谐共生、永续发展，这是人类的共同梦想、是世界各国的最大公约数，是构建人类命运共同体的价值纽带。而生态文明的核心价值取向就是实现人与自然和谐发展，建设美丽绿色家园。因此，建设生态文明符合全人类的共同利益，是人类理性选择的共同未来和价值诉求，世界各国人民应该携手同行，共谋全球生态文明建设之路，共建我们的绿色地球家园，这已成为当今人类的共识。正因为我们尊重并承认全球共同利益，并制定出了充满中国智慧、中国担当的解决方案，我国生态文明建设才能得到全世界的高度认可，使之成为我国深化国际交流合作、丰富对外开放内涵、开创对外开放新局面的重要窗口和平台。

因此，中国特色社会主义生态文明建设必须高举和平、发展、合作、共赢的旗帜，大力弘扬共商、共建、共享的全球治理理念，积极推动生态绿色外交和绿色国际合作，以更加负责和开放的姿态参与全球生态治理和生态产品供给，为全球生态安全作出新贡献，构建更广泛的人类生态利益共同体。共同探讨应对气候变化、维护全球生态安全的新技术、新方法和新路径，共同构筑生态治理互利合作新格局，共同建设天蓝、地绿、水净的清洁美丽绿色世界，共同走向绿色发展的生态文明新时代！

（五）中国特色社会主义生态文明建设道路是全民共建共享的绿色惠民道路

俗话说，“大鹏之动，非一羽之轻也；骐骥之速，非一足之力也”。人民群众是历史的创造者，中国特色社会主义生态文明建设作为一项全面系统的浩瀚工程，必须要坚持以人民为中心，依靠全民的自觉参与，充分发挥人民群众的首创精神，群策群力，才能有效推进，所谓“上下同欲者胜”。自生态文明建设国家战略提出以来，我们党始终坚持共建共享的发展理念，把为人民创造良好的生产生活环境作为最普惠的民生工程，以解决人民最关心最直接的生态环境问题入手，紧紧依靠和鼓励动员各方力量积极投身生态文明建设的理论与实践探索，并取得了积极进展。与此同时，学术界开展了广泛深入的理论探讨，取得了丰硕的理论成果；中央多部委、全国多地方积极响应；部分企业、民众积极践行绿色生产生活方式，基本形成了良好的生态文明建设新局面，初步探索出一条全民共建共享的绿色惠民道路。

在新时代，要加快推进生态文明建设，必须深入贯彻落实共建共享发展理念，坚持自上而下的政府管控路径与自下而上的群众创造路径相结合的原则，在进一步深化生态文明领域改革、加强对生态文明建设的总体设计和组织领导的同时，要牢牢坚持生态文明建设为了人民、生态文明建设依靠人民、生态文明成果由人民共享的原则，必须加大全社会的动员力度，全面调动人民群众的积极性、主动性和创造性，充分发挥人民群众的改革智慧和创新能力，为生态文明建设提供不竭的内生动力，推动形成生态文明建设多元共治的良好格局，不断加大优质生态公共产品的供给力度，增强生态公共服务共建能力和共享水平，保障全体人民共享蓝天碧云、绿水青山。

第三章　中国特色社会主义生态文明建设道路的特征

中国特色社会主义生态文明建设道路是在全球绿色创新发展的时代潮流中，在中国探索可持续发展道路的实践中逐步孕育和发展起来的，因此，这一道路具有鲜明的时代特征。同时，我国作为社会主义国家，走中国特色社会主义生态文明建设道路还必须坚持党的领导、坚持社会主义制度，体现社会主义的本质要求和本质属性，这就赋予了中国特色社会主义道路最本质的特征即社会主义本质特征。此外，我国作为世界上历史文化源远流长的文明古国，本身有着自己悠久而灿烂的中华传统文化，走中国特色社会主义生态文明建设道路还必须汲取中华民族优秀传统文化中的生态智慧、立足社会主义初级阶段这一最大国情及其不同的发展阶段实际，充分彰显其中国特色，才能真正走出一条具有中国特色的社会主义生态文明建设道路。本章分别对中国特色社会主义生态文明建设道路的时代特征、社会主义本质特征和中国特色进行阐释和论证。

第一节　中国特色社会主义生态文明建设道路的时代特征

中国特色社会主义生态文明建设的提出有其特定的时代背景，中国特色社会主义生态文明建设道路是中国可持续发展道路在新时期新阶段的创新和发展，具有鲜明的时代特征。时代特征是指与人类社会发展的特定时代或特定的历史阶段相适应的国际或国内政治经济关系的基本状态以及社会主要矛盾所决定和反映出来的基本特征。当今世界，和平与发展仍然是时代的主题，和平、发展、合作、共赢成为不可阻挡的时代潮流，经济全球化、政治格局多极化、文化多元化、社会信息化深入发展，各国之间的互联互通关系日益加深，全球治理体系变革加速推进。在经济全球化进程中，随着全球生态环境问题的凸显，大多数国家都将绿色发展作为经济增长的核心新动力，绿色发展已经成为国际共识。

作为世界上最大的发展中国家，在和平与发展的时代背景下，我国发展仍处于并将长期处于重要战略机遇期，因此，必须紧跟时代发展潮流，“紧扣重要战略机遇新内涵，加快经济结构优化升级，提升科技创新能力，深化改革开放，加快绿色发展，参与全球经济治理体系变革，变压力为加快推动经济高质量发展的动力”①，才能夺取中国特色社会主义伟大新胜利，实现中华民族伟大复兴中国梦。我国生态文明建设就是顺应全球绿色发展时代潮流、抢抓人类文明绿色转型战略机遇，从文明发展战略高度推进可持续发展、引领全球从工业文明向生态文明、从人类文明向地球文明绿色转型的战略抉择。

一　绿色创新发展已经成为时代潮流的国际时代特征

可持续发展战略的提出是人类对工业文明黑色发展方式的黑色效应深刻反思的结果。众所周知，西方工业化工业文明创造的巨大物质财富是无与伦比的，但工业文明反自然扩展的黑色发展模式对自然生态系统毁灭性破坏也是空前绝后的。工业文明取得的辉煌成就是以对自然、人、社会的巨大损害为代价，尤其是以毁灭自然生态环境为代价的，不仅扭曲和异化了人类社会的价值观念、生产方式和生活方式，而且导致了全球性的生态危机，恶化了人与自然的关系。

巨大危机孕育着巨大变革的机遇和动力。源于对生态危机的深切忧虑和深刻反思，人们逐渐萌发了可持续发展思想、制定了可持续发展战略。1962 年美国生物学家卡逊发表《寂静的春天》、1965 年美国经济学家鲍尔丁提出“宇宙飞船理论”、1972 年罗马俱乐部发表《增长的极限》等重要理论成果的相继问世，引起了社会各界对生态危机的广泛关注和对传统发展方式的深刻反思，为可持续发展战略的提出奠定了思想基础。1972 年召开的联合国人类环境会议正式提出了“可持续发展”的

① 《中央经济工作会议在北京举行》，《人民日报》2018 年 12 月 22 日第 1 版。

概念。1987年世界环境与发展委员会在《我们共同的未来》报告中首次对可持续发展作出了明确定义，认为可持续发展是这样的发展，那就是“既能满足当代人的需要，又不对后代人满足其需要的能力构成危害的发展”。这一定义随即被广泛接受，并于1992年在里约热内卢召开的联合国环境与发展大会上达成共识，此次会议还通过了《21世纪议程》，成为全球第一份可持续发展的行动纲领。这一纲领很快在全球得到了积极响应，几乎所有的国际组织和多数国家都积极采取相应的行动，并在诸多领域达成了国际共识，先后签署了包括《联合国气候变化框架公约》《京都议定书》《联合国防治沙漠化国际公约》《联合国千年宣言》《2001—2010十年期支援最不发达国家摆脱贫困行动纲领》等极具影响力的国际公约。此后，各国都在积极探寻本国的可持续发展道路，在防治污染、保护环境、节能减排、转变经济发展方式等方面作出了不懈努力。

2008年，美国次贷危机爆发之后，发达国家更是着眼于绿色技术的大规模应用和产业的绿色转型，掀起了一场以“绿色低碳”为主要特征的绿色发展潮流，以此寻求一种以绿色经济为增长引擎的新型发展模式，以抢占全球新一轮发展的先机和制高点。如美国推行“绿色新政”，德国推行“绿色复兴”，瑞典、丹麦实施“绿色能源计划”，日本主导建设低碳社会，韩国推进“绿色成长战略”，等等。2016年11月，《巴黎协定》生效意味着全球的绿色发展与绿色合作迈上新台阶；2018年12月的《巴黎协定》实施细则顺利谈判，全面开启巴黎协定实施新征程。

另外，根据康德拉季耶夫、熊彼特提出的经济“长波理论”，世界经济发展与创新活动已经先后经历了五次经济长波，现在已经进入了第六次经济长波，这一次经济长波的主要经济形态就是绿色创新经济，与以往五次经济长波均是以提高劳动生产率为主不同，绿色创新经济是通过技术创新以提高资源生产率为根本途径，进而提升经济发展的质量和效益。[①] 因此，实践和理论都充分表明推进绿色低碳转型，实现绿色可持续发展，已成为21世纪人类文明进步的主旋律和不可阻挡的时代发展潮流，标志着当今人类文明已经开启了迈向绿色创新发展新时代的新

① 诸大建：《中国城市如何实现绿色转型——诸大建教授在上海财经大学的演讲》，《解放日报》2013年10月6日第6版。

航程。

因此，当前全球正步入文明生态化变革和绿色转型的时代，这一时代是推动人与自然关系从尖锐对立向和谐共生转变，促进生态环境与经济社会全面、协调、可持续发展的生态文明新时代。

二　中国特色社会主义生态文明建设道路是全球绿色创新发展的引领

反观20多年可持续发展战略实施的效果却并不理想，与《21世纪议程》所预期的目标相距甚远，可持续发展能力并没有明显提升，生态环境“局部改善、整体恶化”的趋势并没有得到根本扭转，经济危机、生态危机乃至生存危机仍然严重地威胁着人类和地球。世界仍走在一条不可持续的发展道路上，地球承受能力正被推至极限。2012年6月，联合国环境规划署发布的《全球环境展望5》（GEO—5）报告中指出，世界仍沿着一条不可持续之路加速前行。该报告评估了90个最重要的环境目标，发现只有4个目标的实施取得了重要进展，气候变化、沙漠化等24个目标几乎没有或完全没有取得进展。①

为什么可持续发展战略的实施会遭遇如此困境呢？根据《具有承受力的人类、具有复原能力的地球：值得选择的未来》报告的分析，认为是由于政策、政治、制度奖赏的短期行为损害到可持续发展以及可持续发展概念尚未被纳入国家和国际经济政策辩论的主流。这就是说，可持续发展理念并没有深入人心，人们对可持续发展理论的认识和理解存在偏差。在实践推进中，大多数国家简单地把可持续发展战略等同于生态工程建设和环境污染治理以及人类不当行为的改变，试图单纯通过技术创新和发展绿色低碳经济，就能走上一条绿色可持续发展的道路，而没有从文明转型的视角去变革不可持续的价值观念和制度安排，没有对资本主义制度及其框架下的工业文明“人类中心主义”价值观进行根本性变革。一方面，发达资本主义国家在资本主义制度和工业文明的框架下，通过技术进步和对体制机制进行细枝末节的修补来推动绿色化转型、治理、修复、改善本国的自然生态环境，以缓解本国的生态危机，走绿色

① 王雷、林琼：《联合国环境规划署报告称地球承受能力正被推至极限》，环球网（https://world.huanqiu.com/article/9CaKrnJvIBH），2012年6月7日。

资本主义发展道路；另一方面，发达资本主义国家在经济全球化进程中通过资本输出对别国尤其是发展中国家进行资源掠夺和污染转嫁，让发展中国家来为自己的黑色发展道路与模式的高昂黑色代价或黑色成本"埋单"，这是一条黑色生态殖民主义道路。实践证明，绿色资本主义和黑色生态殖民主义的路线不可能带领全球真正走出工业文明发展带来的全面异化危机即黑色危机的深渊，相反，只会使全球自然生态、社会生态和人类生态的黑色危机越来越严重。也就是说，在资本主义的工业文明框架下人类不可能走出工业文明的黑色泥潭、消除工业文明全面异化的黑色危机而真正走上可持续发展道路。[①] 要从根本上走出黑色危机，实现全球可持续发展，就必须对资本主义制度及其工业文明尤其是"人类中心主义"的价值理念进行根本性变革，实现人类文明的生态变革和绿色转型。

在此背景下，推动人类文明绿色转型只能寄希望于正在现代化进程中致力于实现绿色和平崛起的社会主义中国。因为，社会主义能够使人与自然界之间保持和谐统一与协调发展，进入一个新的生态文明时代；[②] 中国作为有责任担当的最大的发展中国家，不仅可以，而且也愿意打破旧的发展模式，建立新的发展模式，开启生态文明新时代。[③] 因此，正当全球可持续发展遭遇困境，需要从文明转型视角寻求破解可持续难题、寻求可持续发展新动力、新路径之际，中国作为一个负责任的大国作出了积极响应，主动担当和全世界人民共同捍卫全球生态安全、推动全球可持续发展的历史使命，及时总结全球和中国自身可持续发展道路探索的经验教训，积极顺应全球推进绿色发展的时代潮流，率先提出了极具中国智慧的生态文明建设国家战略，并从中国的实际出发制订了切实可行的中国特色社会主义生态文明建设方案，大胆探索从工业文明向生态文明、人类文明向地球文明进步的中国路径和中国模式，开启了绿色创

① 刘思华：《正确把握生态文明的绿色发展道路与模式的时代特征》，《毛泽东邓小平理论研究》2015 年第 8 期。

② 刘思华：《对建设社会主义生态文明论的若干回忆——兼述我的"马克思主义生态文明观"》，《中国地质大学学报》（社会科学版）2008 年第 4 期。

③ 刘志礼：《生态文明的理论体系构建与实践路径选择——第五届生态文明国际论坛综述》，《武汉理工大学学报》（社会科学版）2011 年第 5 期。

新发展时代的新征程。

中国特色社会主义生态文明建设道路作为一条绿色创新的现代化文明提升道路，不仅有助于促进社会主义文明体系的绿色转型，实现中华民族永续发展。更为重要的是，这一道路从文明转型的视角为全球可持续发展战略的实施开创了一条新路径，有助于引领全球可持续发展从根本上走出困境，真正走上可持续的绿色生态文明发展道路。此外，这一道路还可为后发工业化国家利用后发优势，克服和化解其在实现工业化进程中可能遭遇的资源环境生态危机，避免重蹈传统工业化道路的覆辙，实现绿色和平崛起提供典范。

三　中国特色社会主义进入新时代的国内时代特征

党的十九大报告指出，“经过长期努力，中国特色社会主义进入了新时代，这是我国发展新的历史方位”。这就是说，自党的十八大以来，我国发展的历史方位发生了新变化，中国特色社会主义进入了新发展时代。中国特色社会主义进入新时代，意味着近代以来久经磨难的中华民族迎来了从站起来、富起来到强起来的伟大飞跃，迎来了实现中华民族伟大复兴的光明前景；意味着经过改革开放四十年的快速发展，中国特色社会主义道路、理论、制度、文化开辟了新境界，中国特色社会主义建设摆脱了社会主义初级阶段初期阶段而进入了社会主义初级阶段的新时代。[①] 党的十九大报告指出：“这个新时代，是承前启后、继往开来、在新的历史条件下继续夺取中国特色社会主义伟大胜利的时代，是决胜全面建成小康社会、进而全面建设社会主义现代化强国的时代，是全国各族人民团结奋斗、不断创造美好生活、逐步实现全体人民共同富裕的时代，是全体中华儿女勠力同心、奋力实现中华民族伟大复兴中国梦的时代，是我国日益走近世界舞台中央、不断为人类作出更大贡献的时代。”[②]

中国特色社会主义进入新时代，与社会主义初级阶段初期相比，社

---

① 韩庆祥、陈曙光：《中国特色社会主义新时代的理论阐释》，《中国社会科学》2018 年第 1 期。

② 习近平：《决胜全面建成小康社会　夺取新时代中国特色社会主义伟大胜利——在中国共产党第十九次全国代表大会上的报告》，人民出版社 2017 年版，第 10—11 页。

会主要矛盾已经发生了显著变化。党的十九大报告指出："我国社会主要矛盾已经转化为人民日益增长的美好生活需要和不平衡不充分的发展之间的矛盾。我国稳定解决了十几亿人的温饱问题，总体上实现小康，不久将全面建成小康社会，人民美好生活需要日益广泛，不仅对物质文化生活提出了更高要求，而且在民主、法治、公平、正义、安全、环境等方面的要求日益增长。同时，我国社会生产力水平总体上显著提高，社会生产能力在很多方面进入世界前列，更加突出的问题是发展不平衡不充分，这已经成为满足人民日益增长的美好生活需要的主要制约因素。"[①] 发展的不平衡不充分既体现在发展质量和效益还不高，创新能力不够强，实体经济水平有待提高，优质生态产品短缺等不充分发展，还体现在经济建设、文化建设、政治建设、社会建设、生态文明建设之间以及城乡之间、不同区域之间、不同行业之间的不平衡发展，更体现在全社会物质文化生态社会法制等供给侧与人民日益增长的美好生活需要即需求侧之间的不平衡不充分供给。可见，我国发展不平衡不充分的问题突出，这已经成为满足人民日益增长的美好生活需要的主要制约因素和全面建成小康社会的短板。

必须认识到，新时代我国社会主要矛盾的变化是关系全局的历史性变化，对党和国家工作提出了许多新要求。我们要在继续推动发展的基础上，着力解决好发展不平衡不充分问题，大力提升发展质量和效益，更好满足人民在经济、政治、文化、社会、生态等方面日益增长的需要，更好推动人的全面发展、社会全面进步。在生态文明建设层面，社会主要矛盾体现为人民群众对优美生态环境的需要与生态文明建设发展尚不平衡不充分的现状之间的矛盾。因此，在社会主义初级阶段新时代建设生态文明，必须从不平衡不充分这一实际出发，着力解决好发展不平衡不充分的问题，既不能再沿袭西方发达资本主义国家走过的先污染后治理的老路，也不可能停止现代化前进的步伐完全让生态环境休养生息，而只能走一条与社会主义现代化建设的各方面和全过程融入共建，与物质文明、精神文明、政治文明、社会文明协调发展的生态文明建设道路。

① 习近平：《决胜全面建成小康社会　夺取新时代中国特色社会主义伟大胜利——在中国共产党第十九次全国代表大会上的报告》，人民出版社2017年版，第11页。

第二节　中国特色社会主义生态文明建设道路的社会主义本质特征

社会主义是中国近代以来历史和人民的选择，是中国特色社会主义的本质体现。1992 年，邓小平在南方讲话中指出：中国“不坚持社会主义”，“只能是死路一条”①。而中国特色社会主义是改革开放以来党和人民历尽千辛万苦、付出巨大代价取得的根本成就；党的十八大强调：“中国特色社会主义是当代中国发展进步的根本方向，只有中国特色社会主义才能发展中国。”② 党的十九届四中全会通过的《中共中央关于坚持和完善中国特色社会主义制度　推进国家治理体系和治理能力现代化若干重大问题的决定》再次强调，“中国特色社会主义制度是党和人民在长期实践探索中形成的科学制度体系，我国国家治理一切工作和活动都依照中国特色社会主义制度展开”③。中国特色社会主义生态文明建设作为中国特色社会主义“五位一体”总体布局和国家治理体系的重要组成部分，在推进过程中必须依照中国特色社会主义制度展开，必须坚持和完善中国特色社会主义制度。因为，在社会主义制度下，“社会化的人，联合起来的生产者，将合理地调节他们和自然之间的物质变换”④。也就是说，社会主义制度真正开辟人与自然界和谐统一与协调发展的现实道路，能够保障解决人与自然界和谐共生、协调发展的问题。

一　资本主义制度本质上是一种反生态的制度

资本主义几百年的发展历史以及在资本主义制度下实施可持续发展战略遭遇困境的现实都充分表明：资本主义在本质上是一种反生态的制度，生态危机的根源来自资本主义社会的内在矛盾，而这一矛盾的根源

---

① 《邓小平文选》第 3 卷，人民出版社 1993 年版，第 370 页。

② 胡锦涛：《坚定不移沿着中国特色社会主义道路前进　为全面建成小康社会而奋斗——在中国共产党第十八次全国代表大会上的报告》，人民出版社 2012 年版，第 13 页。

③ 《中共中央关于坚持和完善中国特色社会主义制度　推进国家治理体系和治理能力现代化若干重大问题的决定》，人民出版社 2019 年版，第 1—2 页。

④ 《马克思恩格斯文集》第 7 卷，人民出版社 2009 年版，第 928 页。

就是以生产资料私有制为基础的资本主义生产方式。

一方面，以生产资料私有制为基础的资本主义生产方式导致私人利益至上的价值观盛行，在这种价值观的驱使下，整个社会生产“仅仅以取得劳动的最近的、最直接的效益为目的”[①]；“资本占有者决定把资本投入农业还是投入工业，投入批发商业的某一部门还是投入零售商业的某一部门，其唯一动机是对他自己的利润的考虑”[②]。也就是说“支配着生产和交换的一个个资本家所能关心的，只是他们的行为最直接的效益”；而“在各个资本家都是为了直接的利润而从事生产和交换的地方，他们首先考虑的只能是最近的最直接的结果。当一个厂主卖出他所制造的商品或者一个商人卖出他所买进的商品时，只要获得普通的利润，他就满意了，至于商品和买主以后会怎么样，他并不关心。关于这些行为在自然方面的影响，情况也是这样”[③]。由此可见，私人利益至上的价值取向决定了资本主义社会关注的仅仅是个人的、直接的、短期的利益，而对他人的、社会的、自然的、长期的价值是毫不关心的，这就导致资本家在实践中为了取得个人的一时的短期利益往往会以牺牲他人的、社会的、自然的利益为代价。资本逐利的本性导致的片面的占有欲和物化的社会生活所导致的“商品拜物教”“货币拜物教”等“物质至上”的观念意识形态及生活方式，加速了自然资源的消耗和生态环境的破坏。在当今经济全球化的背景下，发达资本主义国家为保护本国的资源生态环境，通过资本输出、产业转移、贸易壁垒等不择手段地在全球范围内推行生态殖民主义，无情地对他国进行自然资源掠夺、生态剥削和污染转嫁，造成全球范围（尤其是发展中国家）自然资源的紧张甚至枯竭，使全球生态环境遭到严重破坏并迅速恶化。因此，资本主义生产方式是导致人、自然以及人与自然关系异化、爆发生态危机的经济制度根源。另一方面，由资本主义生产方式决定的与此相适应的观念上层建筑也完全忽视了自然的主体性和价值性，其“主客二分”的机械论自然观对自然主体性的遮蔽和否定，使自然长期处于“祛魅”状态，直接导致了人对自然的无休止的疯狂掠夺与占

① 《马克思恩格斯文集》第9卷，人民出版社2009年版，第562页。
② 《马克思恩格斯文集》第1卷，人民出版社2009年版，第133页。
③ 《马克思恩格斯文集》第9卷，人民出版社2009年版，第562页。

有，严重破坏了人与自然之间的关系，使人类社会和自然之间的物质变换关系出现裂缝，这是导致生态危机的哲学根源。

由此可见，资本主义本质上是一种反生态的制度，资本主义是导致生态危机的制度根源，试图在资本主义社会制度框架下寻求生态危机的彻底解决、走出工业文明的黑色泥潭、消除工业文明全面异化的黑色危机而真正走上可持续发展的生态文明道路是不可能的，正如马克思在《资本论》第三卷中指出的，“资本主义生产的真正限制是资本自身”。要彻底消除生态危机，唯一出路就是变革不可持续发展的资本主义制度，正如恩格斯指出的，“为此需要对我们的直到目前为止的生产方式，以及同这种生产方式一起对我们的现今的整个社会制度实行完全的变革”①。只有消灭这种不合理的生产方式及同这种生产方式相联系的社会制度，建立共产主义社会，对自然的无度劫掠和对人的剥削才可能一并终止，人与自然、人与人、人与社会之间的“和解”才能真正实现。因为，共产主义是对私有财产即人的自我异化的积极扬弃，是人向自身、向社会即合乎人性的复归。②

二　社会主义制度是生态文明建设的制度保障

社会主义社会作为共产主义社会的第一阶段，本质上是一种亲生态的社会制度，是与生态文明的价值取向和本质要求相契合的，能够从根本上消除生态危机，实现人与人、人与社会、人与自然之间的“和解”。因为“在社会主义制度下不仅存在着人、社会与自然界和谐协调发展的内在要求和必然趋势，而且存在着实现这种内在要求和必然趋势的社会条件”③。在社会主义制度下，生产资料与生产者相分离的现象得以消除，实现了生产资料由社会占有，所有的劳动者都是生产资料的主人，也是劳动产品的主人，这既有利于生产资料的节约利用，有利于劳动产品的公平分配，有助于促进人与人、人与社会、人与自然之间的和谐。恩格斯曾指出：“生产资料由社会占有，不仅会消除生产的现存的人为

① 《马克思恩格斯文集》第9卷，人民出版社2009年版，第561页。

② 《马克思恩格斯文集》第1卷，人民出版社2009年版，第185页。

③ 转引自刘思华《对建设社会主义生态文明论的再回忆》，《中国地质大学学报》（社会科学版）2013年第5期。

障碍，而且还会消除生产力和产品的有形的浪费和破坏，这种浪费和破坏在目前是生产的无法摆脱的伴侣，并且在危机时期达到顶点。此外，这种占有还由于消除了现在的统治阶级及其政治代表的穷奢极欲的挥霍而为全社会节省出大量的生产资料和产品。通过社会化生产，不仅可能保证一切社会成员有富足的和一天比一天充裕的物质生活，而且还可能保证他们的体力和智力获得充分的自由的发展和运用，这种可能性现在第一次出现了，但它确实是出现了。"[①] 因此，建立在生产资料公有制和按劳分配基础上的社会主义制度是一种天然的、能够激励和促成"资源节约型""环境友好型"的根本制度，能够为生态文明建设提供制度保障。

当前我国还处在社会主义初级阶段，实行的是以公有制为主体、多种所有制经济共同发展，以按劳分配为主体、多种分配方式并存以及社会主义市场经济体制等社会主义基本经济制度，私有制在客观上还不能立即消灭。但公有制和按劳分配的主体地位能够保证中国共产党的主导地位具有强有力的国家宏观调控能力，能够充分发挥中国共产党的领导和社会主义制度集中力量办大事的政治优势和制度优越性；能够有效规避社会化大生产的无政府状态，弥补市场失灵的局限，有效发挥市场在资源配置中的决定性作用；能够自觉把经济社会发展和生态文明建设统筹起来，把我国的制度优势转化为生态治理效能，为全面推进经济社会与资源环境的协调发展、实现人与自然的和谐发展提供有力保证。

中国共产党领导是中国特色社会主义最本质的特征，是中国特色社会主义制度的最大优势，党是领导一切的，必须把党的领导落实到国家治理各领域各方面各环节。中国特色社会主义生态文明建设作为国家治理的重要内容，在推进过程中必须坚决维护党中央权威，坚持党是中国特色社会主义生态文明建设的最高政治领导力量。习近平总书记强调，生态文明建设的关键在领导干部。生态文明建设从战略构想的提出到战略理念、框架和路线的顶层设计及战略决策的实施等，无一不是在中国共产党的坚强领导下逐步形成和发展起来的，生态文明建设既需要坚持党的先进理念作指导，充分发挥党员领导干部的先锋模范作用，更需要

① 《马克思恩格斯文集》第9卷，人民出版社2009年版，第299页。

深入贯彻落实党的群众路线，充分调动人民群众的主动性和积极性，依靠人民群众的集体智慧才能有效推进。因此，新时代推进生态文明建设必须加强党的领导。为此，习近平总书记在2018年5月18日全国生态环境保护大会上讲话时强调："各地区各部门要增强'四个意识'，坚决维护党中央权威和集中统一领导，坚决担负起生态文明建设的政治责任。地方各级党委和政府主要领导是本行政区域生态环境保护第一责任人，各相关部门要履行好生态环境保护职责，使各部门守土有责、守土尽责，分工协作、共同发力。"

三　生态文明是社会主义的本质要求

1992年春，邓小平在南方讲话中指出："社会主义的本质，是解放生产力，发展生产力，消灭剥削，消除两极分化，最终达到共同富裕。"① 对社会主义本质的规定可以从三个方面来理解：

第一，"解放生产力，发展生产力"是社会主义的根本任务。根据新时代中国特色社会主义生态文明思想，这里的生产力既包括社会生产力，也包括自然生产力或生态生产力。习近平总书记曾明确指出："保护生态环境就是保护生产力，改善生态环境就是发展生产力。"② 而保护和改善生态环境是生态文明建设的重要任务之一，是当前最为紧迫的任务。因此，社会主义的本质内涵了建设社会主义生态文明的要求，或者说社会主义生态文明充分反映和体现了社会主义的本质要求。

第二，"消灭剥削，消除两极分化"是实现人与人"和解"的根本途径。只有"和解"了人与人之间的矛盾，构建一种自由、平等、公正、法治的和谐社会环境，人与自然的关系才可能和谐，而人与自然和谐是生态文明的本质体现。相反，如果人与自然的关系紧张造成资源短缺、环境污染、生态退化，经济社会发展就难以为继，人与人之间的关系就会随之陷入紧张状态，就不可能从根本上消灭剥削、消除两极分化，实现人与人、人与社会之间的和谐。由此可见，消灭剥削、消除两极分

① 《邓小平文选》第3卷，人民出版社1993年版，第373页。

② 《习近平等分别参加全国人大会议一些代表团审议》，新华网（http://www.xinhuanet.com/politics/2018-03/08/c_1122508329.htm），2014年3月8日。

化既是社会主义的本质体现，也是生态文明的本质要求。

第三，“最终达到共同富裕”是社会主义的价值诉求和根本目的，是社会主义与资本主义最本质的区别。“贫穷不是社会主义”，只有实现了共同富裕，才能充分体现社会主义的优越性。同时，“贫穷是最大的污染”，人民生活长期处于贫困状态，是比环境污染更为严重的“贫困污染”，只有实现了共同富裕，才能真正实现生态文明。反之亦然，如果生态遭到了破坏、环境遭到了污染，生态财富匮乏，就不可能实现共同富裕。因为“绿水青山就是金山银山”，“良好生态环境是最公平的公共产品，是最普惠的民生福祉”[①]，良好的生态环境对于改善弱势群体和落后地区生存状况，确保全体人民共同享有生态财富、物质财富起着基本的保障作用。实践表明，贫困与生态环境破坏密不可分、互为因果，消除贫困与建设生态文明是正相关的。生态破坏是贫困的重要原因，也是贫困的结果，也就是说生态破坏不仅造成贫困，贫困也在加剧生态破坏，贫困地区通常陷入“越穷越垦、越垦越穷”的恶性循环。为此，扶贫开发必须要探索生态脱贫新路子，坚持“生态优先、绿色发展”的理念，推动绿水青山转化为金山银山，充分发挥绿水青山的经济社会效益，但这不是要把它破坏了，而是要把它保护得更好。这就需要通过理念创新、科技创新、制度创新、发展模式、发展路径等创新来推动，秉承绿色创新发展理念，着力推进绿色科技创新，大力发展绿色创新经济，构建绿色创新体制机制，推进贫困地区全面绿色创新发展，才能保证绿水青山在转化为金山银山的同时，还能保住绿水青山，真正“让贫困人口从生态建设与修复中得到更多实惠”[②]。因此，要实现共同富裕，就必须坚持发展和保护相统一，坚持既要金山银山也要绿水青山，这是社会主义与生态文明建设共同的价值诉求。

综上所述，生态文明是中国特色社会主义的基本要求和本质表现，二者在本质上具有内在一致性。因此，中国特色社会主义生态文明建设必须牢牢坚持社会主义制度，而要坚持社会主义制度，最关键的是必须

---

① 习近平：《良好生态环境是最公平的公共产品，是最普惠的民生福祉》，《海南特区报》2013 年 4 月 11 日第 A02 版。

② 中共中央、国务院：《关于打赢脱贫攻坚战的决定》，《中华人民共和国国务院公报》2015 年第 35 号。

毫不动摇地坚持中国共产党领导。因为，中国共产党领导是中国特色社会主义最本质的特征，是中国特色社会主义制度的最大优势。[①] 只有在中国共产党的领导下，才能保证有正确的方向，才能充分发挥社会主义制度集中力量办大事的政治优势，调动全社会力量形成共建共享的生态治理行动体系，加快推进社会主义生态文明建设，并保证全民在共建中共享生态文明建设的成果，实现全社会的生态公平和全体人民的生态共富的本质要求。

第三节　中国特色社会主义生态文明建设道路的中国特色

中国特色社会主义生态文明建设道路既要顺应时代发展潮流、坚持和发展中国特色社会主义，同时还必须植根于中华民族优秀传统文化土壤之中，充分汲取优秀传统文化的生态智慧，并立足社会主义初级阶段的基本国情和社会主义现代化建设的阶段性特征，充分彰显中国特色。

一　中国特色社会主义生态文明建设道路的东方生态文化特色

文明总是在继承中不断前进和发展的，中华文明的永续发展注定了我国生态文明建设从一开始就打上了中国传统文化的烙印，具有东方生态文化特色。我国历史悠久，孕育了博大精深的优秀传统文化，中华文明之所以能够源远流长、绵延不绝的精髓就在于中国传统文化中蕴含了丰富的生态文化思想，其深邃的生态智慧使人们在几千年的农耕文明实践中能够始终与自然保持总体和谐，这是中华民族世代传承的文化瑰宝和生态智慧，是一笔宝贵的思想精神财富，是中国特色社会主义生态文明建设的文化根基。因此，中国特色社会主义生态文明建设一定要植根于中华民族优秀传统文化之中，充分汲取中华民族优秀传统文化的生态智慧，并结合新的时代特点对其进行创造性转化和创新性发展，更好地彰显东方文化特色。

早在我国古代先秦哲学著作中就随处体现着人与自然融为一体的圆

① 杜飞进：《求解国家治理体制的现代化》，《邓小平研究》2017 年第 2 期。

融和谐的生态观，其中以儒、道、佛三大思想流派提出的生态观最具代表性，如儒家的“天人合一”、道家的“道法自然”、佛家的“众生平等”思想等都充满了东方生态智慧，为中华文明的可持续发展注入了不竭的动力。其倡导的平等、和谐、包容、协调的生态智慧，可为当前我国的生态文明建设提供诸多启示和借鉴。

（一）儒家“天人合一、仁人爱物”的生态观

1. “天人合一”的自然观

“天人合一”是古代中国人生活智慧和对宇宙以及自身认识的凝结，并非儒家所专有，在古代其他流派的思想学说中也有不同程度的反映，但儒家对于这一思想发展作出的贡献最大。孔子认为，“天”是一切现象和自然变化过程之根源，人类是自然的组成部分，其活动不能违背自然规律。孟子在孔子研究的基础上，对“天人合一”的思想做了进一步阐述，他认为“天人合一”是指天道和人道，自然与人事相通、相类或统一，其尽心、知性和知天之说主张通过道德修养实现人与天的和谐统一。荀子基于天（自然界）与人类本质区别的考虑，认为天有一套自我运行之规律，且这种规律不以人的意志为转移，是客观存在的，人们只有正确认识和利用“天”的运行规律，才能使得万物各得其宜。此后，汉代的董仲舒、宋代的张载、明代的王阳明等都进一步丰富和发展了“天人合一”的自然观。如董仲舒提出“以类合之，天人一也”，张载明确提出“天人合一”的命题；王阳明认为“天地万物与人原是一体”[①]。“天人合一”思想从直观、朴素的角度揭示了人是自然的一部分、人与自然是不可分割的有机统一整体，在认识和改造自然的过程中必须尊重客观规律、保护自然环境，实现人与自然的和谐统一。

2. “仁人爱物”的生态道德观

儒家把自然万物及其生长过程与“仁爱”相联系，主张“仁人爱物”，提倡以“仁爱”对待世间万物。孔子的核心思想是“仁”，在倡导“仁者爱人”的同时也彰显了对大自然生命的尊重和热爱。如“劝君莫杀枝头鸟，子在巢中待母归”等，充分体现了孔子对动物的关爱和尊重。孟子将孔子的仁由“仁者爱人”拓展为“仁民爱物”，“爱物”在孔子学说里是

---

① 杨清虎：《儒家仁爱思想研究》，民主与建设出版社 2017 年版，第 106 页。

隐而未显，而孟子明确提出了“亲亲而仁民，仁民而爱物”的观点，他把仁民与爱物相提并论，由亲爱自己的爱人到仁爱民众、爱护万物。[①] 荀子提出的“制天命而用之”，主张人类的活动必须以尊重自然规律为前提，体现了“制用”和“爱护”相结合的生态道德辩证法思想。

3. “取物顺时、取之有度、用之有节”的生态实践观

儒家认为，要做到“爱物”，就必须“与天地合其德，与日月合其明，与四时合其序”，即在开发和利用自然资源时，要顺应生物的生长和繁育规律，做到取物顺时，这是尊重自然、顺应自然的表现。[②] 孔子提出的“不时不食”，“断一树，杀一兽，不以其时，非孝也”和“子钓而不纲，弋不射宿”以及孟子提出的“不违农时，谷不可胜食也；数罟不入洿池，鱼鳖不可胜食也；斧斤以时入山林，材木不可胜用也”，均蕴含着“取物顺时”的顺应自然规律思想。[③] 荀子还提出了“节用御欲”的观点，主张取之有度、用之有节、抑制物欲、注意蓄积物资，以便保持供给不断；否则，放纵物欲、取之无度、用之无节，将会导致自然资源的枯竭，最终受害者将是人类自己。由此可见，儒家节俭的生态实践观对于当今节约资源能源提供了重要的思想启迪。

（二）道家“道法自然、万物齐一”的生态观

1. “道生万物，物我为一”的自然观

老子说：“道生一，一生二，二生三，三生万物。”“道”为宇宙万物之本源；“一”为道所产生之元气；“二”为元气所产生之阴阳；“三”为阴阳所产生之天地人三才，人与天地共同生养万物。“道”将天地人等宇宙万物连接为一个整体，这突破了古代哲学的局限，将思考的范围拓展到整个宇宙，树立了朴素的整体自然观念。庄子更明确提出了“人与天一”的说法：“无受天损易，无受人益难。无始而非卒也，人与天一也”，人和天地万物是一整体，即“天地与我并生，而

---

① 乐爱国：《朱熹对〈孟子〉“仁民而爱物”的诠释——一种以人与自然和谐为中心的生态观》，《中国地质大学学报》（社会科学版）2012 年第 2 期。

② 金开诚：《略论中国传统文化中的“天人相应”说》，《中国典籍与文化》1994 年第 2 期。

③ 郭继民：《先秦儒家生态思想探微——以孔、孟、荀为例》，《华南理工大学学报》（社会科学版）2011 年第 5 期。

万物与我为一"①。

2. "物无贵贱、万物齐一"的生态道德观

"道"和"德"在道家思想中是不可分割的，道是天地万物的本原，德是道的具体化，存在于具体事物之中。"道"是本体，创生天地万物，并通过"德"体现出来，"德"滋养天地万物。从这一观点出发，道家产生了"物无贵贱、万物齐一"的生态道德观，也就是主张天地万物齐一平等，人与自然界中的其他物种之间处于平等的地位，而无贵贱、高下之分。庄子说："以道观之，物无贵贱。以物观之，自贵而相贱。以俗观之，贵贱不在己。"说明道家虽然承认自然万物是有差别的，但它们的差别是事物"自贵而相贱"造成的，任何事物均无贵贱之分，这不仅肯定了自然及天地万物的外在价值，而且认识到了其内在价值，认为万物都有其自己独立的、不可替代的内在价值。② 这一生态价值思想为我们树立"自然价值和自然资本"的理念，构建"体现自然价值和代际补偿的资源有偿使用和生态补偿制度"提供了思想基础和哲学依据。③

3. "道法自然""知止知足"的生态实践观

道家从"道生万物"这一自然观切入，提倡"人法地，地法天，天法道，道法自然"，认为人类作为"道"的产物，其行为要效法"道"本身，对事物采取顺应自然的"无为"态度，不能横加干涉，要遵循事物本身的规律使其自然的发展，任何违背自然规律、破坏自然的做法都是道家所反对的。④ 此外，道家还倡导"知足知止""崇俭贵啬"的节约消费观。如老子主张"知足不辱，知止不殆，可以长久"，"知足者富"和"祸莫大于不知足，咎莫大于欲得，故知足之足，常足矣"⑤。指出了人们如果过度追求物欲的满足，将会造成对自然资源的过度利用，从而可能导致人与自然关系的失衡，引发严重的生态危机。为此，老子进一

① 郭庆藩：《庄子集释》（第一册），中华书局 1961 年版，第 79 页。

② 李培超：《伦理拓展主义的颠覆》，湖南师范大学出版社 2004 年版，第 150 页。

③ 中共中央、国务院：《生态文明体制改革总体方案》，《经济日报》2015 年 9 月 22 日第 2 版。

④ 丁常云：《天人合一与道法自然——道教关于人与自然和谐的理念与追求》，《中国道教》2006 年第 3 期。

⑤ 赵麦茹：《老子节俭消费思想解读：基于生态伦理视角》，《消费经济》2012 年第 5 期。

步提出："我有三宝，持而保之：一曰慈，二曰俭，三曰不敢为天下先。"[①] 道家主张节俭、俭啬的消费观念启示我们必须全面促进资源节约，积极践行适度、节约的绿色消费模式。

（三）佛家"众生平等、慈悲为怀"的生态观

1. "众生平等"的生态道德观

"众生平等"是佛家最核心的生态道德观念，这一思想不仅承认人与人之间的平等，而且认为人与自然界一切生命存在都是平等的，即众生平等。佛家把自然万物分为两类：一类是具有情感和生命的东西的"有情众生"，如人与动物；另一类是不具有情感的东西的"无情众生"，如草木瓦石、山河大地等，而无论是"有情众生"还是"无情众生"都具有佛性，都是佛性的真实体现者。[②] 因此，人类应平等地对待共存于这个宇宙的其他一切生命，这是对自然主体性的充分肯定。

2. "慈悲为怀"的生态实践观

在"众生平等"生态伦理观的指导下，佛家倡导"慈悲为怀""普度众生"的生态实践观。"慈悲"为佛教思想之根本，"一切佛法中，慈悲为大"。它教导人们要对所有生命大慈大悲，不杀生戒，包括不杀人、不杀鸟兽虫蚁、不乱折草木等一切生命；其戒杀的主张，体现了生命的平等观和自由观，体现了佛教对生命的尊重、对自然的尊重。此外，佛教还提倡素食，这在一定程度上有助于保护动物，进而起到保护生物多样性的作用，有助于促进人与自然的和谐共生。

我国古代传统文化中除儒、道、佛三大流派的主流生态文化思想以外，在后来的大量古代书法、绘画、雕刻等艺术作品和山水田园诗词等诸多文学作品中，都随处体现了古人赞美生命、热爱生命、热爱自然的素朴生态意识及崇尚节俭、反对浪费、强本节用等生态美德。既强调人类要敬畏自然、顺应自然规律；也强调人在自然规律面前要有所作为，认识和利用自然规律，在实践中发挥人的主观能动性，主动积极地建设生态和保护环境。如李冰设计修建都江堰、苏东坡治理和美化西湖等都充分体现了古人在尊重、顺应自然基础上积极主动保护自然的生态实践

① 孙敬武：《道德经全评》，天地出版社 2016 年版，第 251 页。

② 李琳：《佛家缘起说的生态哲学内蕴》，《社会科学家》2010 年第 1 期。

观，可为当代中国特色社会主义生态文明建设提供重要的启示和借鉴。

近年来，越来越多的西方有识之士在寻求解决全球生态危机的应对之策过程中，开始把目光转向了东方文化尤其是中国的传统文化，把中国的生态智慧视为一剂良方。但这种生态智慧作为古典形态的理论，在实际运用过程中切忌生搬硬套、片面复古，必须与当代中国生态文明建设的生动实践相结合加以扬弃和创造性改造，才能切实发挥其应有的指导作用。①

二　中国特色社会主义生态文明建设道路的国情特征

认清国情是任何道路选择的基本依据。早在民主革命时期，毛泽东就指出："认清中国的国情，乃是认清一切革命问题的基本的根据。"②对我国国情的科学认识和准确判断，是制定一切路线、方针、政策的出发点和根本依据，只有在科学分析和准确把握国情特征的基础上，才能明晰方向、确定目标、选准道路。历史经验表明，无论是新民主主义革命道路、社会主义革命道路的成功，还是中国特色社会主义道路的正确选择，都是基于对中国国情的科学认识和准确判断的结果。建设社会主义生态文明是前无古人的事业，没有任何现成的经验和模式可供我们照抄照搬，只能直面我国的特殊国情，从当代中国的现实国情出发，选择一条适合中国国情的社会主义生态文明建设道路，才能有效推进生态文明建设。

认识国情，一方面要搞清楚现实社会的性质和所处的发展阶段；另一方面要认识社会主要矛盾和它的变化，而关于社会主要矛盾已在本章第一节进行了分析，因此，本节着重分析我国社会性质和发展阶段的国情特征。从社会性质来看，我国早在1956年年底，基本完成对农业、手工业和资本主义工商业的社会主义改造以后，就已经确立了社会主义制度，因此，我国已经进入社会主义社会，我们必须坚持而不能离开社会主义。从发展阶段来看，我国的社会主义社会正处于并将长期处于初级阶段，我们必须正视而不能超越这个初级阶段。社会主义初级阶段不是

① 李娟：《中国特色社会主义生态文明建设研究》，经济科学出版社2013年版，第10页。
② 《毛泽东选集》第2卷，人民出版社1991年版，第633页。

泛指任何国家进入社会主义都要经历的起始阶段，而是特指我国在生产力落后、商品经济不发达条件下建设社会主义必然要经历的特定阶段。社会主义初级阶段是坚持和发展中国特色社会主义的重要理论基石和现实依据，实践证明，正是由于我们党对社会主义初级阶段这一最大国情的科学认识和准确判断，才能成功走出一条中国特色的社会主义道路，推动我国生产力快速发展、综合国力不断增强、人民生活质量持续改善，使社会主义现代化建设取得了举世瞩目的巨大成就，使社会主义在中国显示出蓬勃生机和活力，使中华民族成功迎来了从站起来到富起来再到强起来的伟大飞跃。社会主义初级阶段的时间跨度长达近百年之久，大致是从 1956 年确立社会主义制度到 21 世纪中叶基本实现社会主义现代化（而根据党的十九大报告的最新战略部署，2035 年能够基本实现社会主义现代化的目标，比党的十三大报告提出的时间大致提前了 15 年）的整个历史阶段。必须认识到，尽管中国特色社会主义已经进入了从富起来到强起来发展的新时代，但这并没有改变我们对我国社会主义所处历史阶段的判断，我国仍处于并将长期处于社会主义初级阶段的基本国情没有变，这是党的十九大对我国社会主义阶段的科学判断。① 因此，全党要牢牢把握社会主义初级阶段这个基本国情，牢牢立足社会主义初级阶段这个最大实际。社会主义生态文明建设作为中国特色社会主义事业总体布局的重要组成部分，新时代坚持和发展中国特色的社会主义生态文明建设道路也必须牢牢立足社会主义初级阶段这个最大实际，而不能逾越这一阶段，这是中国特色社会主义生态文明建设道路的最大国情特征。

三　中国特色社会主义生态文明建设道路的阶段性特征

辩证唯物主义认为，任何事物的发展都必然要经历一个过程，都具有过程性。生态文明建设作为中国特色社会主义事业“五位一体”总体布局的重要组成部分和贯穿于整个社会主义现代化进程的主线，必然要经历一个长期的过程，这是由社会主义现代化建设的长期性及我国生态

① 习近平：《决胜全面建成小康社会　夺取新时代中国特色社会主义伟大胜利——在中国共产党第十九次全国代表大会上的报告》，人民出版社 2017 年版，第 12 页。

文明建设内容本身的复杂性、任务的艰巨性决定的。因此，中国特色社会主义生态文明建设是一条必须长期坚持又不断发展的道路，在长期发展进程中必然要经历若干不同的具体阶段，就需要根据不同阶段的社会主义现代化建设目标、任务等，有针对性地设计适合不同具体阶段生态文明建设的目标和任务，选择适合不同阶段生态文明建设的推进路径和推进模式等，这就使每一阶段生态文明建设的主要目标、任务等会呈现出不同的具体阶段性特征。

第一阶段是2007—2020年的中国特色社会主义生态文明建设道路初级阶段，这一阶段社会主义现代化建设的主要目标是全面建成小康社会，而“小康全面不全面，生态环境质量很关键”①。因此，全面建成小康社会进程中的生态文明建设的主要任务是着力解决突出生态环境问题，主要目标是弥补全面小康社会的生态短板，全面建成生态小康；同时在全社会范围内逐步普及生态文明价值观念，基本确立生态文明制度体系的“四梁八柱”，引导和规范人们积极践行绿色生产生活方式，初步形成人与自然和谐共生的全面“生态小康”格局。②

第二阶段是2021—2035年的中国特色社会主义生态文明建设道路中级阶段。这一阶段我国社会主义现代化建设的主要目标是基本实现现代化，与此相应的这一阶段生态文明建设的主要任务是进一步促进社会主义生态文明观念在全社会牢固树立，生态文化软实力显著增强，生产生活方式基本实现绿色转型，生态文明制度体系基本完善，生态文明治理体系和治理能力基本实现现代化，生态环境质量实现根本好转，美丽中国目标基本实现，人与自然和谐共生的“生态现代化”新格局基本形成。

第三阶段是2036—2050年的中国特色社会主义生态文明建设道路高级阶段。这一阶段社会主义现代化建设的主要目标是全面实现社会主义现代化，把我国建成富强民主文明和谐美丽的社会主义现代化强国。与此相应的这一阶段社会主义生态文明建设的主要任务就是全面提高生态现代化水平，主要目标是国家生态治理体系和生态治理能力现代化全面

---

① 中共中央文献研究室：《习近平关于社会主义生态文明建设论述摘编》，中央文献出版社2017年版，第8页。

② 邓玲等：《我国生态文明发展战略及其区域实现研究》，人民出版社2014年版，第45页。

实现，生产生活方式全面实现绿色转型，美丽中国全面建成，人与自然和谐发展的“生态现代化”建设新格局全面形成。

当前，中国特色社会主义进入新时代，正值全面建成小康社会的决胜阶段，生态文明建设相对于经济建设、政治建设、文化建设和社会建设而言，已经成为全面建成小康社会的短板，广大人民群众热切期盼提高生态环境质量，增加优质生态产品的供给。因此，“生态文明建设正处于压力叠加、负重前行的关键期，已进入提供更多优质生态产品以满足人民日益增长的优美生态环境需要的攻坚期，也到了有条件有能力解决生态环境突出问题的窗口期”。要把解决突出生态环境问题作为民生优先领域，着力解决人民群众反映强烈、危害人民群众健康的突出生态环境问题，尽快解决既有的突出“环发”矛盾，不断缓解经济社会发展中遭遇的资源环境生态约束，加快提高生态环境质量，积极回应人民群众所想、所盼、所急。为此，必须加快构建生态文明体系，这就要求：一方面要加大自然生态系统的保护力度，增强自然生态系统稳定性和安全性，提升自然生态文明水平，提供更多优质生态产品，不断满足人民群众日益增长的优美生态环境需要；另一方面要加大生态文明建设与经济建设、政治建设、文化建设、社会建设即“四大建设”融入共建的力度，全面深化生态文明体制机制改革，健全生态文明制度体系的“四梁八柱”，加快推进生产生活方式的绿色转型，提升社会主义生态文明水平。

第四章　中国特色社会主义自然生态文明建设道路的发展

建设自然生态文明、提升自然生态文明水平，还自然以宁静、和谐、美丽，是新时代加快推进生态文明建设、提高生态文明水平的首要任务。自然生态文明建设道路是指在生态文明理念指导下，按照系统工程的思路，全方位、全地域、全过程开展生态环境保护与建设的新道路。[①] 本章在对生态文明理念指导下的生态环境保护道路和工业文明理念指导下的生态环境保护道路进行比较分析的基础上，对生态文明理念指导下加强资源节约与管理、生态保护与修复、环境保护与治理等自然生态文明建设的路径进行探讨。

第一节　深刻认识自然生态文明建设的重要性和紧迫性

习近平总书记指出："良好的生态环境是人和社会持续发展的根本基础。"而"生态环境没有替代品，用之不觉，失之难存"[②]。因此，"生态兴则文明兴、生态衰则文明衰"[③]。但自工业革命以来，随着工业文明的黑色扩张，人类社会赖以存续的这一根基在动摇，自然生态系统的安全

---

① 中共中央文献研究室：《习近平关于社会主义生态文明建设论述摘编》，中央文献出版社 2017 年版，第 41 页。

② 习近平：《在省部级主要领导干部学习贯彻十八届五中全会精神专题研讨班开班式上发表重要讲话》，《经济日报》2016 年 1 月 19 日第 1 版。

③ 《习近平在中共中央政治局第六次集体学习时强调　坚持节约资源和保护环境基本国策努力走向社会主义生态文明新时代》，《环境经济》2013 年第 6 期。

性和文明性在持续下降，资源约束趋紧、环境污染严重、生态系统退化的形势日益严峻，清新的空气、清洁的水源、美丽的山川、肥沃的土地、丰富多样的生物多样性等人类赖以生存的生态必需品越来越稀缺，已几近成为人们的奢侈品，严重影响了人们的生活水平，降低了人们的生活质量，制约了人类社会的可持续发展。

一　深刻认识加强生态环境保护的重要性和紧迫性

随着我国经济社会的发展尤其是改革开放以来经济的高速增长，自然生态系统的安全性和文明性在持续下降，资源短缺、环境污染、生态退化的形势日益严峻，已成为我国全面建成小康社会的突出短板和经济社会可持续发展的重大瓶颈。正如习近平在中共中央政治局第六次集体学习时的讲话中指出的，“我们的生态环境问题已经到了很严重的程度，非采取最严厉的措施不可”①。根据《社会蓝皮书：2017 年中国社会形势分析与预测》报道，我国“环境承载能力已经达到或者接近上限，环境污染重、生态受损大、环境风险高，生态环境恶化趋势尚未得到根本扭转”。尽管自党的十八大以来，我们开展了一系列根本性、开创性、长远性工作，推动生态环境保护发生了历史性、转折性、全局性变化，总体来看，我国生态环境质量持续好转，出现了稳中向好的趋势，但成效并不稳固，我国“生态环境保护的复杂性、紧迫性和长期性没有改变”②。为此，习近平要求“全党同志都要清醒认识保护生态环境、治理环境污染的紧迫性和艰巨性，清醒认识加强生态文明建设的重要性和必要性”；在清醒认识生态环境保护重要性和必要性的基础上，要“切实增强责任感和使命感”③，真正下决心花大力气把环境污染治理好、把生态保护好、建设好，为此，必须“像保护眼睛一样保护生态环境，像对待生命一样对待生态环境”④。全面提升各类自然生态系统稳定性、安全

① 《习近平在中共中央政治局第六次集体学习时强调　坚持节约资源和保护环境基本国策努力走向社会主义生态文明新时代》，《环境经济》2013 年第 6 期。

② 李纯：《社会蓝皮书：中国生态环境恶化趋势尚未根本扭转》，中国新闻网（http://www.chinanews.com/gn/2016/12—21/8100943.shtml），2016 年 12 月 21 日。

③ 中共中央、国务院：《关于加快推进生态文明建设的意见》，《人民日报》2015 年 5 月 6 日第 1 版。

④ 《南方日报》评论员：《像对待生命一样对待生态环境》，《南方日报》2016 年 3 月 11 日第 2 版。

性和文明性，增加优质生态产品的供给，还人民群众以蓝天白云、绿水青山，让人民群众在良好的生态环境中生产生活，提升人民群众的生态获得感和幸福感。这是功在当代、利在千秋的事业。①

二　充分认识生态文明理念在生态环境保护中的重要性和必要性

前已述及，生态环境保护是一个由来已久的话题，自中华人民共和国成立起我国就高度重视环境保护；自实施可持续发展战略以来更是把生态建设和环境保护作为主战场，并在实践中投入了大量的人力物力财力，进行了大规模的生态工程建设和环境污染治理。虽然取得了一定的进展，但并没有从根本上扭转资源环境生态退化的趋势，究其原因是多方面的，既有方法和路径选择上的失误，也有制度设计方面的缺陷，但最根本的原因是我国在长期跟随全球实施可持续发展战略的进程中，自觉不自觉地受到了西方工业文明理念尤其是其中的人与自然“主客二分”的机械自然观和“人类中心主义”价值观的误导。一方面，在工业文明理念下，人与自然是完全对立的，人类在自然界中具有至高无上的权力，是整个自然界的中心和主宰；自然完全处于“怯魅”状态，被纯粹视为人类改造、征服的对象和满足人类无限需求或欲求的工具，其主体性和文明性彻底被人类否定，导致人类在对待自然的态度上缺乏底线思维，为了满足自己无限膨胀的贪欲和欲求，人类可以在自然界面前肆无忌惮地为所欲为、无尽掠夺。即使人们建设生态环境，也并不是因为由衷地敬畏、关爱、感恩和保护自然，其目的不是提升自然生态系统的文明性，以维护自然主体应有的平等发展权利，在此基础上实现人与自然和谐发展；而是创造更多的自然产品满足人类的工具价值，提高自然生态系统对人类文明系统的承载能力，以满足人类对物质财富的无限欲望和不懈追求，以支撑人类社会的可持续发展，正如西方学者所言：“人类保护自然是出于保护自己的目的。”② 另一方面，在工业文明理念导向下，人们看待自然生态系统缺乏系统思维，各生态要素被视为是彼

① 《习近平在中共中央政治局第六次集体学习时强调　坚持节约资源和保护环境基本国策　努力走向社会主义生态文明新时代》，《环境经济》2013 年第 6 期。

② 转引自刘思华《生态文明与绿色低碳经济发展总论》，中国财政经济出版社 2011 年版，第4 页。

此孤立、毫不相干的，其结果就是把生态环境建设与经济社会发展置于完全对立的两极，认为经济社会的发展理应或必然是以牺牲生态环境为代价的，而生态建设与环境保护必然会影响甚至阻碍经济社会的发展，也就是认为绿水青山和金山银山是不可兼得的，因此，当在两者之间面临抉择的时候，往往是以牺牲绿水青山来换取金山银山，重蹈“先污染后治理”的覆辙。即使对生态环境保护与治理也缺乏全局的、整体的系统观念，其建设与保护的对象主要是针对受损的生态或污染的环境，就环保论环保，就污染谈污染，就山论山、就水论水、就田论田、就林论林、就湖论湖、就草论草，可谓是“头疼医头，脚痛医脚”。结果是：一边在投入大量的人财物不断地修复生态、治理污染的同时，生态环境局部得到改善；另一边又在更广的范围内、以更大的规模、更快的速度在消耗透支资源、污染环境和破坏生态，以此来维系经济社会的高速增长，很难从根本上扭转生态环境整体恶化的趋势。

由此可见，工业文明理念导向下传统的生态环境建设保护道路只能治标，不能治本，难以支撑新时代自然生态文明建设。要从根本上遏制生态环境持续恶化的趋势，切实提升自然生态系统的文明性、改善生态环境质量，必须转变工业文明理念，坚持用生态文明理念指导自然生态环境建设和保护，把生态环境建设上升为一项系统的文明发展战略。生态文明理念下生态环境保护和建设的实质就是建设自然生态文明，其建设并不是单纯为了提升自然的工具价值、满足人类一个主体的需要，维系人类一个主体的永续发展；而是为了全面提升包含自然内在价值在内的多种价值，在增加生态产品供给、为人类提供更多生态服务的同时，全面提升自然生态系统的稳定性、安全性和文明性，促进自然生态系统和人类社会系统和谐共生与协调发展，即实现人与自然的共生共荣。

生态文明理念下的自然生态环境建设和保护的内容并不是单纯的工程建设、景观改造和末端的污染治理，而是一项全面、系统、整体的保护与修复工程；正如习近平总书记多次强调的：“一定要树立大局观、长远观、整体观。”因此，我们除了在思想上要“清醒认识保护生态环境、治理环境污染的紧迫性和艰巨性”；还要在战略上以“节约保护优先、自然恢复为主”作为基本遵循，战略的重点要由事后的末端治理和人工建设为主转向以事前保护和自然休养生息，充分尊重并发挥自然的主体性和创造性，坚持以自然恢复为主、人工修复为辅的实施路径，坚持末端治理和源头保护相结合，真正做到严格源头预防、不欠新账，多还旧账。也就是说“单一地追求治理或恢复，都是片面的，只有治理与恢复的并重，才是正确的社会方式”①。

概括起来，生态文明理念下的自然生态和环境保护是以“尊重自然、顺应自然和保护自然”为前提，以实现人与自然和谐共生、协调发展为目标，以“节约优先、保护优先、自然恢复为主”为基本方针，通过“自然化自然”和“人化自然”等力量的共同推进，全面、整体改善自然生态环境质量，不断提升自然生态系统的稳定性、安全性和文明性，增强其可持续发展能力。

综上所述，生态文明理念下生态环境保护与工业文明理念下生态环境保护在价值观念、基本方针、建设对象、路径选择、终极目标等方面都存在着本质区别（见表4－1）。

表4－1　**生态文明理念下生态环境保护与工业文明理念下生态环境保护的区别**

比较项目	价值观念	基本方针	建设对象	路径选择	终极目标
工业文明理念下的生态环境保护	人类中心主义	先污染后治理、先破坏后修复	单一受损自然生态系统	事后治理、局部建设	提高自然生态系统对人类文明发展的支撑能力，以满足人类主体需要
生态文明理念下的生态环境保护	人与自然是生命共同体	节约优先、保护优先、自然恢复为主	自然生命共同体	源头整体保护与事后治理恢复相结合	提升自然生态系统的文明性，实现人与自然和谐共生与协调发展

在生态文明理念指导下，针对我国生态环境面临的突出问题，必须坚持资源节约优先、生态环境保护优先、自然生态恢复为主的基本方针，不断优化国土空间开发格局、加强资源节约与管理、自然生态保护与修复、

① 唐代兴：《生境主义：生态文明的本质规定及社会蓝图》，《天府新论》2014 年第 3 期。

环境保护与治理，全面提升自然生态系统的稳定性、安全性和文明性。

第二节 优化国土空间开发格局

国土是生态文明建设的空间载体，优化国土空间开发格局是改善生态环境、提升生态文明水平的重要任务。改革开放以来，随着我国工业化、城镇化进程的加快推进，人类社会的生产空间、生活空间在持续不断地扩张，频频挤占生态空间导致生物多样性日益减少，生态系统的稳定性、生态产品的生产能力和供给持续下降。因此，必须根据自然生态属性、资源环境承载能力、现有开发密度和发展潜力，统筹考虑未来的人口分布、经济布局、国土利用和城镇化格局，按区域分工和协调发展的原则划定具有某种特定主体功能定位的空间单元，按照空间单元的主体功能定位调整完善区域政策和绩效评价制度，规范空间开发秩序，增强国土空间治理能力，形成科学合理的空间开发格局，是保护自然生态系统、提升自然生态文明水平的首要任务。

根据我国对国土空间开发格局调整的战略部署，结合我国国土空间开发保护面临的主体功能定位不明晰、空间规划体系不完善、空间规划管控不力等困境，优化国土空间开发格局，必须贯彻落实完善主体功能区制度、建立完善空间规划体系、建立健全国土空间用途管制制度，构建系统完整的国土空间开发保护制度体系，以调整优化空间结构，强化国土空间治理，规范空间开发秩序，形成科学合理的空间开发格局。

一 坚定不移地实施主体功能区制度

主体功能区是基于不同国土空间的资源环境承载能力、现有开发密度和发展潜力等，将特定区域确定为特定主体功能定位类型的一种空间单元。《“十一五”规划纲要》首次提出主体功能区战略，并将国土空间划分为优化开发区、重点开发区、限制开发区和禁止开发区四类主体功能区；[①] 党的十七大进一步将“主体功能区布局基本形成”确定为实现

① 马凯：《〈中华人民共和国国民经济和社会发展第十一个五年规划纲要〉辅导读本》，北京科学技术出版社 2006 年版，第 3 页。

全面建设小康社会奋斗目标的新要求。[①] 2011 年 6 月，国家出台了《全国主体功能区规划》，着力推进空间管治，促进国土空间科学、协调、有序开发。党的十八届三中全会则从制度建设的角度提出要“坚定不移实施主体功能区制度，建立国土空间开发保护制度”。中共中央、国务院《关于加快推进生态文明建设的意见》进一步对“强化主体功能定位，优化国土空间开发格局”作出了具体战略部署，强调“要坚定不移地实施主体功能区战略”。中共中央、国务院印发的《生态文明体制改革总体方案》进一步强调“树立空间均衡的理念”。党的十八届五中全会再次强调要“发挥主体功能区作为国土空间开发保护基础制度的作用”，“推动各地区依据主体功能定位发展”。党的十九大进一步要求“构建国土空间开发保护制度，完善主体功能区配套政策”。党的十九届四中全会审议通过的《中共中央关于坚持和完善中国特色社会主义制度推进国家治理体系和治理能力现代化若干重大问题的决定》再次把“完善主体功能区制度”作为“坚持和完善生态文明制度体系，促进人与自然和谐共生”的一项重要制度。为贯彻落实国家关于实施主体功能区制度的战略部署，优化国土空间开发格局，我国制定并发布了系列空间管制方面的文件，不断完善主体功能区综合配套政策体系（见表 4－2）。

表 4－2　**党的十七大以来我国出台的优化国土空间开发相关政策文件**

时间	印发部门	文件名称
2011.06	国务院	《全国主体功能区规划》
2015.07	环保部、国家发改委	《关于贯彻实施国家主体功能区环境政策的若干意见》
2015.08	国务院	《全国海洋主体功能区规划》
2016.10	国家发改委	《重点生态功能区产业准入负面清单编制实施办法》
2017.01	中共中央办公厅、国务院办公厅	《省级空间规划试点方案》
2017.02	国务院	《全国国土规划纲要（2016—2030 年）》
2017.08	中央全面深化改革领导小组审议通过	《关于完善主体功能区战略和制度的若干意见》

① 胡锦涛：《高举中国特色社会主义伟大旗帜　为夺取全面建设小康社会新胜利而奋斗——在中国共产党第十七次全国代表大会上的报告》，人民出版社 2007 年版，第 19 页。

在实践推进过程中，虽然国家高度重视主体功能区规划的基础性、战略性、管控性地位，但其权威地位尚未凸显，未能成为权威的空间龙头规划，在很多地方往往执行走样或被变相突破，并没有严格按照主体功能规划的要求编制和落实其他规划。[①] 同时，推进实施主体功能区战略和制度的配套政策体系还需进一步完善，才能有效保障主体功能区规划的贯彻落实。因此，针对我国实施主体功能区战略和制度存在的问题和党中央的战略部署，要坚定不移地实施主体功能区制度，应着力做好以下两方面的工作。

一是要进一步强化和凸显主体功能区规划作为国土空间开发保护制度的基础性、权威性龙头地位。目前我国仍在执行的国家层面的空间规划除了《全国主体功能区规划》外，还有《全国土地利用总体规划纲要（2006—2020 年）》《全国国土规划纲要（2016—2030 年）》《全国林地保护利用规划纲要（2010—2020 年）》《全国生态保护与建设规划（2013—2030 年）》及《全国水土保持规划（2015—2030 年）》等多部规划。而部分规划中的空间布局并不是严格按照全国主体功能区规划编制的要求执行的。因此，当前一定要坚定不移地全面落实主体功能区规划，强化主体功能区规划的基础性、权威性龙头地位，充分发挥主体功能区对国土空间保护的管控作用，推动各地区依据主体功能定位发展。[②]

二是要进一步建立健全落实主体功能区制度的配套政策体系。坚持贯彻落实党的十八届三中全会提出的差异化的政绩考核制度，针对不同主体功能区制定各有侧重的绩效考核评价体系；完善基于主体功能区的区域政策、产业政策和财税政策等配套政策体系。

二　建立完善空间规划体系

空间规划是国家空间发展的指南、可持续发展的空间蓝图，是各类开发建设活动的基本依据。[③] 空间规划是为解决空间问题，优化国土开

---

① 许景权、沈迟、胡天新等：《构建我国空间规划体系的总体思路和主要任务》，《规划师》2017 年第 2 期。

② 《中共十八届五中全会在京举行》，《人民日报》2015 年 10 月 30 日第 1 版。

③ 中共中央、国务院：《生态文明体制改革总体方案》，《经济日报》2015 年 9 月 22 日第 2 版。

发格局，调配空间资源和促进区域协调发展而制定的政策工具，其实质是对各类经济建设活动进行引导与管控，通过统筹空间要素来优化空间结构，进而提升空间功能，最终实现国土资源的合理保护和高效利用。目前，我国的空间规划种类繁多、规划体系庞杂而不健全，由于不同部门、不同区域之间存在不同的利益诉求且缺乏有效的沟通和衔接，使众多空间性规划之间及空间规划与其他发展规划之间自成体系、内容冲突、缺乏衔接协调，不同空间规划及不同类型规划对同一空间地区规划的职能交叉重叠甚至矛盾冲突，就是通常所说的规划“打架”的现象，加剧了空间资源的无序利用与浪费。① 因此，推动国土空间开发格局优化应当首先完善国土空间规划体系，在地区生态承载力、生态功能评价和分析的基础上，确定国土空间管控的重点和边界，建立由主体功能区规划、生态功能区划、城镇体系规划、土地利用总体规划等构成的空间规划体系，推动国民经济和社会发展、城乡建设、生态环境保护等开发和保护行为符合主体功能定位。为此，2013 年，党的十八届三中全会首次提出“建立空间规划体系，划定生产、生活和生态空间”（即“三生”空间）。② 此后，习近平在中央城镇化工作会议上再次提出“建立空间规划体系”。2014 年，国家发改委、国土部、环保部和住建部四部委联合发布《关于开展市县“多规合一”试点工作的通知》，提出在全国 28 个市县推动经济社会发展规划、城乡规划、土地利用规划、生态环境保护规划“多规合一”，形成一个市县一本规划、一张蓝图；此后，党中央、国务院发布的推进生态文明建设的相关文件及《“十三五”规划》和《省级空间规划试点方案》等文件中，都突出强调了建立健全空间规划体系、科学合理布局和整治“三生”空间这一重点改革任务。2019 年 5 月，中共中央、国务院印发《关于建立国土空间规划体系并监督实施的若干意见》（以下简称《若干意见》）；随后，为贯彻落实《若干意见》，全面启动国土空间规划编制审批和实施管理工作，自然资源部印发了《自然资源部关于全面开展国土空间规划工作的通知》。因此，建立全国

① 沈迟、许景权：《“多规合一”的目标体系与接口设计研究——从“三标脱节”到“三标衔接”的创新探索》，《规划师》2015 年第 2 期。

② 《中共十八届三中全会在京举行》，《人民日报》2013 年 11 月 13 日第 1 版。

统一、责权清晰、科学高效的国土空间规划体系，整体谋划新时代国土空间开发保护格局，科学布局生产空间、生活空间、生态空间，已成为加快形成绿色生产方式和生活方式、推进生态文明建设、建设美丽中国的关键举措，是坚持以人民为中心、实现高质量发展和高品质生活、建设美好家园的重要手段，是保障国家战略有效实施、促进国家治理体系和治理能力现代化、实现“两个一百年”奋斗目标和中华民族伟大复兴中国梦的必然要求。① 当前，建立国土空间规划体系应着力做好以下四个方面的工作。

一是要坚持以主体功能区规划为基础统筹各类空间性规划，统领本层级的其他专项规划、部门政策、实施性方案或行动计划。及时总结我国在市县级层面探索“多规合一”试点和省级空间规划试点工作中形成的可操作、可复制、能推广的经验做法，探索协同编制省级空间规划、市县空间规划的方法和规范化的省、市县统一空间规划编制程序，尽快整合各部门分头编制的各类空间规划，形成“一本规划”“一张蓝图”全覆盖的国土空间规划格局。

二是在国土空间规划编制中，要牢固树立底线思维。按照统一底图、统一标准、统一规划、统一平台要求，尽快科学划定并严格落实生态保护红线、永久基本农田、城镇开发边界三条控制线，做到不交叉、不重叠、不冲突。同时，要尽快建立健全统一、多规合一的国土空间基础信息平台，形成一张底图，实现部门信息共享，实行全面监测和严格管控。

三是要深化改革空间规划体制机制。长期以来，我国空间规划编制与管理的规范性较差，缺乏科学、民主的决策参与和监督问责机制，为此，必须对现行的空间规划编制和管理的运行体制机制进行改革。首先，要变革空间规划编制机制，整合空间规划职能。对同一层级的不同规划编制部门进行撤并整合，由一个部门统领负责空间规划的编制，并划定其他相应部门的规划权限边界；对不同层级的各级政府的规划权力进行明确界定，建立自上而下与自下而上有机结合、上下关联的垂直型空间规划编制机制。其次，要建立统一空间规划的管理机制，创新空间管理

① 中共中央、国务院：《关于建立国土空间规划体系并监督实施的若干意见》，《人民日报》2019 年 5 月 24 日第 1 版。

方式。建立上下联动的分级管理方式和远近结合、计划与市场调节相结合的空间规划管理方式。再次，为了有效保障规划的贯彻落实，还应建立健全国土空间规划实施监督机制和问责机制。一方面，上级自然资源主管部门要会同有关部门组织对下级国土空间规划中各类管控边界、约束性指标等管控要求的落实情况进行监督检查，将国土空间规划执行情况纳入自然资源执法督察内容；另一方面，应鼓励当地居民对国土空间规划的执行情况进行监督并举报违规行为，根据当地党政领导违规情节的轻重及造成后果的严重程度，采取相应的追责办法。最后，要建立国土空间规划定期评估机制，结合国民经济社会发展实际和规划，定期对空间规划的执行过程和执行结果进行评估，根据反馈的评估结果及时进行动态调整或对国土空间规划进行修编，更好地保障空间规划的科学有效。

四是要进一步完善空间规划的法制体系。加强国土空间管控，除了要充分运用规划手段，还要完善相关法律法规，形成规划和法制相配合的国土空间规划体系，运用法治手段管控国土空间。党的十八届四中全会明确提出要“完善国土空间开发保护方面的法律制度”。当前，要加快研究制定《国土空间规划和保护法》，再据此修订土地、森林、城乡规划、环境保护等相关法律法规和地方、部门的行政法规或规章制度，推动形成系统完整的空间规划法律法规体系，为加强国土空间规划实施管理、严守三条控制线提供法制保障，引导形成科学适度有序的国土空间布局体系。①

三　健全落实国土空间用途管制制度

国土空间用途管制是国土空间开发保护制度的重要内容。国土空间用途管制制度源于我国对土地用途管制的实践探索，在此基础上，中共中央、国务院《生态文明体制改革总体方案》明确要求“健全国土空间用途管制制度”，并提出要“将用途管制扩大到所有自然生态空间”。党的十九大进一步要求“设立国有自然资源资产管理和自然生态监管机

① 中共中央、国务院：《生态文明体制改革总体方案》，《经济日报》2015 年 9 月 22 日第 2 版。

构，完善生态环境管理制度，统一行使全民所有自然资源资产所有者职责，统一行使所有国土空间用途管制和生态保护修复职责”。2018 年 3 月，中共中央印发《深化党和国家机构改革方案》，新组建自然资源部，为统一行使全民所有自然资源资产所有者职责、统一行使所有国土空间用途管制和生态保护修复职责搭建了组织机构平台。2018 年 8 月，中共中央、国务院颁布了《自然资源部职能配置、内设机构和人员编制规定》（“三定方案”），设立“国土空间用途管制司”，进一步明晰了国土空间用途管制的主体。当前，健全国土空间用途管制制度，首先应按照主体功能区定位要求，科学划定所有国土空间保护和开发的红线，明确划分生产空间、生活空间、生态空间及城市空间、农业空间和海洋空间等。其次应根据国土空间不同区域、不同类型的空间属性及不同保护目标和开发利用特点，制定差异化的用途管制办法。再次，应健全国土空间用途管制的立法支撑和制度保障，明确国家、省和地方政府的管制权力和责任，规范政府在用途管制中的权力运行范畴，划清国土空间所有者与管理者界限，明确国土空间开发利用者的权利和义务等。最后应综合运用行政、法律和经济手段，形成多种手段协同管制的国土空间治理体系，统筹协调各类国土空间保护与合理利用，严控各类开发利用活动对生态空间的挤占，确保自然生态空间的用途性质不改变、面积不减少；严格落实耕地保护和节约集约用地制度，坚决守住耕地保护红线。

第三节　强化资源节约与管理

自然资源是人类赖以生存和发展的物质前提和基础，是生产力的重要组成部分。自人类诞生以来，人的需求无限性与地球资源的有限性之间的矛盾就成为贯穿人类社会发展进程的一对永恒矛盾且日益凸显，如此一来，节约资源以解决“天育物有时，地生财有限，而人之欲无极”的矛盾就成为人类社会发展的永恒主题。[①] 在我国古代的优秀传统文化中就随处体现了节约利用资源的思想，节俭已成为中华民族的美德之一。

① 习近平：《坚持科学发展观重在实践》，《经济日报》2004 年 9 月 14 日第 9 版。

当前，我国资源约束趋紧，而资源利用方式粗放、利用效率低下及人为浪费现象较为普遍。随着全面建成小康社会目标的实现，经济社会发展面临的资源约束矛盾还将进一步加剧，因此，节约资源迫在眉睫、势在必行。

一　节约资源是保护生态环境的首要之策

资源的过度开发和不合理利用是导致生态环境恶化的根本原因，保护自然生态环境应当从节约资源这一源头入手，“节约资源是保护生态环境的根本之策”。自党的十八大以来，习近平反复强调这一观点并作出了深刻的论述，认为：“大部分对生态环境造成破坏的原因是来自对资源的过度开发、粗放型使用。如果竭泽而渔，最后必然是什么鱼也没有了。因此，必须从资源使用这个源头抓起。”[①] 中共中央、国务院《关于加快推进生态文明建设的意见》进一步指出，节约资源是破解资源瓶颈、保护生态环境的首要之策。[②] 这些深刻论述都充分说明了节约资源对于保护生态环境的重要性和必要性。为此，要保护生态环境，就必须始终坚持节约资源和保护环境的基本国策，深入贯彻落实党中央对节约资源的基本要求，把节约集约利用资源作为一条主线贯穿到我国经济建设、政治建设、文化建设和社会建设的各方面和各环节，全面促进资源节约循环高效使用。

二　全面促进资源节约与管理的对策建议

全面促进资源的节约与管理，既需要转变资源开发利用观念、选择科学合理的实现路径、转变不当的行为方式，还需要构建保障资源节约的法制体系。

（一）牢固树立节约利用资源的观念

观念是行动的先导，要全面促进资源节约，必须在全社会牢固树立节约资源、合理开发利用资源就是保护生产力、发展生产力的新型资源

① 《习近平在中共中央政治局第六次集体学习时强调　坚持节约资源和保护环境基本国策努力走向社会主义生态文明新时代》，《环境经济》2013 年第 6 期。

② 中共中央、国务院：《关于加快推进生态文明建设的意见》，《人民日报》2015 年 5 月 6 日第 1 版。

观。把节约资源的理念作为生态文明宣传的重要内容，渗透到各级各类教育及培训活动之中，促进全社会牢固树立自然资源有偿、资源有价、节约集约资源利用的观念。充分利用每年一度的全国节能宣传周、全国城市节水宣传周及世界环境日、地球日、水宣传日等重大纪念日活动，广泛深入持久地开展资源节约宣传和普及，切实提高全社会对建设资源节约型社会重大意义的认识，增强紧迫感和责任感，激发全民节约资源的积极性、主动性和创造性，推进全社会形成“节约光荣，浪费可耻”的风尚，牢固树立崇尚节俭、节约使用资源的理念。

（二）构建全民节约利用资源的行动体系

深入贯彻节约资源的基本国策，关键要落实在日常生产生活的行动中，广泛动员全社会的力量共同参与，使每个公民、每个家庭、每个社区、每个单位都积极行动起来，从一点一滴做起，从力所能及的事情做起，在生产生活的各方面、各环节积极践行绿色生产生活方式，推动各领域、各环节全面节约集约循环高效利用资源。这就需要着力做好以下四方面的工作：一是要通过政府管控和市场调节相结合，持之以恒地制止奢靡之风，提高资源浪费的成本，减少资源的浪费。二是要转变资源利用方式，在生产、流通、消费各环节大力发展循环经济，推动各类资源减量化、再利用、资源化，实现各类资源节约高效利用，在消耗资源数量不改变的前提下，提高资源的产出效益。三是要加快推进节约集约利用资源的绿色新技术、新方法、新产品的研发和应用，依靠绿色科技创新提高资源利用效率；加快建立绿色节能技术服务体系，推进企业节能、节水、节电技术改造，尽快形成稳定、可靠的节能工程技术能力。四是要在全社会深入开展节约型公共机构示范创建活动，提高节能、节水、节地、节材、节矿标准，开展能效、水效领跑者引领行动。

（三）健全保障节约利用资源的制度体系

要深入贯彻落实节约资源的基本国策，仅仅依靠说服教育激励是不够的，必须要建立健全节约能源资源的制度体系作保障。

1. 构建节约资源的科学导向制度。一是要健全能源资源节约的目标责任制度、自愿承诺制度、绩效考核制度和奖惩制度，可以因地制宜地实行季度、年度考核，对于落实能源资源节约较好的单位和个人，要给予表彰奖励；相反，对于没有完成既定目标的单位和个人要给予应有的惩罚，并将之作为领导干部政绩考核和升迁的重要依据。二是要落实并深化资源的有偿使用制度。建立体现资源稀缺状况和资源恢复成本的资源价格形成机制，深化资源性产品价值和税费改革，合理定制并逐步提高能源、水资源、土地资源、矿产资源、森林资源和海域海岛资源等战略性资源的价格，通过差别化价格形成资源节约利用的倒逼机制，从源头保护和节约自然资源。制定差别化的财税政策，逐步调整资源税，对稀缺资源、不可再生资源和不可替代资源课以重税，增加企业、个人浪费资源的成本，通过经济政策来管控浪费资源能源的行为，引导全社会节约利用能源资源。

2. 建立自然资源产权制度和产权交易制度。自然资源资产产权制度是加强生态保护、促进生态文明建设的重要基础性制度。改革开放以来，我国在自然资源资产产权制度方面进行了积极探索，在促进自然资源节约集约利用和有效保护方面发挥了积极作用，但仍存在自然资源资产底数不清、所有者不到位、权责不明晰、权益不落实、监管保护制度不健全等问题，导致产权纠纷多发、资源保护乏力、开发利用粗放、生态退化严重。为加快健全自然资源资产产权制度，构建系统完备、科学规范、运行高效的中国特色自然资源资产产权制度体系，中共中央办公厅、国务院办公厅于 2019 年 4 月印发了《关于统筹推进自然资源资产产权制度改革的指导意见》。当前，一方面要全面总结自然资源统一确权登记试点的经验，进一步健全确权登记办法和规则，加快推进自然资源统一确权登记法治化、规范化、标准化、信息化，逐步完成对山、水、田、林、湖、草、荒、滩等所有自然生态空间的统一确权登记，明确界定各类自然资源资产产权主体，划清自然资源资产所有权、使用权的边界，着力解决自然资源资产所有者不到位、所有权边界模糊等问题；另一方面要抓紧对自然资源资产产权体系进行全面梳理，促使各项产权协调统一，完善自然资源资产产权体系。在此基础上，进一步明晰资源的所有者、占有者、使用者和经营者各自应负的责任，真正做到权责分明，促进资源的高效配置和合理有效利用。此外，要逐步建立各类自然资源交易所，打造自然资源产权交易信息平台，规范产权交易规则，提高产权交易效率，充分发挥市场配置资源的决定性作用，努力提升自然资源要素市场化配置水平，促进自然资源的优化配置。

3. 健全自然资源统一调查、评价、监测制度。坚持自然资源属国家所有、全民所有的公有制基础地位不动摇，避免国有自然资源资产流失和浪费，就需要对自然资产进行全面调查、摸底统计、科学评价和跟踪监测。当前，应严格按照《自然资源调查监测体系构建总体方案》的总体要求、工作任务、时间进度等，抓紧建立自然资源分类标准，加快构建调查监测系列规范。统一组织实施全国自然资源调查，以县（市、区）级行政区为单元，对自然资源资产进行全面系统的调查评估，对重要自然资源的数量、质量、分布、权属、保护和开发利用状况进行摸底统计。科学构建自然资源资产价值核算评价体系，建立自然资源资产负债表，作为各级领导干部自然资源资产离任审计的基本依据。建立健全自然资源动态监测制度，充分利用大数据等现代信息技术，建立统一的自然资源数据库，及时监测和分析自然资源动态变化情况。

4. 健全自然资源监管体制。健全自然资源监管体制是生态文明体制改革的重要内容。长期以来，我国实行的是条块式分割的自然资源监管方式，造成政出多门、管理碎片化等问题，山水林田湖草生命共同体被人为割裂，不利于自然资源的系统保护。因此，要充分发挥人大、行政、司法、审计和社会的协同监管作用，形成监管合力；根据不同自然资源的特点创新监管方法，实现对自然资源资产开发利用和保护的全程动态有效监管。加强自然资源督察机构对国有自然资源资产的监督，国务院自然资源主管部门按照要求定期向国务院上报国有自然资源资产报告；各级政府按要求向本级人大常委会报告国有自然资源资产情况，接受权力机关监督。完善自然资源资产产权信息及自然资源开发利用动态变化信息等公开制度，以便接受社会公众监督。建立自然资源行政执法与行政检察衔接平台，实现信息共享、案情通报、案件移送，通过检察法律监督，推动依法行政、严格执法，提升监督管理效能。①

5. 落实资源总量管理制度。尽快制定落实资源利用上线的技术规范，合理设定并严守资源消耗的上线，做好资源消费总量管理。严格实行能源、水资源消耗总量和强度双控管理，推行合同能源管理和合同节

---

① 中共中央办公厅、国务院办公厅：《关于统筹推进自然资源资产产权制度改革的指导意见》，《人民日报》2019年4月15日第1版。

水管理。坚持最严格的节约用地制度，严守18亿亩的耕地红线，对新增建设用地实行总量控制，严格落实耕地占补平衡；优化调整建设用地结构，降低工业用地比例。针对我国矿产资源开发仍存在"多、小、散、乱"的现象，矿产资源开发利用管理制度改革一定要坚持以问题为导向，坚持政府宏观管理和市场调节相结合。一方面，要加快推进矿产资源法及配套法规修订工作，进一步完善矿业权审批制度和登记管理制度、矿产资源开发利用水平调查评估制度等，加大政府对矿产资源开发利用的监管力度，及时发现并解决问题；[①] 另一方面，要健全合理开发和高效利用矿产资源的经济激励政策，建立相应的奖惩制度和信息公示制度，压缩行政权力"寻租"的空间，真正发挥市场在资源配置中的决定性作用。

第四节　加强生态环境保护与防治

在长期的环境保护进程中，我国先后发布了环境保护综合名录、出台了系列法律法规、制定了系列配套的环境经济政策。当前，我国生态环境保护的对象、抓手等已经非常明晰，方法和技术路径已经较为成熟，政策法规数目众多，但环境污染防治和环境保护的成效却不尽人意。近年来，随着"史上最严"新环保法的施行及生态环境保护督察制度的落实，在中央生态环境保护督察组开展了两轮生态环境保护督察以后，我国环境质量改善已经出现了令人可喜的现象，但部分地区环境保护的现状依然堪忧。部分城市环保设施建设严重滞后，部分流域环境污染情况较为严重，部分地区民众最关心、最直接的环境问题长期得不到解决。[②] 为此，我们必须满足人民群众对美好生活的需要，坚决打好污染防治攻坚战。而要打好这场环保攻坚战，必须花大力气、下苦功夫、一以贯之、常抓不懈；同时，还必须对症下药、有的放矢，才能提高生态环境保护的成效、切实改善生态环境质量。

---

① 张应红：《加强矿产资源管理制度改革》，东方网（http://news.eastday.com/eastday/13news/auto/news/finance/20160706/u7ai5806204.html），2016年7月6日。

② 陈海嵩：《环保督察揭乱象　问责含混待规范》，财新网（http://opinion.caixin.com/2017-08-02/101125218.html），2017年8月2日。

一　生态环境保护与防治存在的主要问题及原因

综合近几年中央生态环保督察的情况来看，我国当前生态环境保护总体呈现出党中央高度重视、环保督察力度很大，但很多地方却消极对待、被动应付的局面。其主要表现在以下三个方面：一是地方政府重发展、轻保护的现象十分普遍。很多地方党政领导干部对环境保护的重要性和紧迫性认识不足，在思想上根本不重视环境保护，不愿把环境保护放在应有的突出地位，在地方党委政府的工作权重中，GDP 与税收的权重仍远远高于环保权重。[①] 据光明网评论员分析报道："有 20 个省份将环保相关的专项任务排在 2017 年任务的倒数第一位至第三位，大部分地区排在第一位的'问题和困难'还是经济。"[②] 在实践中，地方党政及有关部门对环境保护不作为或乱作为问题突出，纵容大型企业长期违法排污。据中央环保督察反馈：一些地方对污染企业的纵容和"不作为"简直令人触目惊心。[③] 不仅如此，部分地方政府还不积极对待甚至压制群众对重大环境问题的举报，为应付环保检查做表面文章、阳奉阴违等现象时有发生，其表现是当环保督察或当冬季大气污染严重时，就启动相应级别的应急预案，采取暂停一些高污染企业、限制机动车出行等应急管控措施；而督察组一走或等空气质量稍有好转，就解除预警立即恢复原样，没有从根本上寻求环境保护的有效之策，使环保陷入了"说起来重要，做起来不要"的困境。二是违法排污企业领导人缺乏环保责任担当意识，片面追求企业自身的经济利益而对环境保护置若罔闻，大幅降低环保投入甚至根本不投入。面对环保督察或执法的时候要么阳奉阴违、当面承诺立即整改或关停，但过后又立即重启关停装置；要么临时停产，逃离、拒绝、躲避现场检查；要么"我行我素"甚至"顶风作案"，如安徽省砀山县某公司的暴力阻碍执法、湘潭市某砂石场人员围攻环保局监测站工作人员、打砸采样车等都是典型例证。而企业之所以敢如此嚣

① 潘洪其：《环保督察要抓住"牛鼻子"》，《北京青年报》2017 年 4 月 15 日第 A02 版。

② 光明网评论员：《生态治理也得要良好"生态"》，光明网（http://guancha.gmw.cn/2017-03/03/content_23881561.htm），2017 年 3 月 3 日。

③ 陈海嵩：《环保督察揭乱象　问责含混待规范》，财新网（http://opinion.caixin.com/2017-08-02/101125218.html），2017 年 8 月 2 日。

张、目中无法，从根本上说也和当地党政机关长期以来的不作为、纵容有关，所以环境保护要真正落地，关键还是要牢牢牵住地方党政这个"牛鼻子"。三是企业的违法排污也与经济处罚力度不够、排污成本过低有关，与排污性生产所带来的高额收益或与安装减排设施设备的高投入相比，罚款只是"九牛一毛""沧海一粟"，因此，很多企业宁愿选择被罚款而降低环保投入甚至根本不投入，这就导致陷入"污染—罚款—再污染—再罚款"的恶性循环之中。因此，归纳起来，导致环境保护不力的原因既有思想上认识不到位、环保意识不强，也有环保制度不健全、体制机制运行不畅的原因。因此，要推进环境保护真正落到实处，一是要强化环境保护宣传，促进全社会充分认识环境保护的重要性和紧迫性，不断增强环境保护意识，坚持把环境保护放在优先位置，正确认识和协调保护与发展之间的辩证统一关系，坚持在发展中保护、在保护中发展；二是要全面深化环境治理制度改革，实行最严格的环境保护制度，用制度保护环境。由于环境保护宣传教育属于生态文明宣传教育的一部分，在此不单独作论述，本节着重探讨环境保护制度改革和完善。

二　健全生态环境保护与防治体系

针对我国生态环境保护过程中存在的主要问题，新时代加强生态环境保护，改善生态环境质量，必须坚持人与自然和谐共生，坚守尊重自然、顺应自然、保护自然，健全源头预防、过程监管、损害赔偿、责任追究的生态环境保护和防治体系。

（一）健全生态环境保护的源头预防制度

预防是环境保护的首要原则，包括划定环境质量安全底线、完善环境质量标准体系、贯彻落实环评影响制度等。

一是要坚持贯彻落实环境保护目标责任制。划定并严守环境质量安全底线，这是环境保护必须遵守的红线，包括污染物排放总量控制线、环境质量达标线、环境风险管控线，保证环境质量只能改善不能退化。要进一步完善环境质量标准体系，强化地方环境质量标准，要求各地制定并执行严格的污染物排放标准，制定并严守区域环境质量达标的具体时间表，制定党政主要领导及相关部门领导的环境保护的具体责任清单，进一步强化地方党政及相关部门的环境保护责任。

二是要进一步健全落实环境影响评价制度。环境影响评价制度是环境保护源头预防的一项重要制度，要按照《“十三五”环境影响评价改革实施方案》的要求，坚持不懈地推进战略环评、规划环评、项目环评相结合的环境影响评价制度，尽快制定落实环境质量底线和环境准入负面清单的技术规范，制定相应的预防性环境风险策略和防范路线图，不断提升环境影响评价制度的预防性功能。

（二）健全生态环境保护的过程监管制度

一是健全生态环境保护督察制度。长期坚持贯彻落实中央生态环境保护督察“回头看”制度，加快制订不同层级的生态环境保护督察实施细则，推动地方各行业主管部门制订生态环境保护责任清单，强化生态环境保护党政同责和一岗双责。加大生态环境保护督察专项行动力度，创新生态环境保护督察方式，建立生态环境保护督察员制度，广泛采取组织机动式、点穴式督察和现场随机抽查。在现有中央和省级两级督察体制基础上，着力推进生态环境保护督察制度尽快向市、县两级延伸，加快形成中央、省级、市级和县级四级垂直管理的生态环境保护督察制度，实现生态环境保护督察全覆盖。尽快将生态环境保护督察工作从中央和国家的工作部署上升为法定行为，适时修订《刑法》《环境保护法》等有关法律条文。充分发挥人大、政协、司法部门的积极作用，深度参与各级政府与企业整改的全过程。对于企业的生态环保问题，既要监督结果也要监督过程，切忌“一刀切”，对于正在整改的企业和生态环保问题有所好转但尚未完全达标的企业，应持审慎宽容的态度，对改善情况进行客观评价，在技术、政策等方面给予支持。充分尊重公众的生态环境知情权、监督权和参与权，严格公开督察信息，让公众参与生态环境保护督察的全过程，实现监督对象、监督过程和监督结果的及时公开。

二是着力贯彻落实省以下生态环保机构监测监察执法垂直管理制度。省以下环保机构监测监察执法垂直管理制度改革是生态文明体制改革的重要举措。自2016年9月22日中共中央办公厅、国务院办公厅印发了《关于省以下环保机构监测监察执法垂直管理制度改革试点工作的指导意见》以来，多个省（市）都在积极推进环境监测监察执法垂直管理改革，部分地区取得了较大进展，但实践中由于存在环境监管和行政执法力量不足、人员配置和技术水平薄弱、监察执法队伍建设滞后等问题，导致“垂改”工作推进缓慢。当前，应及时总结“垂改”试点省（市）可供借鉴的成功经验和模式，分析和评估存在的主要问题，按照生态环境部发布的《关于统筹推进省以下生态环境机构监测监察执法垂直管理制度改革工作的通知》要求，加快推进省以下生态环保机构监测监察执法垂直管理制度改革。

三是实行生态环境承载能力预警监测机制。按照国家发改委联合12部委下发的《关于印发资源环境承载能力监测预警技术方法（试行）的通知》提供的技术指南，开展资源环境承载能力评价，探索对超载地区的预警提醒制度，构建监测预警长效机制。认真贯彻落实中共中央办公厅、国务院办公厅印发的《关于建立资源环境承载能力监测预警长效机制的若干意见》，并结合区域实际制订具体的实施方案。

（三）健全生态环境损害赔偿制度

生态环境损害赔偿制度是生态文明制度体系的重要组成部分。建立健全生态环境损害赔偿制度，由造成生态环境损害的责任者承担修复受损生态环境的赔偿责任，有助于破解“企业污染、群众受害、政府买单”的困局，积极促进生态环境损害鉴定评估、生态环境修复等相关产业发展，有力保护生态环境和人民生态环境权益。党中央、国务院高度重视生态环境损害赔偿工作，党的十八届三中全会明确提出，对造成生态环境损害的责任者严格实行赔偿制度。2015年12月，中共中央办公厅、国务院办公厅印发《生态环境损害赔偿制度改革试点方案》（中办发〔2015〕57号），并在吉林等7个省市部署开展改革试点，已取得明显成效。为进一步在全国范围内加快构建生态环境损害赔偿制度，2017年8月29日召开的中央全面深化改革领导小组第38次会议审议通过了《生态环境损害赔偿制度改革方案》，明确提出构建责任明确、途径畅通、技术规范、保障有力、赔偿到位、修复有效的生态环境损害赔偿制度。当前，各省（区、市）应加快推进落实生态环境损害赔偿工作，制订推进生态环境损害赔偿制度的具体指导意见或实施方案，进一步细化启动生态环境损害赔偿的具体情形，明确启动赔偿工作的标准，构建赔偿到位、修复有效的生态环境损害赔偿办案机制，切实落实企业污染环境、破坏生态主体责任。

(四)健全生态环境责任追究制度

要进一步加大对地方党政及相关部门主要领导追责问责力度，对在生态环境保护和治理中不作为、乱作为的，对问题久拖不办、整改不力的，对虚报瞒报、弄虚作假的，要加大约谈和曝光力度，依法依纪严肃处理，并及时向社会公开惩处结果，确保追责问责到位。对多名群众集中反映的或群众多次举报久拖不改、环境损害后果严重的更要从严从重处罚。坚持实行生态环境责任终身追究制，对造成生态环境严重破坏的责任人，不论是否已调离、提拔或者退休，都必须严格追责。

第五节　加强自然生态系统保护与修复

加强各类自然生态系统的保护和修复，全面提升其稳定性、安全性和文明性，增强生态服务功能，是筑牢生态安全屏障的根本之策，是加快推进生态文明建设的主战场之一。党的十八大以来，我国在推进生态文明建设进程中对于生态保护与修复的对象、重点等作出了明确要求，还对加强自然生态系统的保护和修复目标、战略方针、战略路径等作出了周密的部署，那就是必须坚持“保护优先、自然恢复为主”的指导方针，坚持源头预防和事后治理相结合的基本原则，以实现“多还旧账不欠新账”的目标；重点保护对象是“森林、草原、河流、湖泊、湿地、海洋等各类自然生态”[①]；实施路径主要有两条：一是要加强自然生态系统保护，即实施“保护”路径，统筹山水林田湖草一体化保护，从源头上防止生态持续恶化，做到“不欠新账”，这是优先选择的治本路径；二是要实施山水林田湖草统一修复重大工程，从末端上协助退化生态系统的恢复，即“修复”路径，这是我国生态退化严峻形势下的被动选择路径，其目的是为了多还“生态旧账”。因此，当前我国生态保护和修复要协调推进，才能做到“多还旧账不欠新账”，才能从根本上扭转生态持续恶化的趋势。

① 中共中央、国务院:《生态文明体制改革总体方案》,《经济日报》2015年9月22日第2版。

一　统筹实施山水林田湖草系统保护

针对我国长期以来生态保护与建设存在的主要问题，在生态文明理念指导下，自然生态系统的保护必须牢固树立系统保护思维，统筹山水林田湖草一体化保护，加强森林、草原、河流、湖泊、湿地、海洋等自然生态保护，开展大规模的国土绿化行动，保护生物多样性；同时，要牢固树立底线思维，科学划定并严守生态红线。不仅如此，还要加强对重要生态系统的保护和永续利用，构建以国家公园为主体的自然保护地体系，健全国家公园保护制度。

（一）牢固树立系统保护思维

在以往的生态保护过程中，由于缺乏"生命共同体"的系统保护思维，人为地把自然生态系统中的各要素割裂开，把自然保护区与非自然保护区割裂开，认为只有自然保护区才需要加强保护，没有纳入保护区的自然生态系统可以无尽地开发、肆意地破坏，把自然生态系统碎片化的结果就是：一边在对各类自然保护区进行保护和受损生态系统进行修复，另一边又在更大的范围内对生态系统进行大规模过度开发，致使生态系统恢复的速度和范围不及生态系统退化的速度和范围。因此，在生态文明理念指导下的生态保护过程中，必须冲破机械自然观的藩篱，牢固树立生命共同体理念，不能再就山论山、就水论水、就林论林、就田论田、就湖论湖、就草论草，努力走出传统的"头疼医头、脚痛医脚"的误区。为此，就需要在全社会大力开展"生命共同体"理念教育，尤其要加强对各级领导干部的教育和培训，牢固树立山水林田湖草是一个生命共同体的意识，对国家、区域的整个生态系统进行系统设计，对山水林田湖草生态系统进行整体保护，全面提升各类生态系统的稳定性和生态服务功能。①

（二）科学划定并严守生态保护红线

我国自然保护区保护不力既有当地党政领导干部重视程度不够、责任意识、担当意识缺乏等主观原因，也有很多自然保护区划定的面积过大，在现有的人力、物力、财力及制度框架下，很难实施严格保

① 《中共十八届五中全会在京举行》，《人民日报》2015 年 10 月 30 日第 1 版。

护的客观原因。划定后的保护空间被生产空间、生活空间挤占的现象并不鲜见，导致部分自然保护区并没有发挥应有的保护作用，没有形成确保国家生态安全的格局。因此，要加强自然保护区的建设和管理，加大自然生态系统的保护力度，首要任务就是科学划定并严守生态保护红线，这是确保区域生态安全的底线和生命线，这一底线就是不能逾越的雷池，生态保护红线一旦划定，就必须实施严格的管控，坚守不越雷池一步的原则，确保各类生态用地性质不转换、生态功能不降低、空间面积不减少。因此，生态保护红线不仅是自然保护区建设和管理中应坚守的底线，而且是整个自然生态系统保护都必须全面贯串的生态红线或警戒线。

"生态红线"的概念自党的十八届三中全会首次正式提出到《关于加强资源环境生态红线管控的指导意见》的发布，其内涵不断演变，从最初涵盖资源环境生态在内的一个总概念逐步演变到今天特指生态空间的红线，反映了我国对生态红线理论认识的不断深化和质的飞跃。然而，生态红线制度是否能够真正落地，切实发挥这一制度对生态系统的保护作用，光靠国家的顶层设计是不够的，最为关键的还要依靠地方党政的贯彻执行，如果各党政领导轻视、漠视甚至无视生态红线，在实践中贯彻落实不坚决、不彻底的话，那么生态红线的划定和落地都将是空谈，祁连山国家级自然保护区生态破坏事件就是典型的例证。根据党中央对甘肃祁连山国家级自然保护区生态环境问题的通报：祁连山生态破坏问题主要原因在于地方政府"落实党中央决策部署不坚决不彻底"，"在立法层面为破坏生态行为'放水'"，"不作为、乱作为，监管层层失守""不担当、不碰硬，整改落实不力"，等等。[①] 因此，各地如何科学合理地划定并严守生态红线已成为我国加快推进生态文明建设的当务之急。从各省（区、市）制定的"十三五"规划来看，很多地区依然不减对GDP增长的热情；在实践中，"摊大饼"式的城市发展模式依然盛行、不断涌现，生产空间、生活空间频频挤占生态空间。GDP增长本身的惯性加之于地方党政部门热衷于GDP增长的冲动和短视行为，已成为制约

① 《让破坏生态环境者付出代价》，天津政务网（http://www.tj.gov.cn/qtmb/jrgz/201707/t20170721_3607512.html），2017年7月21日。

甚至阻碍生态红线落地的最大障碍因素。尽管《关于加强资源环境生态红线管控的指导意见》明确提出要建立地方党政领导干部红线管控责任制，并要求将之作为党政领导干部生态环境损害责任追究的重要内容，对任期内突破红线造成资源浪费和生态环境破坏的要严格追责。[①] 但由于我国目前还缺乏配套的法律法规，责任追究制度能否有效落实，还面临着极大的考验。因此，应加快建立严格的生态红线管控法制体系，尽快将生态红线写入我国的法律法规之中，以维护生态红线的权威性，并出台相应的具体管控办法。同时，要科学划定耕地、林地、草原、河流、湖泊、湿地等的保护红线，明确生态空间保护的边界；加强先进技术尤其是互联网技术的运用，尽快制定落实生态保护红线的技术规范，加快构建全国国土空间在线监测系统，全面监测国土空间动态变化；不断完善保护区评审机制、监督机制和奖惩机制；建立健全耕地、林地、草原、河流、湖泊、湿地保护的制度体系，切实发挥制度对生态系统的保护作用。

（三）加快构建国家公园体制

国家公园是指由国家批准设立主导管理，边界清晰，以保护具有国家代表性的大面积自然生态系统为主要目的，是我国自然生态系统中最重要、自然景观最独特、自然遗产最精华、生物多样性最富聚的区域。国家公园体制是我国为科学保护、严格保护、整体保护具有国家代表性的大面积自然生态系统的一项生态文明体制改革和重大制度创新，对于推进自然资源科学保护和合理利用，促进人与自然和谐共生，建设生态文明具有重要意义。目前，我国已建成三江源、大熊猫、东北虎豹、湖北神农架、钱江源、南山、武夷山、长城、普达措和祁连山 10 处国家公园体制试点，涉及青海、吉林、黑龙江、四川、陕西、甘肃、湖北、福建、浙江、湖南、云南、海南 12 个省，总面积约 22 万平方千米。[②] 为加快构建国家公园体制，应进一步在全社会加大国家公园体制的宣传普及工作，提高全民对国家公园体制的认知度和参与度，为全面推进国家公

① 国家发展改革委等 9 部委：《关于印发〈关于加强资源环境生态红线管控的指导意见〉的通知（发改环资〔2016〕1162 号）》，《浙江节能》2016 年第 3 期。

② 李慧：《我国已建成十处国家公园体制试点》，《光明日报》2019 年 7 月 10 日第 10 版。

园体制奠定社会基础；同时，要充分发挥试点地区的示范引领作用，及时系统地总结试点地区可供推广、复制的成功经验，为建立以国家公园为主体的自然保护地体系奠定理论和实践基础。

二　大力实施重大生态修复工程

生态修复亦称生态恢复，是指完全依靠自然生态系统的自我调节能力与自组织能力，或以自然生态系统的自我恢复能力为主再辅之以人工措施，促进受损或退化生态系统向有序方向演进，以逐步恢复或提升生态系统的结构和功能的过程。重大生态修复工程一般需要国家主导、各级政府部门积极响应、民众积极支持，才能有效推进。党的十八大明确提出“要实施重大生态修复工程，增强生态产品生产能力”，“保护生物多样性”，并提出了明确的修复对象。中共中央、国务院《关于加快推进生态文明建设的意见》不仅再次强调要“实施重大生态修复工程，扩大森林、湖泊、湿地面积，提高沙区、草原植被覆盖率，有序实现休养生息”，还对加强森林、草原、湿地、沙区、流域、地下水、耕地、生物多样等修复工程的重点任务和路径作出了具体的战略部署。党的十八届五中全会再次强调要实施“山水林田湖草”生态修复工程，全面提升自然生态系统稳定性和生态服务功能，筑牢生态安全屏障。“十三五”规划进一步从实施治理工程、生态经济建设、生态安全屏障综合示范区建设、制度安排及生态移民等7个方面部署了重点区域生态修复的主要任务。党的十九大再次强调：“实施重要生态系统保护和修复重大工程，优化生态安全屏障体系，构建生态廊道和生物多样性保护网络，提升生态系统质量和稳定性”。党的十九届四中全会审议通过的《中共中央关于坚持和完善中国特色社会主义制度　推进国家治理体系和治理能力现代化若干重大问题的决定》进一步把“加快水土流失和荒漠化、石漠化综合治理，保护生物多样性，筑牢生态安全屏障”作为推进生态文明治理体系和治理能力现代化的重要内容。

总体而言，我国对于生态修复的重点任务、实施路径等已比较清晰，并从国家战略层面对生态建设与修复制定了战略规划，且已在长期的实践过程中积累了丰富的工程技术经验，但生态修复与建设目标的实现，关键需要地方党政领导干部的坚决执行和贯彻落实，才能真正发挥规划的引领作用和制度的保障作用。这就需要各地先摸清自己的生态本底，加快对受损生态系统的摸底统计，尽快完成生态本底评价，进一步明晰区域层面生态修复的重点任务，列出生态修复重大工程项目清单。在此基础上明确提出重大生态修复的总目标和阶段性的具体目标，科学制订生态修复专项规划，严格实施生态修复执行方案，并据此落实生态修复建设项目，评估项目实施成效。为此，还需要进一步建立健全长效监督机制，以监督生态修复工程规划和方案的严格落实，切实保障生态修复取得实效。①

① 成金华：《我国工业化与生态文明建设研究》，人民出版社 2017 年版，第 204 页。

第五章　中国特色社会主义社会生态文明建设道路的发展

“社会”一词内涵宽泛，有广义和狭义或者说有大社会、小社会之分，在不同层面上的社会建设内涵差异悬殊。本章标题所指的“社会”是广义的中国特色社会主义社会即“大社会”的概念；而第四节所指的社会是中国特色社会主义事业“五位一体”总体布局中的社会建设，属于狭义层面的“小社会”概念。[①] 社会生态文明建设是指生态文明建设融入经济建设、政治建设、文化建设和社会建设，即“四大建设”各方面和全过程，推进社会主义社会文明系统生态化变革和绿色化转型的过程。生态文明建设融入“四大建设”，既为推进生态文明建设提供载体和平台，拓宽生态文明建设的路径，提高生态文明水平，又为其他建设系统注入新的绿色元素，提供新的绿色理念、目标和任务，有助于推进其他各大系统的生态化变革和绿色化转型，提升各大系统的可持续发展能力。

根据我国当前生态文明建设融入“四大建设”面临的困境，在推进方式上，应加大生态文明建设融入“四大建设”试点示范工作的推进力度，加强“融入共建”道路的试点示范建设。在推进方法上，生态文明建设与“四大建设”的融入应着力推进要素层面的“融入”。这就需要在要素层面找准融入的重点和融入的路径，把生态文明建设的目标、任务分别与其他各大建设系统各自建设的目标、任务有效对接，才能在关键环节上有针对性地推进生态文明建设与其他各大建设系统在要素层面

① 宋学勤：《当代社会建设研究的历史学思考》，《毛泽东邓小平理论研究》2012 年第 2 期。

的深度融入，推进形成生态文明建设与其他各大建设深度融合的新系统。为此，本章通过剖析生态文明建设与“四大建设”各自的建设目标和任务，再根据各大建设的内涵和任务有针对性地设计融入重点和融入路径，形成新的绿色创新经济、绿色生态政治、绿色生态文化和绿色生态社会建设系统，建设社会主义社会生态文明。

第一节　生态文明建设融入经济建设道路的发展

经济建设是我国社会主义初级阶段基本路线的中心。在改革开放以来的40年间，我国经济建设实现了历史性的跨越，创造了无与伦比的“中国奇迹”。从经济增速来看，我国经济高速增长，取得了令人惊叹的“中国速度”，1979年至2012年之间年均增长率达9.9%，而同期世界经济年均增长率是2.8%，比同期世界经济平均增长率快7.1个百分点，也高于世界各主要经济体同期平均水平；2013年至2018年之间，我国经济年均增长率为7.0%，明显高于世界同期2.9%的平均增长率。从经济总量占世界总量比重来看，我国占全球经济总量的比重持续提升，由1978年的1.8%提高到2012年的11.4%，提高了9.6个百分点；2018年，我国GDP占世界总量的15.9%，比2012年提高了4.5个百分点。从世界经济总量排名来看，我国国内生产总值世界排名从1978年的第11位跃居到2010年的第2位，超越日本成为世界第二大经济体。从对世界经济增长的贡献率来看，1979年至2012年之间，中国对世界经济增长的年均贡献率为15.9%，仅次于美国，居世界第2位；2013年至2018年之间，中国对世界经济增长的年均贡献率为28.1%，居世界第1位。自2006年以来，中国对世界经济增长的贡献率稳居世界第1位，是世界经济增长的第一引擎。2018年，中国对世界经济增长的贡献率为27.5%，比1978年提高24.4个百分点。[①] 在经济高速增长的同时，我国

① 国家统计局：《国际地位显著提高　国际影响力持续增强——新中国成立70周年经济社会发展成就系列报告之二十三》，国家统计局网站（http：//www.stats.gov.cn/tjsj/zxfb/201908/t20190829_1694202.html），2019年8月29日。

经济发展方式粗放、能源资源利用效率不高的问题依然突出，经济发展与资源环境生态之间的矛盾依然十分尖锐。以2012年能源利用水平为例，我国约占全球11.4%经济总量消耗了全球21.3%的能源，排放的氮氧化物、二氧化硫总量居世界第一；[①] 万元GDP能耗与同期的世界平均水平、美国、欧盟和日本相比，分别是它们的1.8倍、2.2倍、3.1倍和3.8倍。[②] 近年来，随着我国能源科技创新能力不断提升，能源技术装备发展突飞猛进，自动化、智能化、数字化推动能源系统不断优化，能效水平得到显著提升，2018年单位GDP能耗为每美元消耗147克标准油当量，但该水平仍高于世界127克/美元的平均水平，也高于中等收入国家水平，与发达国家相比差距更大。

而作为一个现代化进程中的发展中国家，我国还“必须坚持发展是硬道理的战略思想”、必须坚持“以经济建设为中心”不能动摇。因此，秉承什么样的发展理念、选择什么样的经济发展模式、走一条什么样的发展道路就成为至关重要的问题。正如习近平总书记所指出的：“如果仍是粗放发展，即使实现了国内生产总值翻一番的目标”，到那时候“资源环境恐怕完全承载不了”。[③]当前，我国经济已由高速增长阶段转向高质量发展阶段，正处在转变发展方式、优化经济结构、转换增长动力的攻关期，建设现代化经济体系是跨越关口的迫切要求和我国发展的战略目标。因此，经济发展绝不能再以破坏生态为代价，必须牢固树立并贯彻落实“绿水青山就是金山银山”的理念，进一步加大生态文明建设融入经济建设的力度，切实把生态文明建设的理念、目标、原则、内容等全面深刻融入经济建设的诸要素和全过程之中，促进经济发展的各方面和全过程实现生态化改造和绿色化转型，建设绿色现代化经济体系。这既是转变经济发展方式、优化经济结构、促进经济高质量发展的需要，也是从源头上扭转生态环境恶化趋势、建设生态文明的需要。因为，生

---

① 董峻、王立彬、高敬等：《开创生态文明新局面——党的十八大以来以习近平同志为核心的党中央引领生态文明建设纪实》，《人民日报》2017年8月3日第1版。

② 朱敏：《中国能源资源对外依存度过高的风险及对策》，《中国经济时报》2014年12月12日第6版。

③ 转引自董峻、王立彬、高敬等《开创生态文明新局面——党的十八大以来以习近平同志为核心的党中央引领生态文明建设纪实》，《人民日报》2017年8月3日第1版。

态文明建设与经济建设相互制约、相互影响。一方面，粗放型的经济建设是引发生态环境问题的直接原因，生态环境问题本质上是经济发展方式、经济结构和消费模式的反生态问题；生态文明建设融入经济建设，直接推动物质生产方式、经济结构和消费模式的生态化变革和绿色化转型，构建绿色、创新、循环、低碳的生态文明新经济形态和新经济模式，真正走上绿色循环低碳的生态文明新经济发展道路，从源头上解决经济发展与资源环境之间的突出矛盾，实现经济发展和生态环境保护相统一、协调，从源头上扭转生态环境恶化趋势[①]，这是解决污染问题的根本之策。另一方面，“生态本身就是一种经济，保护生态，生态也会回馈你”[②]，正所谓“保护生态环境就是保护生产力，改善生态环境就是发展生产力”。因此，经济建设和生态文明建设在本质上是辩证统一的，二者必须协同推进、融合发展。

生态文明建设在要素层面融入经济建设，关键是要把以“绿水青山就是金山银山”为核心的生态文明理念融入经济建设的各方面、各要素之中，在横向上推动经济发展理念、发展目标、发展模式、发展道路的绿色转型，在纵向上推动生产、交换、分配和消费各环节的生态化改造和绿色化变革，形成绿色的生产方式、分配方式和消费模式。要实现经济发展的绿色转型，就必须坚持以创新作为新的经济增长引擎，尤其是发挥绿色创新对经济增长的带动作用，加大绿色技术创新开发和应用力度，着力构建以绿色发展为方向、目标、原则和基本遵循，以创新为核心驱动力，由绿色经济和创新经济深度融合而成的新经济形态和新经济模式。通过发展绿色创新经济，既能推动现有经济发展方式和发展路径朝着绿色循环低碳方向转型发展，实现在收获金山银山的同时保住绿水青山，又能促进在保护好绿水青山的前提下，推动绿水青山转化为金山银山。

绿色创新经济是绿色经济、创新经济（或知识经济）、循环经济和低碳经济等多种经济形态的总称，是推动我国经济发展方式绿色转型、

① 张春霞、郑晶、廖福霖：《低碳经济与生态文明》，中国林业出版社2015年版，第114页。

② 习近平：《保护生态　生态也会回馈你》，央视网（http：//m. news. cctv. com/2020/03/31/ARTIR0jLe2LUsljtLJsT5ibs200331. shtml），2020年3月31日。

实现绿色创新发展道路的新经济形态或新经济模式。当前，绿色创新经济已经成为全球经济转型发展的方向和必然趋势。因此，大力发展绿色创新经济，努力探索一条具有中国特色和时代特色的可持续的绿色创新发展道路，既是顺应全球经济绿色转型和创新驱动发展潮流的战略抉择，也是坚持贯彻落实新发展理念，主动适应和引领经济发展新常态，加快推进生态文明建设的根本要求。根据生态文明建设融入经济建设的内涵和融入现状，着重从构建绿色创新产业体系、推进绿色城镇化、建设生态宜居美丽乡村和倡导绿色消费模式四个方面阐述绿色创新经济的发展。

一　着力构建绿色创新产业体系

产业是一个集合概念，是具有某种相同属性的企业的集合①。产业是经济发展的基础，是人类经济系统作用于生态环境系统的主要环节，不同产业及生产部门对资源的配置方式和利用效率不同，对能源资源的消耗及排污强度差异较大，对资源环境生态的影响和生态文明建设的作用也就不一样。研究表明，能源消费总量与第二产业比重变动趋势同向，且吻合程度很高。从污染物排放来看，原材料和能源生产部门单位增加值排放的废物较多，加工工业部门单位增加值排放的废物较少，印刷业排放强度最低，造纸及纸制品业废水排放量是印刷业的38.5倍，电力部门废气排放量是印刷业的66.4倍，矿业单位增加值的固体废弃物排放量是印刷业的254.8倍。可见，产业结构直接影响能源资源利用和生态环境保护状况。②

当前，全球新一轮科技革命和产业变革正在快速推进，科技与产业的融合力度不断加大、融合速度不断加快。而我国产业发展总体上仍处在过度依赖规模扩张和资源要素驱动的阶段，产业技术水平和核心竞争力不高，产品附加值、盈利能力和市场影响力等与发达国家差距较大。③因此，加快提升产业技术水平，推动科技与产业深度融合，优化调整产业结构，从根本上舍弃和扭转牺牲绿水青山换取金山银山的产业发展路

① 薛占海：《生态环境产业研究》，中国经济出版社2008年版，第70页。

② 邱高会：《绿色发展理念下四川产业结构绿色转型研究》，《统计与管理》2016年第8期。

③ 国务院：《全国国土规划纲要（2016—2030年）》，《人民日报》2017年2月5日第1版。

径，着力构建有利于能源资源和生态环境保护的绿色创新低碳循环产业体系（简称绿色创新产业体系），加速推动产业结构朝着智能化绿色化服务化高端化迈进，既是增强产业核心竞争力，推动产业迈向中高端水平，提高经济发展质量和发展效益的内在要求；也是推动经济发展方式绿色转型，有效降低经济发展的资源环境代价，从根本上缓解经济发展与资源环境之间的矛盾，提高生态文明水平的现实需要。

（一）绿色创新产业的内涵及特征

绿色创新产业必须坚持绿色发展理念和创新发展理念，是以“绿水青山就是金山银山”理念为导向，以绿色科技创新为根本动力，以文化创新、制度创新等全面创新为保障，推动科技与生态、产业深度融合而形成的科技含量高、资源消耗低、环境污染少的新兴产业的总称。绿色创新产业体系是由绿色农业、绿色工业、绿色服务业有机组成的产业体系，既包括传统产业通过绿色科技创新优化升级、绿色转型形成的产业体系，也包括新培育的节能环保产业、数字创意产业、生物技术产业、信息技术产业等各种绿色战略性新兴产业体系。因此，绿色创新产业具有绿色化、智能化、服务化和高端化等多种特征。

1. 产业发展的绿色化

产业发展的绿色化主要是指产业发展的生态化（或循环化）和低碳化。产业发展的生态化是指在产业生态学理论指导下，通过模仿自然生态系统物质闭路循环的原理，以“减量化、再利用、再循环”为行为准则构建产业生态系统，按照生态学和经济学规律把产业活动组织成“资源→产品→再生资源”的反馈式流程，实现产业发展“低开采、高利用、低排放”[①]。这既有助于循环高效利用资源、提高资源利用效率、降低资源消耗、减少或避免废弃物的排放，破解产业发展与生态环境保护之间的矛盾，又有助于提高经济发展质量和效益。产业发展生态化的核心是要应用生态系统工程的最优方法，将企业、产业、行业等视为一个整体系统，应用物质循环原理，将不同的工艺链、生产链、交换链等连接成整体的生态链，构建多层次的产业闭环生态系统。产业发展生态化

① 沈满洪、程华、陆根尧等：《生态文明建设与区域经济协调发展战略研究》，科学出版社 2012 年版，第 81 页。

的关键是要依靠绿色技术创新开发和应用，通过绿色技术的创新开发与应用，不断采用新技术、新工艺，以产品和生产技术为核心，才能有效推动产业系统生态化改造和绿色化转型，实现“节能、降耗、减污、增效”。产业发展的低碳化是指以低碳发展理念为引领，大力发展低碳产业，推动产业结构朝着清洁、低碳方向发展。这就需要创新低碳技术，建设清洁低碳、安全高效的低碳能源体系，构建低碳产业体系，促进降低产业发展的碳排放总量和碳排放强度。

2. 产业发展的智能化

产业发展的智能化是指坚持工业化和信息化深度融合，把大数据、云计算、物联网、移动互联网、精密传感技术等新一代信息化和智能化技术在产业发展中的集成应用，并全面融入产品的研发、生产、管理、销售等环节之中，推动研发、生产、管理全过程精准协同，强化生产要素共享利用，实现资源要素优化整合和高效配置，全面提升产业的智能化水平。

3. 产业发展的服务化

产业发展的服务化是指坚持制造业与服务业互动发展，积极发展生产性服务业，延伸制造业价值链，提高制造业附加值，推动产业发展由产品经济向服务经济转型。依托信息技术，积极发展“互联网+”、电商等新业态，创新商业模式；积极发展服务外包，使制造业向研发、设计、运营、销售、品牌管理、售后服务等增值空间大的价值链上下游环节扩张，提升价值链控制力和获利能力。

4. 产业发展的高端化

产业发展的高端化包括产业结构的高端化、产业价值链的高端化和市场链的高端化等。产业结构的高端化要求运用先进适用技术和高新技术改造提升传统产业，大力发展战略性新兴产业，培育龙头企业和骨干企业等，促进产业向高端产业升级。产业价值链的高端化要求对现有产业链进行“强链、补链、建链”，促进产业链向深度和广度延伸，深化产品品牌培育，提升企业品牌效应，推动产业价值链高端化攀升。市场链的高端化要求积极主动融入全球产业分工，不断提升“中国制造”的品牌影响，努力抢占国内市场链和全球市场链高端。

（二）构建绿色创新产业体系的着力点

1. 加强绿色技术创新和应用

绿色技术的创新开发和应用是构建绿色创新产业体系的核心动力支撑。习近平强调："促进科技和经济结合是改革创新的着力点。"我们"要围绕产业链部署创新链，聚集产业发展需求，集成各类创新资源，着力突破共性关键技术，加快科技成果转化和产业化"。绿色技术包含三个层次：一是针对传统产业绿色化改造提升的关键技术，尤其是针对钢铁、化工、建材、造纸、有色金属等传统工业进行绿色化改造的关键技术体系；二是培育发展战略性新兴产业等绿色制造产业的核心关键技术，尤其是以新能源汽车、高端装备制造、生物医药等为代表的高新技术行业领域的技术体系；三是支撑绿色创新产业发展的共性技术体系，尤其是节能环保材料、废旧产品回收与再制造、绿色工艺与装备等基础技术和共性技术的研发。

2. 培育绿色创新企业

作为践行绿色创新产业发展的细胞，绿色企业是指利用绿色技术生产绿色产品、开展绿色营销，将资源节约和生态环境保护等可持续发展理念纳入企业生产经营管理全过程的市场主体。要加快培育绿色企业，引导、支持绿色企业坚持实施绿色创新发展战略，加大多品种、多性能的绿色产品开发和生产力度，增加绿色产品供给力度，建立绿色供应链体系，制定绿色管理和绿色创新生产标准，开展绿色企业文化建设，提升企业品牌的绿色创新竞争力。

3. 打造绿色创新产业园区

绿色创新产业园区是集聚绿色创新产业、培育绿色创新产业集群、构建绿色创新产业体系的空间载体。绿色创新产业园区的培育要以当前我国具有比较优势的国家级和省级产业园区为依托，尤其要以生态工业园区、循环经济产业园、静脉产业园为依托，重点围绕园区发展规划、功能分区和空间布局、产业发展和招商引资、基础设施建设、园区体制机制创新等全过程和各方面进行绿色化和智能化的管理和运营，达到绿色创新企业相互之间对资源的最优化配置，实现园区生态效益、经济效益和社会效益的最大化。

（三）构建绿色创新产业体系的政策建议

绿色创新产业的发展既需要生态文明理念作指导和绿色技术的创新和应用来推动，还需要相应的配套政策体系来支撑和保障。当前，应当着力构建以下五个方面的配套政策：一是要构建绿色创新产业发展的标准体系，包括绿色产品、绿色企业、绿色园区等绿色创新产业的标准体系，加强强制性指标实施的监督评估。二是要建立绿色创新产业发展的评价机制，着力构建政府与社会评价相结合的评价机制，完善相关制度，开展评估试点并加强评价结果的运用和推广。三是要建立绿色产业发展干部考核体系和规划体系，将推进绿色创新产业发展成果作为干部考核的主要指标之一。四是要建立绿色创新产业发展的产学研创新联盟和服务平台建设，实施培训和人才培养行动计划。建立绿色创新产业发展的基础数据库和信息数据库，完善促进服务体系建设。五是要以“一带一路”等国家重大倡议为依托，建立健全绿色创新产业发展的国际合作和学术交流机制，吸引全球顶尖研发资源和绿色技术转移，共同促进绿色创新产业技术研发和绿色创新产业发展。

二　加快推进绿色城镇化

城市是人类经济活动最为集中的空间利用类型，是生产和消费的集中地，是人类文明发展的标志。城镇化是工业化进程中非农产业在城镇集聚、农村人口向城镇集中的自然历史过程，是人类经济社会发展的客观趋势，是国家现代化的重要标志。推进绿色城镇化是坚持贯彻落实绿色发展理念，推进生态文明建设融入经济建设的根本路径之一。改革开放以来，我国城镇化进程快速推进，1978 年至 2019 年间，我国城镇常住人口从 17245 万人增加到 84843 万人，常住人口城镇化率从 17.9% 提升到 60.6%，提高 42.7 个百分点，平均每年提高 1 个百分点；城市数量从 193 个增加到 672 个；建制镇数量从 2176 个增加到 21297 个。① 随着城镇化进程的快速推进，我国城镇结构不断优化，集聚效应明显增强，但由于长期以来的重速度、重规模、轻质量的“摊大饼”式粗放扩张，

① 国家统计局：《中华人民共和国 1978—2019 年国民经济和社会发展统计公报》（http：//www. stats. gov. cn/tjsj/zxfb/202002/t20200228_ 1728913. htm）。

导致我国城市资源环境承载能力逐步下降，资源和能源供给不足、环境污染等问题凸显，严重影响了城市发展质量。为此，我国《"十二五"规划纲要》、党的十八大报告等都明确提出要提高城镇化质量和水平。党的十八大以来，以习近平同志为核心的新一届中央领导集体高度重视生态文明理念对提高新型城镇化质量的推动作用，明确将生态安全、绿色生态空间比重、节约能源资源、改善环境质量等生态文明要素作为提高城镇化质量的重要内容，尽可能减少对自然的干扰和损害；[①]"走以人为本、四化同步、优化布局、生态文明、文化传承的中国特色新型城镇化道路"[②]。在此基础上，中共中央、国务院《关于加快推进生态文明建设的意见》更是明确要求"大力推进绿色城镇化"。由此可见，绿色城镇化是新型城镇化的题中要义。当前我国正值推动绿色城镇化落地生根，全面实现国家新型城镇化发展目标的决定性时期。大力推进绿色城镇化，必须着力做好以下三个方面的工作。

（一）加强绿色信息技术的创新和应用

大力推动互联网、云计算、大数据等绿色信息技术的创新应用，充分发挥"互联网+"在城市产业、能源、建筑、交通、物流、环境等多领域及规划、管理、服务等各环节的引领作用，推进城镇公共基础设施、城镇生产方式和居民生活方式等绿色转型，促进城镇规划管理服务水平、城镇资源利用效率等的提升，推动城镇发展朝着绿色、智慧、智能方向转型。

（二）优化城镇空间布局

坚持贯彻"空间均衡"理念，构建生产空间集约高效、生活空间宜居适度、生态空间山清水秀的城镇化空间格局。

1. 优化城镇体系的空间分布

一是要根据资源环境承载能力，构建科学合理的城镇化宏观布局。在自然生态承载力的基础上，根据《全国主体功能区规划》确定优化和重点开发区域的城市规模以及城市体系结构，控制特大城市的数量，以及人口和用地规模，增长中小城市的人口和经济承载能力，提升其空间

---

① 潘旭海、赵纲：《中央城镇化工作会议在北京举行》，《人民日报》2013年12月15日第1版。

② 中共中央、国务院：《国家新型城镇化规划（2014—2020年）》，《人民日报》2014年3月17日第1版。

利用效率，形成大中小城市和小城镇协调发展的城镇体系。二是要优化城市的空间组织形态，推动城市群、城镇带的发展，缓解“摊大饼”式的城市扩张造成的城市空间利用效率低、交通压力大和城市生活、生态环境质量下降的问题，将特大城市、大城市的功能疏解到中小城市，形成大中小城市和小城镇合理分工、功能互补、多中心集群化的城镇空间格局。

2. 优化城镇内部空间结构

一是要加强城镇空间规划管理，合理划定城市扩张边界。科学划定并严格管控城市的禁建区、限建区和适建区，对城市的绿地、水域、历史遗迹和管线进行统筹规划和严格保护，划定城市建设的绿线、蓝线、紫线和黄线，确保规划对城市开发的指导作用和管控作用。二是要科学确定城市土地开发强度，提高城市土地资源利用效率。严格控制城市的新增建设用地供给，合理提升城市的人口密度和容积率，推动城市改造和城市用地更新，释放城市存量空间的利用潜力，促进城市土地利用效率提升。三是要按照城市的水文地质条件和生态本底，合理布局城市的生产、生活、生态等各类空间，依托城市的山水脉络优化城市的空间格局，减少对城市自然生态系统的干扰和破坏，减少城市热岛效应和光污染，避免城市布局不当造成的自然灾害和损失，让城市融入大自然，让居民望得见山、看得见水、记得住乡愁。①

（三）加强城镇生态环境保护与治理

1. 加强城镇生态保护与建设，拓展城镇绿色生态空间。要进一步加大对城镇绿色防护带、市政公园、城市湿地公园、森林公园等的保护和建设力度，扩大城市绿地、河湖湿地面积，加强城市水资源和水生态保护。

2. 加大城镇环境保护和污染治理力度。一是要从源头上加强环境保护。全面推行绿色建筑、绿色公共交通和自行车出行，以推动建筑和交通领域节能、降耗、减排，促进能源资源节约和环境保护。优化调整产业布局和产业结构，加大落后产能淘汰力度，大力发展绿色创新产业，加快推动产业绿色循环低碳转型，尽可能减少能源资源消耗和污染物排放，降低城镇产业发展对环境的影响，从源头上改善城镇环境质量。二

① 邱高会：《生态文明视域下新型城镇化质量评价及地区差异分析——以河南省为例》，《商业经济研究》2015 年第 4 期。

是要加快推进环境污染治理。加快推进空气质量无线监测系统建设，严格监测城市空气质量，打好城市大气污染防治攻坚战；积极推进“无废城市”建设，加大城市垃圾处理设施建设的投入，增强垃圾无害化处理能力；加快推进“海绵城市”建设，增强城市防涝能力。[①]

三　努力建设生态宜居美丽乡村

乡村是具有自然、社会、经济特征的地域综合体，兼具生产、生活、生态、文化等多重功能，与城镇互促互进、共生共存，共同构成人类活动的主要空间。[②] 中华人民共和国成立以来尤其是改革开放以来，随着城镇化、工业化进程的快速推进，我国城乡之间发展不平衡、不协调的矛盾日益凸显，农业农村基础差、底子薄、发展滞后的状况长期未得到根本改变，新时代我国人民日益增长的美好生活需要和不平衡不充分的发展之间的矛盾在乡村最为突出，已成为制约我国实现“两个一百年”奋斗目标的突出短板。为此，党的十九大创造性地提出了“实施乡村振兴战略”，将之作为建设现代化经济体系的重要内容，并明确提出“产业兴旺、生态宜居、乡风文明、治理有效、生活富裕”的乡村振兴总要求。因此，将生态文明理念全面融入乡村振兴的各方面和全过程，建设生态宜居美丽乡村，既是乡村振兴的重要目标，也是建设现代化经济体系，实现“两个一百年”奋斗目标和中华民族伟大复兴中国梦的必然要求。

（一）加强农村生态环境保护

建设生态宜居美丽乡村必须牢固树立和践行“绿水青山就是金山银山”的理念，坚持生态优先、保护优先、自然恢复为主的原则，把农村生态环境保护放在首要位置，加快构建农村生态环境保护体系，实行严格的农村生态环境保护制度。一是要优化乡村发展空间布局。一方面要

---

① 蔡梦晗、李江涛：《“十三五”推进绿色城镇化亟待完善五大支撑点》，中国改革论坛网（http：//www. chinareform. org. cn/area/city/Practice/201506/t20150623_ 228086. htm），2015 年 6 月 23 日。

② 中共中央、国务院：《乡村振兴战略规划（2018—2022 年）》，新华网（http：//www. xinhuanet. com/politics/2018-09/26/c_ 1123487123. htm），2018 年 9 月 26 日 。

统筹优化城乡空间布局，按照主体功能定位对国土空间的开发、保护和整治进行全面安排和总体布局，推进“多规合一”，加快形成城乡融合发展的新型空间格局；另一方面要优化乡村内部空间布局，通过打造集约高效生产空间、营造宜居美丽的生活空间、保护山清水秀生态空间，构建人与自然有机融合的新型乡村空间关系。二是要加强对农村自然生态系统的整体保护。牢固树立山水林田湖草是一个生命共同体的理念，统筹山水林田湖草一体化保护和修复，加强森林、草原、河流、湖泊、湿地、海洋等自然生态保护，修复和改善乡村生态系统，增强乡村自然生态的稳定性和平衡性。三是加强农业农村环境污染防治。深入实施土壤污染防治行动计划，积极推进重金属污染耕地等受污染耕地分类管理和安全利用，有序推进治理与修复；加强重有色金属矿区污染综合整治，加强农业面源污染综合防治，深入推进农药化肥零增长行动；统筹实施城乡环境综合整治，严格工业和城镇污染处理、达标排放，建立监测体系，严禁未经达标处理的城镇污水和其他污染物进入农业农村。四是强化农业资源保护和节约。深入落实《国家节水行动方案》，大力实施国家农业节水行动，深入推进农业灌溉用水总量控制和定额管理，建立健全农业节水长效机制和政策体系，建设节水型乡村；严格落实和完善耕地占补平衡制度，积极推行轮作休耕制度；切实加大优先保护类耕地保护力度，控制未利用地开垦，降低耕地开发利用强度;[①] 完善农业废弃物资源化利用制度。

（二）建设绿色创新农业产业体系

乡村经济发展是满足农民群众日益增长美好生活需要的基础，产业兴旺是建设现代化乡村经济体系、扭转城乡二元背离发展、实现乡村振兴的核心要义。建设生态宜居美丽乡村，并不是单纯追求田园风光之美，而是要在保护生态环境的前提下，大力发展绿色创新产业，构建绿色创新农业产业体系，促进绿水青山有效转化为金山银山，实现农村美、农业强、农民富的有机统一。为此，必须牢固树立绿色创新发展理念，坚

① 中共中央、国务院：《乡村振兴战略规划（2018—2022 年）》，新华网（http：//www.xinhuanet.com/politics/2018-09/26/c_ 1123487123.htm），2018 年 9 月 26 日。

持以资源节约和生态环境友好为导向，以制度、技术、载体和商业模式创新为动力，以完善利益联结机制为核心，立足乡村资源禀赋，因地制宜地探索构建以农民为主体、以现代生态农业为基础的彰显地域特色和乡村价值的绿色创新农业产业体系，推进农村一、二、三产业深度融合，促进乡村产业全面振兴。

（三）改善农村人居环境

根据《乡村振兴战略规划（2018—2022 年）》和《农村人居环境整治三年行动方案》要求，以农村垃圾、污水治理和村容村貌提升为主攻方向，大力开展农村人居环境综合整治行动，着力搞好洁化和绿化美化工程，持续改善农村人居环境，是建设生态美丽宜居村庄的重要任务之一。一方面，要搞好洁化工程，着力解决突出污染问题。其一是加快推进农村生活垃圾治理，建立健全符合农村实际、方式多样的生活垃圾收运处置体系，积极推行垃圾就地分类和资源化利用。其二是着力实施"厕所革命"，结合各地实际普及不同类型的卫生厕所，推进厕所粪污无害化处理和资源化利用。其三是梯次推进农村生活污水治理，尽可能推动城镇污水管网向周边村庄延伸覆盖，逐步消除农村黑臭水体，加强农村饮用水水源地保护。另一方面，要搞好绿化美化工程，不断提升村容村貌。其一是要科学规划村庄建筑布局，大力提升农房设计水平，充分彰显乡土特色和地域民族特点。其二是要深入落实《乡村绿化美化行动方案》，大力推进乡村绿化美化，全面保护乡村绿化成果，持续增加乡村绿化总量，着力提升乡村绿化美化质量。[①]

四　大力倡导绿色消费模式

绿色消费是指以绿色发展理念为指导，以实现人与自然和谐发展为目的的消费行为和消费方式的统称。其消费行为、消费方式和消费内容既遵循经济系统运行规律，又遵循生态系统的运行规律，消费规模和消费水平既与物质生产相适应，又与自然生产相适应，消费结果既能满足

① 国家林业和草原局：《乡村绿化美化行动方案》，国家林业和草原局政府网（http：//www. forestry. gov. cn/main/72/20190327/154217720911386. html），2019 年 3 月 28 日。

人类的物质文化生态需求，又有利于能源资源的节约和生态环境的保护。因此，倡导绿色消费，是顺应消费升级趋势、推动供给侧改革、推进经济发展方式绿色转型和加快推进生态文明建设的客观要求，也是构筑全民绿色美丽人生、实现人自由而全面发展的内在需要。

（一）倡导绿色消费的意义①

1. 绿色消费是推动供给侧结构性改革，促进经济发展方式绿色转型的客观要求

消费作为物质资料再生产的最终环节，也是下一次社会再生产的起点，对整个社会再生产起着刺激和导向作用，不同的消费观念、不同的消费模式和消费行为，将会直接影响生产方式和产业结构的变化。因此，在全社会倡导节约资源和保护环境的绿色消费模式，增加对绿色产品的需求，有助于培育新的绿色经济增长点，推动生产方式和产业结构的绿色转型，促进企业增加绿色产品的供给，进而推动经济发展方式的绿色转型升级。

2. 绿色消费是落实绿色发展理念，推进生态文明建设的现实需要

我国人口众多，资源禀赋不足，环境承载力有限；然而，当前过度消费、奢侈浪费等现象普遍，加剧了资源环境约束。② 随着经济的快速发展尤其是全面建成小康社会目标的即将实现，人民生活水平还将持续提高，对资源的需求和生态环境的压力还将持续增大。因此，在全球绿色转型的大背景下，必须要用生态文明理念对现有异化消费观念和消费行为进行生态化改造和绿色化变革，尽快摒弃非绿消费模式，积极践行以“节约资源和保护环境”为主要特征的绿色消费模式，促进消费规模和消费水平控制在资源环境可承载、社会可承受的范围之内，推动建设人与自然和谐发展的生态文明。

3. 绿色消费是构筑全民绿色美丽人生，实现人自由而全面发展的内在需要

构筑绿色美丽人生、实现人自由而全面的发展是人类永恒的追求，

① 邱高会：《生态文明建设视域下生态消费模式的构建》，《中国环境管理干部学院学报》2015 年第 4 期。

② 《国家十部委联合提出关于促进绿色消费的指导意见》，《有色冶金节能》2016 年第 3 期。

而消费是实现这一目标必不可少的前提和基础。人性本身既有对物质产品的消费需求，也有对精神产品和生态产品的消费需求，因为人是绿色的自然人、理性的经济人与和谐的社会人的有机统一体。异化消费模式却严重背离了消费的初衷，消费的目的不再是满足人类正常的、理性的生产和生活需求，而是为了满足人类无限膨胀的欲望；消费的内容不再是商品的使用价值，而是其符号价值和时尚价值。这种异化消费既是对能源资源的浪费和对生态环境的破坏，更是对人性的摧残，让人处于永不满足、永无止境的物质消费欲求之中而无法自拔，最终导致身心交瘁，降低人的生活品质，使人成为“物奴”。绿色消费正是基于对异化消费危害的深刻反思而提出的一种全面、节约、绿色、环保的新型消费理念和消费方式，要求必须摒弃片面追求物质消费的观念，要同时兼顾人性本身的多方面的理性消费需求，包括物质需求、精神需求、政治需求和生态需求等，以促进人类自身的全面发展、身心和谐。因此，绿色消费是指引人类走出异化消费的沼泽，实现人自由而全面发展、构筑绿色美丽人生的内在需要。

（二）绿色消费的特点

与传统消费模式相比，绿色消费具有以下特点：

1. 消费内容的全面性

绿色消费要求打破传统的以物质消费水平表征生活质量的传统消费观念，在消费过程中不能单纯满足人的物质需求，还要同时满足人的生态需求、精神需求和政治需求等，以促进个人身心的全面发展及人、社会和自然的全面协调发展。

2. 消费规模的适度性

度是保持事物的质的数量界限，即事物的限度、幅度和范围，做任何事情都需要坚持适度原则。绿色消费要求人们对消费物品的数量、范围应以人的正常生活需求为限度，消费的水平应与生产力发展水平、现有的自然资源承载力及个人自身的承受能力等相适应。因为，拥有或消费过多的物品不但有损人体健康，而且还浪费资源、污染环境。也就是说，绿色消费并不是要求人们舍弃繁荣富裕的生活而强迫人们去过节衣缩食的贫穷生活，而是一种适度、有节制、高质量且值得骄傲的消费方式。

3. 消费结果的发展性

绿色消费的最终目标是为了促进发展，不仅包括促进消费者个人的身心健康发展，还能促进人类社会的和谐持续发展、自然生态环境的可持续发展以及人与自然的和谐、可持续发展。从这一意义上说，绿色消费本质是一种发展型消费，其终极价值取向就是实现人与自然的和谐发展、持续发展。

（三）推进绿色消费的对策建议①

绿色消费模式的构建既需要转变不合理的消费模式，更需要变革消费理念、制定政策制度、完善保障措施，才能有力推进。

1. 强化绿色消费观的宣传教育，推进绿色消费观念成为社会主流消费观

绿色消费观教育旨在宣传普及绿色消费知识和绿色消费观念，让全社会充分认识树立绿色消费观念、践行绿色消费行为的极端重要性和紧迫性。把绿色消费观教育作为生态文明教育的重要内容，从娃娃和青少年抓起，从家庭、学校教育、党政干部培训抓起，充分发挥地方政府培训和学校教育主阵地的作用。与此同时，要充分发挥理论工作者和新闻工作者的力量，全方位、多层面地宣传、普及绿色消费知识，倡导俭朴节约的良好风气，营造良好的绿色消费环境和浓厚的绿色消费氛围。

2. 广泛开展绿色消费活动，推进绿色消费成为社会主流消费模式

（1）各级党政领导要率先垂范、加强监督。党政机关必须带头厉行节约，继续加强党政机关的办公建筑、办公用车、办公用电、办公用水、办公用纸等各方面的节能降耗，大力推行绿色办公，坚持实施绿色采购。开展政府机关节能减排绩效评估和审计，及时整改并将整改措施及结果向社会公布，公开接受社会公众的监督，虚心接受社会公众提出的意见，充分彰显政府部门的带头示范作用，促使节能降耗蔚然成风。

（2）企业要积极响应、增加绿色产品供给。坚持将生态文明理念融入生产的各方面和全过程，充分利用绿色技术、改进产品生产工艺流程及技术设备，实施清洁、低碳、循环生产，采用绿色包装，增加绿色产

① 邱高会：《生态文明建设视域下生态消费模式的构建》，《中国环境管理干部学院学报》2015 年第 4 期。

品的供给力度。加强对废旧物品的回收循环利用，推进秸秆等农林废弃物、建筑垃圾、餐厨废弃物的回收和资源化利用，加大对“城市矿产”的开发利用力度，加大纺织品、汽车轮胎等废旧物品回收利用力度，大力发展再制造和再生利用产品。

（3）社会公众要积极参与、践行绿色消费。纠正“自己掏钱，丰俭由我”的错误观念，破除讲排场、比阔气等陋习，抵制过度消费、奢侈消费、“面子”消费等。坚持厉行勤俭节约、绿色低碳、文明健康的绿色消费模式。

3. 健全绿色消费制度体系，为绿色消费模式的构建提供制度保障

（1）健全法律法规。研究制定节约用水条例、餐厨废弃物管理与资源化利用条例、限制商品过度包装条例、报废机动车回收管理办法、强制回收产品和包装物管理办法等专项法规，增加绿色消费有关要求，明确政府部门、企业、消费者等主体应依法履行的责任义务。①

（2）健全标准体系。扩大绿色产品和服务标准覆盖范围，完善节约型公共机构评价标准，合理制定用水、用电、用油指标，健全定额管理制度。完善经济政策，通过相应的产业政策、财政转移支付及税收优惠等政策，加大对节能、节水、环保、资源综合利用项目或产品的支持力度，优先扶植绿色产品的生产和销售。

（3）完善绩效考核和奖惩制度。建议把绿色消费纳入各级领导干部的年终绩效考评中，鼓励政府践行和推广绿色消费模式；广泛开展绿色消费模范评选活动，评选绿色消费示范机关（单位）、企（事）业、学校、社区、村寨等，对积极践行绿色消费的集体和个人给予表彰和奖励，对反面事例要加大曝光力度，为绿色消费模式的构建树立积极的舆论导向。

第二节　生态文明建设融入政治建设道路的发展

生态文明建设与政治建设是密不可分的。首先，生态环境问题本质上是政治问题。因为资源短缺、环境污染、生态退化等生态环境问题的

① 崔明明：《“绿”动经济》，《金融世界》2017年第3期。

发生，主要是由国家或地方党政领导的执政理念、政治路线、政治方针、政治体制及政治行为不当而引发的，因此，生态环境问题本质上也是政治问题；其次，当生态环境问题危及民众的生存安全和生活质量时，民众的不满情绪或行为就可能演变成政治问题和党政治理问题，建设生态文明、增加生态产品的供给、保障民众的生态权益，是执政党义不容辞的重大政治责任和政治使命。最后，生态文明建设本身是一场浩瀚的系统工程，必须要上升到政治战略高度，以强大的国家意志进行战略顶层设计，由各级党政部门强力推进才能有序实现。正如习近平总书记所强调的，我们不能仅仅把加强生态文明建设作为经济问题，“这里面有很大的政治”①。因此，生态文明建设本质上也是政治建设，是新时代国家政治建设的新课题和新任务。

要建设生态文明，就必须要牢固树立生态执政理念、完善生态治理体系、增强生态治理能力，这就必须要把生态文明建设融入政治建设，这既有助于加快推进生态文明建设、提升生态文明水平，也有助于推进政治体制改革，提升政治文明水平，二者相互促进、相得益彰。一方面，政治建设为生态文明建设提供重要的政治保障，党的坚强领导能够为生态文明建设指明正确方向，全面深化生态文明体制机制改革，推进生态治理体系和治理能力现代化，保障生态文明建设有序推进；另一方面，生态文明建设为政治文明体制改革提供方向，有助于促进社会主义政治文明的生态化改造与绿色化变革，推进生态政治建设、发展生态政治文明，提升国家政治治理体系和政治治理能力的现代化水平。

坚持党的领导、人民当家作主、依法治国有机统一是社会主义政治发展的必然要求。② 由此，生态文明建设融入政治建设的重点和实现路径就主要包括以下三个方面：一是把生态文明建设的理念、目标等融入党的领导方式和执政方式改进的各方面和全过程，要求党政领导必须树立生态执政理念，增强推进生态文明建设的生态执政能力，建设生态型

① 钱坤：《生态文明这三年——党的十八大以来习近平总书记关于生态工作的新理念、新思想、新战略》，求是网（http：//www. qstheory. cn/zhuanqu/rdjj/2016 - 04/01/c_ 1118478719. htm），2016 年 4 月 1 日。

② 习近平：《决胜全面建成小康社会　夺取新时代中国特色社会主义伟大胜利——在中国共产党第十九次全国代表大会上的报告》，人民出版社 2017 年版，第 22 页。

责任政府。二是要把生态文明建设的理念融入社会主义民主建设的各方面和全过程，扩大全民参与生态文明建设的合法渠道，提高全民的生态政治认同感和生态话语权，建设社会主义生态民主，保障全民的生态权益。三是要把生态文明建设融入社会主义法治建设的各方面和全过程，构建系统完整的生态文明法制体系，强化生态文明执法保障。

一　着力加强党的生态执政能力建设

生态文明建设融入政治建设的根本要求就是作为我国政治责任主体的中国共产党和政府必须担负起领导生态文明建设的主要职责，以执政为民的宗旨重视生态文明建设，实施生态执政。一方面，生态文明建设是一项复杂的系统工程，具有全局性、整体性和长期性的特点，其建设的任务十分艰巨，必须要深入持久地推进；另一方面，中国共产党作为执政党，我国政府作为公共权力的主要拥有者和行使者，有权威和能力调动全社会各方力量参与生态文明建设，充分发挥社会主义制度集中力量办大事的优越性，能够一以贯之地主导生态文明建设。[①] 因此，生态文明建设融入政治建设的前提和基础就是要加强党对生态文明建设的领导，充分发挥党政集中力量办大事的优势，切实做到党政同责，一岗双责，齐抓共管。而要加强党的领导就必须改进党的领导方式和执政方式，提高党和政府的生态执政能力和生态执政水平，保证党领导人民有效进行生态治理。这就需要转变执政理念，牢固树立生态执政理念，建立健全党政领导干部生态政绩考核制度体系及相应配套的生态责任终身追究制度，以保障生态执政能力的建设和生态执政路线、方针、政策的贯彻落实。

（一）牢固树立“绿水青山就是金山银山”的生态执政理念

执政理念是指导党的执政活动的根本原则。生态执政理念是生态文明理念全面融入、深刻融入党的执政理念和执政活动的各方面和全过程的具体展现，是执政理念生态化转向的结果，是党的执政理念现代化的必然逻辑，是增强党的生态执政能力、降低执政风险的题中要义。牢固

① 肖文涛、谢淑珍：《论推进生态文明建设的政府职责担当》，《福建论坛》（人文社会科学版）2013 年第 10 期。

树立生态执政理念是新时代坚持以人民为中心的发展思想的内在要求，其关键是要牢固树立“绿水青山就是金山银山”的执政理念。为此，一方面要深刻认识并正确处理绿水青山与金山银山之间的辩证统一关系，牢固树立人与自然全面、协调、可持续的绿色科学发展观，努力寻求生态保护和经济发展之间的最佳平衡点，平衡好发展和保护之间的关系，坚持在发展中保护、在保护中发展，既要金山银山又要绿水青山，既要金山银山更要绿水青山；[①] 另一方面，必须从根本上彻底转变唯 GDP 论英雄的传统政绩观，牢固树立“绿色青山就是金山银山”的生态政绩观。长期以来，我国“唯 GDP 论英雄”的政绩观驱使一些地方党政部门不惜以牺牲生态环境为代价换取一时的 GDP 增长，致使生态环境承受了不可承受之重。即使在生态文明建设已经上升为我们党治国理政的重要方略、新发展理念已成为党执政兴国的执政理念的新常态下，仍有部分地方政府难抑唯 GDP 增长的冲动，片面追求经济效益，忽视生态效益，推动经济社会沿着短平快的外延式、粗放型的增长路径在发展，导致在生态文明建设过程中不重视、不作为。生态政绩观的树立是推动执政理念、执政方式生态转向转型，增强生态执政能力的指挥棒，是从根本上解决环境保护与经济发展的矛盾冲突的关键所在。生态政绩观要求以人与自然的和谐共生、协调发展为执政宗旨，以生态价值优先、自然生态和社会生态的整体效益最大化为执政原则，以实现生态良好、生产发展、生活富裕、人民幸福为执政目标。

（二）建立健全生态政绩考核制度体系

生态文明建设要取得实质性进展，必须充分利用政绩考核这根指挥棒，建立健全生态政绩考核制度。近年来，如深圳、长沙等部分地区已对绿色 GDP 考核制度进行了积极探索，但由于国家生态文明建设目标责任不明确，绿色 GDP 考核制度尚未上升到国家层面来强力推行，缺乏有效的监督和考核机制；加之考核指标体系本身存在不全面、不完善的缺陷及其在政绩考核指标体系中所占权重过小等因素，导致其难以推广落实，并没有在实践中发挥其应有的引领和导向作用。为此，自党的十八

① 徐崇温：《中国道路走向社会主义生态文明新时代》，《毛泽东邓小平理论研究》2016 年第 5 期。

大以来，党中央、国务院反复多次强调要“把资源消耗、环境损害、生态效益”等指标纳入党政领导政绩考核评价体系之中，并要求加大资源消耗、环境保护等生态文明相关指标在考核评价体系中所占的权重。这就要求在GDP核算中既要做资源消耗和环境损害的减量核算，反映经济发展对自然生态环境的负面影响；又要增加生态文明建设过程中创造的生态价值或生态效益的增量核算，反映自然生态本身的内在价值及其价值增值，使生态政绩考核指标体系更加全面、科学，有助于更好地调动党政领导干部建设生态文明、增加生态产品供给、提升生态效益的主动性和积极性。要贯彻落实生态GDP政绩考核制度，还需要构建以下几个配套制度。

1. 严明生态文明建设目标责任制度

生态文明建设目标责任制度是指以生态文明建设为目标，对党政部门相关主体明确权责配置并实施问责的体制机制，是生态文明体制的重要组成部分。各地区应根据党中央、国务院对生态文明建设的战略部署和《生态文明建设目标评价考核办法》及国家发改委、国家统计局、环保部、中央组织部制定的《绿色发展指标体系》《生态文明建设考核目标体系》等，结合本区域实际，坚持过程评价与结果评价相结合、刚性约束与弹性要求相结合的原则，因地制宜地设置本区域生态文明建设的目标，加快构建以改善生态环境质量为核心的目标责任体系，并将生态文明建设目标责任体系层层分解、全面融入各级党政领导干部的岗位职责及其执政活动的各方面和全过程之中，进一步明确生态文明建设各主体责任，促进生态执政成为新时代党政领导干部执政活动的常态。

2. 健全生态文明建设督察制度

2015年5月，中共中央、国务院首次提出要“强化对浪费能源资源、违法排污、破坏生态环境等行为的执法监察和专项督察”①；随后，中共中央办公厅、国务院办公厅印发了《环境保护督察方案（试行）》；在此基础上，中共中央、国务院《生态文明体制改革总体方案》和党的

① 中共中央、国务院：《关于加快推进生态文明建设的意见》，《人民日报》2015年5月6日第1版。

十八届五中全会先后提出“健全海洋督察制度”“建立国家环境保护督察制度”及“开展环保督察巡视”等要求。

当前，生态环境保护督察制度已经落地执行并取得了显著成效，建议在生态环境保护督察制度的基础上逐步拓展督察的范围和督察内容，不能长期仅仅停留在生态环境督察的层面，因为尽管解决突出生态环境问题、保护生态环境是当前生态文明建设的一项最为紧迫且重要的任务，但生态文明建设涵盖的内容不仅仅是生态环境保护，而是一项涉及生态环境保护以及人类价值观念、生产方式、生活方式、制度体系生态变革和绿色转型的文明发展战略。因此，建议根据党中央、国务院对生态文明建设的全面战略部署及《绿色发展指标体系》《生态文明建设考核目标体系》等具体指标要求，适时拓展督察内容，将生态环境保护督察发展为生态文明建设督察。进一步深化生态环境保护督察制度改革，将中央生态环境保护督察工作领导小组更名为中央生态文明建设督察工作领导小组，负责组织协调推动中央生态文明建设督察工作，对各省、自治区、直辖市党委和政府，国务院有关部门以及有关中央企业开展例行督察、专项督察和“回头看”等。中央生态文明建设督察工作领导小组应由中共中央办公厅、国务院办公厅牵头，组成部门包括中央组织部、中央宣传部、国务院办公厅、生态环境部、自然资源部、司法部、审计署和最高人民检察院等，并逐步推动形成中央、省级、市级和县级共同组成的四级上下联动垂直管理的生态文明建设督察制度。

3. 贯彻落实领导干部离任生态审计制度

长期以来，我国实行的领导干部离任审计制度主要是针对经济建设方面的问题审计，而缺乏对生态文明建设方面问题的审计。为此，党的十八届三中全会开创性地提出“对领导干部实行自然资源资产离任审计”。在此基础上，中共中央、国务院《关于加快推进生态文明建设的意见》新增了对领导干部实行“环境责任离任审计”的要求；中共中央办公厅、国务院办公厅出台了《开展领导干部自然资源资产离任审计试点方案》，标志着生态审计制度试点探索正式拉开序幕。据报道，目前已有内蒙古、湖南、陕西、湖北、四川、广东、福建、山东、云南、江苏等10个省份在进行对领导干部自然资源资产离任审计的试点探索。[①]

领导干部离任生态审计是指党政领导干部离任之后，审计部门对其任职期内辖区的生态文明建设目标任务完成情况进行审计，包括对其任职期内辖区的土地、水、森林、草等所有自然资源资产负债表反映的自然资源资产变化情况、生态环境质量改善状况及人民群众对生态环境的满意程度等情况进行检查和审核。将生态审计结果与党政领导的政绩挂钩，实行"一票否决"，才能从根本上遏制地方领导急功近利、牺牲生态换政绩的冲动，倒逼地方领导干部在注重经济发展的同时算好生态账，增强其建设生态文明的积极性、主动性，才能为子孙后代留下"绿水青山"。当前，要在现有领导干部离任生态审计试点探索的基础上，及时总结可复制、推广的经验，尽快将该项制度推广到全国各地，并使之成为领导干部考核的一种新常态。

生态政绩考核制度的落实，关键还需要在执行过程中坚持公开透明的原则，尽可能扩大信息公开范围，注重强化权力运行的信息公开，包括考核数据和信息、考核方式和考核结果等都必须全面公开，保障公众的知情权和参与监督权，通过社会化监督推动生态政绩考核的公正公平。

（三）健全生态文明建设责任终身追究制

责任追究是现代政治文明最基本、最常用的制度。生态文明政绩考核制度要真正落到实处，见到成效，就必须构建完善的领导干部生态责任追究制度。党的十八大首次提出"健全生态环境保护责任追究制度和环境损害赔偿制度"。党的十八届三中全会把"责任追究制度"作为建立系统完整生态文明制度体系的重要内容。党的十八届四中全会提出要建立重大决策终身责任追究制度及责任倒查机制，并对追责的情形、追责对象等作出了明确规定。中共中央、国务院《关于加快推进生态文明建设的意见》进一步把责任追究制度作为需要确立的一项生态文明重大制度和关键制度，并对如何完善责任追究制度作出了具体的战略部署，即"对违背科学发展要求、造成资源环境生态严重破坏的要记录在案，实行终身追责"，"已经调离的也要问责"。此后，党中央、国务院更加

① 许谨谦：《［全国两会地方谈］实行领导干部离任生态审计制度势在必行》，西安网（http：//o.xiancity.cn/system/2017/03/13/030472013.shtml），2017年3月13日。

明确地提出“建立生态环境损害责任终身追究制”，“实行地方党委和政府领导成员生态文明建设一岗双责制”，且实行终身追责。《党政领导干部生态环境损害责任追究办法（试行）》强调显性责任即时惩戒，隐性责任终身追究。

健全生态责任追究制度，应进一步完善相关法律法规，明晰责任范围、责任内容及承担的生态文明责任形式，构建包括行政责任、民事责任和刑事责任在内的严密责任体系和相应的具体问责程序和方式。[①] 此外，还要建立健全包括生态环境部门、自然资源部门、纪检监察机关、司法机关、组织（人事）部门和社会舆论等多点发力的生态责任追究工作机制，建立监督的检查权、督察的问责权并重的权责体系，严肃追究违反生态责任的行为，强化政府各部门和领导干部对生态职能和生态责任的落实。紧紧抓住干部绩效考核和选拔任用，明确把推进生态文明建设作为各级领导干部绩效考核和选拔任用的重要内容，加大考核权重、细化考核内容、改进考核方法，对生态文明绩效考核不合格的领导干部实施一票否决制。对生态文明水平明显提高的地区和企业，绩效考核中应明确加分，在重大项目、财政资金、政策扶持、技术支持等方面要充分保障和适度倾斜。生态文明建设责任终身追究制度的建立和完善，为领导干部在生态环境问题上设置了终身警戒线，有助于形成推进生态文明建设的长效机制，从根本上改变过去一些领导“拍脑袋决策、拍胸脯表态”的决策随意性，让领导干部从观念上彻底调整到“生态文明建设新常态”中，让干部有所戒、有所畏、尽好责，将生态文明建设像接力赛一样，一届领导干部接着一届的传下去、干下去，才能保证蓝天常在、青山常驻、绿水长流，实现中华民族的永续发展。

二　大力发展社会主义生态民主

“人民民主是社会主义的生命”[②]，“是我们党始终高扬的光辉旗帜”[③]

① 陆畅：《生态文明水平的提高与政府的生态责任》，《社会科学战线》2012 年第 6 期。

② 胡锦涛：《高举中国特色社会主义伟大旗帜　为夺取全面建设小康社会新胜利而奋斗——在中国共产党第十七次全国代表大会上的报告》，人民出版社 2007 年版，第 28 页。

③ 胡锦涛：《坚定不移沿着中国特色社会主义道路前进　为全面建成小康社会而奋斗——在中国共产党第十八次全国代表大会上的报告》，人民出版社 2012 年版，第 25 页。

“人民当家作主是社会主义民主政治的本质特征”①。因此，必须“发展更加广泛、更加充分、更加健全的人民民主”②，这是坚持以人民为中心，尊重人民主体地位，发挥人民首创精神，保障人民各项权益的具体体现。

生态民主是社会主义民主建设的重要内容和核心诉求，是民众通过与政府协商、合作、互动等方式参与生态环境问题决策和生态公共管理事务中去的一种新型民主模式。国外成功的经验显示，凡是生态治理成效突出的国家，例如德国、荷兰，都走的是顶层设计与社会各阶层共同参与相结合的“生态民主”道路。我国要切实走好全民共建共享的社会主义生态文明建设道路，更应大力发展社会主义生态民主，拓宽社会公众参与生态治理的合法渠道，扩大社会公众参与生态治理的范围，确保社会公众能够切实参与到生态治理中来，充分发挥社会主义生态民主强大的整合力和激励作用，加快推进生态文明建设。新修订的《中华人民共和国环境保护法》（自 2015 年 1 月 1 日起施行）明确规定了“一切单位和个人都有保护环境的义务”和“公民、法人和其他组织依法享有获取环境信息、参与和监督环境保护的权利”，并规定主导或监督环境保护的相关部门“应当依法公开环境信息、完善公众参与程序”，为社会公众参与和监督环境保护提供便利，保障公民在环境保护方面的知情权、参与权、表达权和监督权。③ 充分体现了我国发展环保民主，鼓励多元参与、社会共治的现代化环境治理新理念。当前，发展社会主义生态民主应当从以下几个方面着手。

（一）树立生态民主观念

生态民主的前提是政府和公众就参与达成共识性的认识，政府和公众都需要转变观念。一方面，政府要始终坚持以人民为中心的发展思想，

---

① 习近平：《决胜全面建成小康社会　夺取新时代中国特色社会主义伟大胜利——在中国共产党第十九次全国代表大会上的报告》，人民出版社 2017 年版，第 36 页。

② 胡锦涛：《坚定不移沿着中国特色社会主义道路前进　为全面建成小康社会而奋斗——在中国共产党第十八次全国代表大会上的报告》，人民出版社 2012 年版，第 25 页。

③ 全国人大常委会：《中华人民共和国环境保护法（主席令第九号）》，中央政府门户网站（http：//www. gov. cn/zhengce/2014-04/25/content_ 2666434. htm），2014 年 4 月 25 日。

充分认可公众参与社会主义生态文明建设的必要性和创造性，承认生态权是公众的权力，并在制度安排上鼓励、支持公众参与生态文明建设；另一方面，公众要实现从臣民意识到公民意识的转变，树立生态文明建设的责任和参与意识。只有具有公民意识的人才会积极参与公共事务，只有具有生态文明意识，才会主动参与生态治理。因此，加大公民意识教育和生态文明宣传教育势在必行。

（二）拓宽生态民主渠道

根据生态治理的特点，我国生态民主应采取以协商民主为主、选举民主为辅，并行推进的生态民主模式。由于协商民主在价值取向、运行机制、利益保障等方面与生态治理相契合，因此，协商民主是社会主义生态民主最主要、最有效的民主形式。[①] 生态民主采用协商民主模式，能够有效整合政府、社会、个人等社会多元主体作为生态共同体，将生态利益作为最高利益诉求，通过自由、平等地对话与交流达成共识，共同参与生态公共事务协商，既能激发广大人民群众以更高的热情和更强的责任意识参与生态文明建设，又能保障制定出的生态治理决策全面科学且符合多方利益，更能有效地贯彻落实。

此外，在协商民主为主的基础上，在一定范围内尝试选举民主。选举民主是最直观、最普遍的民主形式。选举民主是指采取投票的方式，按照少数服从多数的原则来决定领导人的任免和国家大事的决策。在生态文明建设进程中，对于与人民群众生产生活息息相关、与人民群众利益紧密相连的最直接、最关心的生态环境决策问题，建议在一定范围内由公众直接投票的方式来决定，或者在基层人民代表大会上由人民代表投票表决作出决定。

（三）健全生态民主制度

生态民主的实现必须要有健全的制度体系作为保障，应广泛搭建与各类生态问题相适应的协商制度平台，保证生态环境问题能够得到及时有效协商。

---

① 黄晓云：《协商民主——生态治理中的民主选择》，《长江大学学报》（社会科学版）2016年第2期。

1. 完善生态文明信息公开制度

生态信息公开制度是保障公众参与生态文明建设的前提条件，是公众享有生态民主程序和参与权的重要标志。政府应该依法向公众公开包括资源环境生态状况的信息、生态文明政策法规信息、生态文明管理部门的信息、生态文明重大科技信息、生态文明重大工程等生态文明相关信息。只有公开生态文明信息，公众才能全面掌握真实的资源环境生态现状、了解生态文明建设的相关政策法规和政府的管理措施等，进而有效参与生态文明建设。让公众与政府、企业形成良性互动，并对政府及企业形成公众舆论压力，进而推动生态治理。

2. 建立生态立法的公众参与机制

生态立法的公众参与是实践生态民主的最本质要求。生态立法的公众参与应通过多种渠道广泛获得公众的建议和意见，使生态法律的制定完全反映民意，避免恶法和违法立法的出现，更有利于实现生态立法的民主性和科学性。公众参与生态立法，可以通过听证会、论证会的形式直接参与立法或者通过自己选举的人大代表向全国人大提出立法的建议间接参与立法。其中，听证会是生态立法公众参与的主要方式。通过生态环境听证会制度的实施，让生态环境保护中相关利益主体、专家学者和公众积极参与论证，充分行使其发言权和决策权。对于公众提出的建议立法部门应该予以重视，对合理的建议应该予以采纳；对不合理的和条件不成熟的建议，应该向公众说明不能被采纳的原因。听证会制度除了可以适用于生态立法的公众参与，还可以广泛地适用于公众对政府生态文明决策的参与监督。通过这一机制，有助于更好地协调相关利益主体之间的利益，保证生态文明立法及决策的科学性和公平性，还有助于提高社会公众对生态法制的认知度和认同度，进而增强其参与生态文明建设的主体责任意识，提高守法的自觉性。

3. 完善生态行政的公众参与监督机制

生态行政的公众参与监督机制主要包括两方面：一是公众直接参与行政决策，公众及社会组织通过听证会、论证会、咨询会、公示、社会公开征求意见、民意调查、行政救济等多种方式，参与到环境评价过程、环境标准设立、环境监测和调查、高污染项目建设等涉及群众生态权益的重大决策中。二是公众对政府的生态文明执法进行监督，这种监督，既可以对国家的生态环保行政执法部门和工作人员的生态环保执法行为进行监督，也能够通过提供生态环境信息、揭发和检举破坏生态环境的行为，对生态环境行政执法部门的执法行为提供帮助和支持，促进他们依法行政，更好地维护生态秩序。从我国现有情况看，公众具有足够的监督动机，但缺乏足够的参与和表达的空间。政府应赋予公众应有的监督权利，以开放化、民主化、法制化的姿态充分发挥公众对生态行政的监督作用。

三　建立健全社会主义生态法治

依法治国是党领导人民治理国家的基本方式，要更加注重发挥法治在国家治理和社会治理中的重要作用，全面推进依法治国，加快建设社会主义法治国家，这是国家治理的一场深刻革命。生态文明建设作为国家治理体系的重要方面，必须要全面依法进行生态治理，既需要法律规范的确认来提高生态治理的认可度，更需要依靠完善的生态法治体系来明晰生态治理主体的权责，保障生态治理体系的有效推行。这就需要将生态文明理念和生态文明的价值诉求融入法治的各方面和全过程，用生态文明的理念对社会主义法治系统和法治过程进行生态化改造，健全社会主义生态法治，最广泛地动员和组织人民依法参与、积极投身于社会主义生态文明建设，更好地保障人民生态权益。

（一）立法生态化

立法生态化是法治生态化的前提和基础。针对当前我国生态文明领域的法律法规存在立法理念落后、法律内容不全面、适应性差等问题，必须对现有法律法规进行全面梳理，对生态环境、能源资源、经济、政治、文化、社会等领域的国家和地方立法进行全面审查，尽快修订那些不符合生态文明理念的内容，完善体现生态文明建设要求的生态法制体系。

1. 立法理念的生态化

现有的一些法律法规体现了较浓厚的“人类中心主义”的价值取向和功利主义的环境价值观，受“唯 GDP 论”的影响，立法目的、立法过程实质上都是围绕 GDP 的增长展开的，而没有从生态系统整体性及生态系统内各要素之间的关联性出发制定相关法律法规体系。[①] 在加快推进生态文明建设的背景下，必须坚持以新发展理念和“尊重自然、顺应自然、保护自然”“绿水青山就是金山银山”及“生命共同体”等生态文明理念为立法导向，并将生态文明理念的指导思想融入中国特色社会主义法制体系之中，凸显人与自然和谐共生、协调发展的价值取向，推动从传统法学的“人类利益至上”原则转向生态文明法的“生态优先”原则，促进法的生态化转向，彰显法的自然生态价值。

2. 立法模式的生态化

（1）构建公私法一体化（生态法）救济模式。现有生态环境保护的立法属于公法救济模式，虽然具有公权力主体优势的许多优点，如重大案件办案效率高，统一协调好，执法信息可直接反映于行政方针与制度，国家机关代位提起环境损害赔偿之诉符合生态环境利益的公益属性等。但公法救济启动程序复杂，且罚没款项直接上交国库，无法做到“公私兼顾”，使真正遭受污染侵害的一方得不到应有的损害补偿，对社会个人利益保护不足，不利于调动公众参与生态文明建设的积极性。

目前，学界提出了应用更有利于“生态权”保护的公私法一体化的生态法救济模式制定相对独立的生态文明法，运用大量行政法规配合私法规范对生态关系进行调整，让代表私法救济的市场机制与代表公法救济的权力运行机制各展所长，在此过程中，产生一些介乎公、私法之间和跨部门的综合性生态法律法规，这种立法模式既利于国家强制力确保生态文明治理的顺利进行，同时又能确保公民的合法生态权益主张。

（2）构建跨部门、跨区域协作的立法模式。[②] 根据“生命共同体”理念和“空间均衡”理念的要求，生态立法必须要由多部门、多地区的相互协作，采取综合性的立法模式，才能有效协调各利益主体之间的利益博弈、化解生态文明建设过程中的各种矛盾，有效调动全社会的力量、协同推进生态文明建设。由于当前各部门、各行政区都有一定的独立立法权，而不同行政区之间由于缺乏立法信息的沟通和未订立有约束力的

① 王灿发：《论生态文明建设法律保障体系的构建》，《中国法学》2014 年第 3 期。

② 郭少青、张梓太：《更新立法理念　为生态文明提供法治保障》，《环境保护》2013 年第 8 期。

协议，无法了解其他部门或区域选择的具体策略，且不同部门、区域都有各自的利益诉求，在制定部门法规或地方性法规规章的过程中，大都会从各自的利益出发，而不是从生态区出发以整个“生命共同体”利益为重来制定相应的法规规章，这样就必然会出现各部门及地方法规、规范性文件等之间的不统一、不协调甚至冲突，无法解决生态文明建设中出现的如流域、大气、大型能源等为要素的全局性资源生态环境问题，也无法解决各类跨行政区的经济区内的生态文明建设问题，因此生态一体化和经济一体化的发展都亟须部门、区域协作性立法的保障。为此，应在尊重各自立法权自主性的前提下，建立立法协调机制，实现生态文明建设法律法规的统一化。一是建立跨行政区的立法协调机构，主要负责协调参与区域合作的地方之间的共同立法，在协调、商讨的基础上，指导各省市制定生态文明建设方面的法律法规，以达到从源头上避免各地的法律法规发生冲突矛盾的目的。二是对各地的法律法规进行整理、修改，补充完善相关法律规章，集中清理重复性的法律法规，对现存法律法规的冲突矛盾之处进行修改，即将那些可能存在地方保护主义、没有遵循区域合作精神的法律法规予以废止或适当地修改。坚持按照“生态优先”的原则，统一各地生态环境保护立法事宜，加强立法上的交流与合作，为生态文明建设提供统一的法制保障。

3. 立法内容的生态化

为了更好地保障生态文明建设，必须进一步完善生态文明领域的相关立法。首先应在《中华人民共和国宪法》明确规定生态文明建设的要求及基本原则，建议在第九条中确立“建设社会主义生态文明，促进人与自然和谐发展”的根本主张。其次，根据《中华人民共和国宪法》建设生态文明的根本主张，围绕党中央、国务院加快推进生态文明建设的相关要求，建立健全与建设生态文明相适应的法律法规体系。建议尽快制定一部具有基本法地位的综合性、战略性的《生态文明法典》。同时，要对现行有关生态环境的法律法规进行全面梳理，尤其要抓紧时间清理那些制定时间较早、处罚力度偏软、不适应新时代生态文明建设要求的法律或相关条文，删减、修改其中与生态文明建设要求不相适应或有违生态文明建设理念的内容，增补某些推进生态文明建设的相关内容，如有关生态环保督察、绿色生产、绿色消费、生态文化建设等，不断完善保障生态文明建设的法律法规体系。最后，要加强其他部门法与生态文明法的衔接，避免存在冲突和矛盾。坚持把尊重自然、顺应自然、保护自然等生态文明理念全面贯串和深刻融入其他部门法的立法修订之中，使所有法律法规在绿色发展生态文明理念指导下保持高度一致，例如在《刑法》《物权法》《侵权责任法》等中加强对生态权利的保护，加大相关犯罪的惩处力度，提高违法成本，使违法行为人“得不偿失”，乃至“倾家荡产”。

（二）严格生态执法

执法必严是社会主义生态法治建设成功与否的关键环节。目前，我国在生态环境领域的执法普遍存在执法不严的现象，许多现行法律法规没有得到严格的执行。主要原因可以归纳为几点：一是地方党政部门为片面追求 GDP 增长而采取地方保护主义，使生态环境执法步履维艰。二是执法主体结构不甚合理，执法主体之间职责混淆、分工不明确，缺乏协调，带来执法难、监督难、多头管理或互相推诿，执法效率低下。[①] 三是执法机关本身能力不足，执法权限有限，执法部门之间缺乏联动机制，生态环保部门常常是“单打独斗”。四是“权力寻租”严重，执法效果不佳。一些地方生态环保部门执法的目的不是为了保护生态环境，而是为了部门或地方政府的经济利益，往往导致出现污染越治理越严重的现象。[②]

因此，必须要严格生态环保执法。一是要对生态环保执法机关和执法人员严格管理和监督。要在行政决策、行政执法、行政公开、行政权力监督等主要环节，通过严格的依法行政和深入推进法治政府加强权力制约，防止执法机关和执法人员擅权、越权和滥用权力。二是要对违反生态环境法律法规的组织或个人必须严格、规范、公正、文明执法。在执法理念、执法机构、执法行为和执法手段与技术等执法的各个环节体现生态化，通过完善执法体制、提高执法能力、创新执法方式、加大执法力度、规范执法行为，全面落实行政执法责任制，切实维护人民生态

---

① 何勤华、顾盈颖：《生态文明与生态法律文明建设论纲》，《山东社会科学》2013 年第 11 期。

② 孙佑海：《生态文明建设需要法治的推进》，《中国地质大学学报》（社会科学版）2013 年第 1 期。

权益和生态文明治理秩序。三是要尽快完善生态环境执法与司法的衔接，健全生态环保部门与其他部门多部门联动联合执法机制，形成执法合力。加强法院、检察院、公安等部门的生态文明专业化培训，提高生态环境司法的专业化水平，增强生态环保执法能力，确保及时有效打击生态环境违法犯罪。①

（三）司法机制的生态化改革

法律实施机制，其中最关键的是司法机制。当前，加快司法机制的生态化改革要尽快推进机构设置、司法裁判、司法程序和司法执行等各个环节生态化改革，保障生态法治的落实。

1. 健全生态文明法庭体系

经过近十年的实践探索，当前我国的环境保护法庭虽然数目众多、覆盖面广，但却存在"庭多案少"甚至"无案可审"的尴尬，审理的案件范围也十分狭窄，主要是涉及林木、土地、矿产等自然资源类案件，而较少审理环境保护类的案件。导致上述问题的主要原因是各地环境保护法庭都隶属于当地环保部门及地方政府，很多时候，政府领导基于地方经济发展和自己的政绩考虑，很难对那些高污染的企业动真格。因此，针对上述问题，根据我国生态文明建设的战略部署，生态法庭体系的健全，一方面，应将最高人民法院设立的环境资源审判庭更名为生态文明审判庭，各地环境保护法庭更名为生态文明法庭，审理案件的内容不能仅仅局限于资源环境保护领域，而应当拓展到整个生态文明建设领域；另一方面，建议在现有地方环境保护法庭基础上，打破行政区域，在可以辐射多省辖区的中心城市设立生态文明法院，并根据所管辖区域的地理辐射距离设置若干生态文明巡回法庭。在设置生态文明法院的中心城市所在的省高院设置生态文明法庭，受理生态文明法院初审的二审案件和重大的初审环境案件。这种生态文明法庭体系设置的意义在于，一是更便于生态文明案件的审理；二是有助于打破地方法院系统的限制，减少地方行政对于生态文明案件的干预；三是不在基层法院普遍设立生态文明法庭而集中设置生态文明法院，避免"庭多案少"的尴尬，避免司法资源的浪费。

---

① 姜洪：《环境执法困境重重：怎么破?》，正义网（http：//www. jcrb. com/opinion/jrtt_45128/201705/t20170511_ 1751880. html），2017 年 5 月 11 日。

2. 完善生态文明公益诉讼制度

近年来，生态破坏、环境污染致害事件呈现上升趋势，其中很多是行政机关明显违法行政、滥用许可权造成的，在原有的诉讼制度下，这一情形无法通过诉讼途径解决，缺乏相应的诉讼救济机制，这就亟待建立完整的生态环境保护公益诉讼制度。为此，2015 年 1 月 1 日生效的新《中华人民共和国环境保护法》拓宽了生态环境公益诉讼制度中的诉讼主体范围，明确了社会组织在生态环境公益诉讼制度中的诉讼主体，使环境法装上了“公益诉讼”的“钢牙”；同年 7 月 1 日通过的《全国人民代表大会常务委员会关于授权最高人民检察院在部分地区开展公益诉讼试点工作的决定》授权北京等 13 个试点省份地区人民检察院提起生态环境和资源保护公益诉讼的主体。2017 年 7 月 1 日，新修订的《中华人民共和国民事诉讼法》和《中华人民共和国行政诉讼法》的实施，标志着含检察机关生态环境公益诉讼制度在内的公益诉讼制度全面施行，能够更有效地促进行政机关生态环境保护职责的落实。

为了能够最大限度地解决生态文明领域中“有侵害，无责任”“有危害，无诉讼”，弥补原告缺位现象，最大限度地追究生态文明违法行为，最大程度地调动公众参与生态文明建设的主动性和积极性，建议一方面要进一步放宽生态文明公益讼原告资格，让任何公民个人或社会组织基于生态公益的目的，都可以成为生态文明案件的原告，对侵犯生态环境利益的行为向法院提起诉讼；另一方面应进一步放宽诉讼的范围，将诉讼范围从生态环境领域拓展到整个生态文明领域，不断完善生态文明公益诉讼制度。

3. 加大打击生态文明犯罪力度

通过刑法手段来保护环境、治理污染，是我国应对重大环境污染事件的终极惩戒利器。尽管 2011 年通过的《中华人民共和国刑法修正案（八）》将《中华人民共和国刑法》第 338 条“重大环境污染事故罪”改为“污染环境罪”，降低了环境犯罪的门槛，但至今为止，以“污染环境罪”被追究刑事法律责任的案件寥寥无几、屈指可数。因此，必须进一步加大打击生态环境犯罪力度，实行“零容忍”。在此基础上，进一步拓宽“污染环境罪”的范围和罪名，将“污染环境罪”改为“生态文明破坏罪”。此外还应该加强行政制裁与刑事制裁的对接，构建系统完整严密的多层级的制裁体系，真正做到“天网恢恢、疏而不漏”。

第三节　生态文明建设融入文化建设道路的发展

文化是民族的血脉与灵魂，是文明进步的重要支撑。[①] 生态文明建设的推进必须要有相应的文化系统作支撑；生态文明建设的成果能否得到巩固，最终要由社会文化价值认同系统的绿色转型即由工业文明的价值认同系统转型为生态文明价值认同系统来确证。因为“我们今天所面临的全球性生态危机，起因不在生态系统本身，而在于我们的文化系统”[②]。这是由于工业文明框架下的文化本身具有“反自然”的性质，是以征服、控制、统治自然为价值取向的文化，不仅否定自然的价值，而且常常以损害自然价值的方式来实现文化价值。[③]“要化解人与自然、人与人、人与社会的各种矛盾”，必须依靠文化尤其是先进文化的熏陶、教化、激励作用。[④] 因此，生态文明建设融入文化建设，推动文化内涵和文化发展绿色转型，是生态文明建设的血脉、灵魂和精神动力。为此，必须要进一步加大生态文明建设融入文化建设的力度，推动社会文化价值认同系统向生态文明价值认同系统转变，以对生态文明建设起到“润物细无声”的推动效果。

生态文明融入文化建设包括两层含义：一是将生态文明理念、目标、原则、任务等融入社会主义文化建设的各方面和全过程之中，发挥对现有文化建设的导向作用，推动文化建设系统生态化变革和绿色化转型；二是在此基础上增加生态维度的文化建设内涵，这是生态文明建设融入文化建设的落脚点。生态文化是主旨人与自然和谐共生、协调发展的文化。[⑤]“弘扬生态文化”“坚持把培育生态文化作为重要支撑”是党中央、

---

① 国家林业局：《中国生态文化发展纲要（2016—2020年）》，中国林业网（http://www.tslyj.gov.cn/linyeju/lyjwstj/20160412/330259.html），2016年4月11日。

② 陈辉吾：《中国特色社会主义文化发展道路研究》，武汉大学出版社2017年版，第111页。

③ 余谋昌：《地学哲学：地球人文社会科学研究》，社会科学文献出版社2013年版，第51页。

④ 习近平：《之江新语》，浙江人民出版社2007年版，第149页。

⑤ 国家林业局：《中国生态文化发展纲要（2016—2020年）》，中国林业网（http://www.tslyj.gov.cn/linyeju/lyjwstj/20160412/330259.html），2016年4月11日。

国务院提出的加快推进生态文明建设的总体要求。弘扬生态文化，必须要坚持马克思、恩格斯生态文化思想的指导地位，并充分借鉴和汲取古今中外的优秀生态文化思想尤其要继承和弘扬我国古代传统生态文化的精髓，并将现代文明成果和时代精神融入其中，推进生态文化的创新，从而在全社会牢固树立生态文化自信并形成生态文化自觉，最终推动社会主义生态文化大发展大繁荣。根据党的十八大以来党中央、国务院对社会主义文化建设的战略部署及弘扬生态文化的意见和纲要等指导性文件，本节重点围绕以下四个方面探讨创新发展生态文化的路径：一是加强社会主义生态文明核心价值观建设，推动生态文明价值观成为社会主流价值观；二是完善公共生态文化服务体系，着力繁荣生态文化事业；三是加快发展生态文化产业，增加生态文化产品的供给；四是加强生态道德建设，提高全民生态道德水平。

一　着力加强社会主义生态文明核心价值观建设

“将生态文明纳入社会主义核心价值体系”，“成为社会主义核心价值观的重要内容”，是党中央、国务院加快推进生态文明建设的基本要求之一。社会主义核心价值体系和社会主义核心价值观是马克思主义价值观在当代中国发展的最新理论成果，是我国文化软实力的灵魂，决定着我国文化的性质和发展方向，是发展社会主义先进文化的指导思想。将生态文明纳入社会主义核心价值体系和核心价值观，这既有助于推动全社会牢固树立人与自然和谐发展的社会主义生态文明观，加快推进社会主义生态文明建设；也有助于更好地培育和践行社会主义核心价值体系和社会主义核心价值观，提升马克思主义理论教育的时代性和现实性①。

（一）将生态文明融入社会主义核心价值体系

社会主义核心价值体系是兴国之魂，决定着中国特色社会主义发展方向。②“将生态文明纳入社会主义核心价值体系”，要求将生态文明理

---

① 赵成、于萍：《马克思主义与生态文明建设研究》，中国社会科学出版社 2016 年版，第 254 页。

② 胡锦涛：《坚定不移沿着中国特色社会主义道路前进　为全面建成小康社会而奋斗——在中国共产党第十八次全国代表大会上的报告》，人民出版社 2012 年版，第 31 页。

念全面、深刻融入社会主义核心价值体系的四个层面的各要素之中，大力传播“绿水青山就是金山银山”“环境就是民生、青山就是美丽、蓝天也是幸福”等生态文明价值理念。[①] 这就需要充分挖掘和弘扬马克思主义的生态文明思想，并把坚持绿色发展、实现人与自然和谐发展的生态文明价值取向纳入马克思主义指导思想之中；牢固树立建设美丽中国、走向社会主义生态文明新时代的中国特色社会主义共同理想；大力弘扬中华民族的优秀生态文化思想、汲取中国先哲的生态智慧，弘扬生态民族精神和以绿色改革创新为核心的时代精神；把生态文明的荣辱观作为社会主义荣辱观的新要求，牢固树立以珍爱保护自然为荣、以破坏损害自然为耻的社会主义荣辱观。

（二）将生态文明价值观融入社会主义核心价值观

社会主义核心价值观是社会主义核心价值体系的集中概括和高度凝练，具体包括国家、社会和个人三个层面的内涵：其中，第一层面是“富强、民主、文明、和谐”（党的十九大在此基础上新增了“美丽”要素），这是社会主义核心价值观在国家层面的目标；第二层面是“自由、平等、公正、法治”，这是社会主义核心价值观在社会层面的目标；第三层面是“爱国、敬业、诚信、友善”，这是公民个人应当遵循的基本道德准则和应当具备的道德品质。[②] 社会主义核心价值观本身是不断开放发展的观念体系，必然要随着时代和实践的发展而不断发展。在社会主义生态文明建设已经上升为中国特色社会主义事业总布局的重要内容和国家治国理政的基本方略，绿色发展的生态文明价值观念已经成为新时代中国特色社会主义思想的重要组成部分的背景下，社会主义核心价值观的各个层面都必然要被赋予生态文明的“生态”或“绿色”要素、赋予“美丽”的使命，使之成为链接社会主义核心价值观各层面的“绿色”链条，形成与生态文明新时代相适应的体现人与自然、人与人、人与社会和谐共生、协调发展的绿色的社会主义核心价值观，体现中国特色社会主义生态文明的“美丽中国”的目标追求，引导与规范国家、社

① 环境保护部：《关于加快推动生活方式绿色化的实施意见》，环境保护部网站（http：//www. zhb. gov. cn/gkml/hbb/bwj/201511/t20151116_ 317156. htm），2015 年 11 月 16 日。

② 靳利华：《生态文明视角下的社会主义核心价值观再读》，《理论探讨》2014 年第 1 期。

会、个人发展的绿色转型。

生态文明与既往一切文明形态的本质区别就在于其全新的绿色价值观念或绿色生态文明理念，这是智慧的中国人在对传统文明尤其是工业文明的弊端进行深刻反省，对自然的主体性价值性文明性进行全面审视之后提出的，融经济价值、文化价值和自然价值等为一体的全新的价值观念，即社会主义生态文明价值观，该价值观充分体现了人与自然和谐共生、协调发展的核心价值取向，这是加快推进生态文明建设、实现美丽中国梦、走向生态文明新时代的重要思想基础和精神动力。因此，必须要推动这一全新的社会主义生态文明价值观成为全社会的主流价值观，这就需要借助有效的传播平台和传播路径，在全社会广泛宣传和大力弘扬；将生态文明价值观融入现有社会主义核心价值观的各方面和全过程，是传播、弘扬社会主义生态文明价值观的根本途径。生态文明融入社会主义核心价值观的各方面，是指在社会主义核心价值观初始内涵的三个层面的各要素中都要分别融入生态要素或绿色要素，具体地说：

在国家层面，要加强宣传“生态富强、生态民主、生态文明、生态和谐、生态美丽”的生态国家价值观和“美丽中国梦”“两个一百年”等奋斗目标，深入阐释“生态富强、生态民主、生态文明、生态和谐、生态美丽”的科学内涵，充分认识到生态兴则文明兴、生态富强则国家富强、生态民主则国家民主、生态文明则国家文明、生态和谐则国家和谐、生态美丽则国家美丽。坚持生态优先、牢固树立并贯彻落实“绿水青山就是金山银山”等绿色发展理念，努力把我国建设成为富强民主文明和谐美丽的社会主义现代化强国。

在社会层面，要紧紧围绕“生态自由、生态平等、生态公正、生态法治”的生态社会价值观，将传统的仅仅局限于人类社会领域的“自由、平等、公正、法治”延伸拓展到自然生态领域。因为，前已述及“山水林田湖草是一个生命共同体”，人与自然万物是相互联系、相互制约的有机统一体，理应平等、公正地享有人类享有的自由、生存和发展权利。这就要求建立系统完整的生态文明法制体系，用法治要求人类必须尊重自然、顺应自然并保护自然，以保障和促进人与人、人与社会、人与自然之间的公平正义，营造良好的自然生态环境和社会生态环境，建设绿色的充满活力又和谐有序的生态社会。

在个人层面，要紧紧围绕“生态爱国、生态敬业、生态诚信、生态友善”的生态个人价值观，深入开展生态爱国教育，牢固树立尊重自然、敬畏自然、顺应自然、保护自然的生态文明理念，将生态责任意识融入日常生活和工作岗位之中，切实履行保护自然的责任和义务，诚信、友善地关爱自然、保护自然！大力开展“生态爱国、生态敬业、生态诚信、生态友善”的先进个人和先进单位创建和评选活动，引导人们积极争做绿色的社会主义美丽公民。[①]

二　大力繁荣生态文化事业

发展和繁荣生态文化事业是提升国家生态文化软实力、满足人民日益增长的生态文化需求、保障人民基本生态文化权益的主要途径。生态文化事业的发展应以满足广大人民群众对生态文化的基本需求，保障最广大人民群众的生态文化生活权益为根本目标，坚持公共生态文化服务公平原则，统筹兼顾城乡之间、地区之间公共生态文化服务协调、均衡。[②] 为此，就需要将生态文化作为现代公共文化服务体系建设的重要内容和重要方面，加快建立覆盖全社会的现代公共生态文化服务体系，向民众提供更多的公益性优质生态文化产品和服务。公共生态文化服务体系是指在政府主导、社会参与之下，以公共财政和公共文化机构为主，其他社会资源和文化机构为辅的共同建设，为全体公民提供普及生态文化知识、满足人民生态文化需要的生态文化公共产品和服务的总和。[③] 当前，一方面需要进一步完善公共生态文化基础设施建设，另一方面要丰富人民精神生态文化生活。

1. 完善公共生态文化基础设施建设

完善公共生态文化基础设施建设，是提高公共生态文化服务水平，保障人民生态文化权益的有效路径之一。公共生态文化基础设施是指由各级政府或者社会力量举办的，向公众开放用于开展生态文化活动的公

① 黄娟：《社会主义核心价值观的生态维度——生态文明新时代的核心价值观》，《思想教育研究》2015 年第 2 期。

② 张小平：《中国特色社会主义文化发展道路研究》，天津人民出版社 2015 年版，第 118 页。

③ 江泽慧：《生态文明时代的主流文化》，人民出版社 2013 年版，第 277 页。

益性场所和公益性设施。要把生态文化设施的建设与管理作为提升公共文化设施建设、管理和服务水平的重要内容，大力建设和完善公共生态文化设施。建设公共生态文化设施并不是要求完全抛弃现有的公共文化设施，在现有的公共文化设施之外另起炉灶、重新规划建设一套全新的生态文化设施。而是要求一方面应把绿色生态文化要素融入公共文化设施建设、管理的各方面和全过程之中，坚持用绿色发展理念指导规划建设和管理各类公共文化设施，添加现有公共文化设施的生态元素；另一方面，要充分发挥现有公共文化设施在传播生态文化方面的作用，提升其生态文化服务功能，如在现有的公共图书馆、博物馆、文化馆等各种公共文化基础设施的基础上，增设免费开放的生态文化馆、生态博物馆等，专门对优秀生态文化作品和优秀生态文化成果进行收藏、展示、宣传和普及。此外，要依托现有的自然保护区、风景名胜区、湿地公园、植物园、动物园等和具有一定知名度和影响力的林业重点工程区、森林小镇、康养小镇（基地）、生态农庄等增设一批有深刻文化内涵的生态文明教育设施，打造各种类型、不同层次的生态文化科普宣传教育体验中心或实践基地，使其成为培育、传播和体验生态文化的重要平台。

2. 丰富人民精神生态文化生活

让人民享有健康丰富的精神生态文化生活，是保障人民生态文化权益的重大举措。一是要搭建生态文化研究平台，加强生态文化理论研究和交流互鉴。目前，中国特色社会主义事业的经济、政治、文化和社会建设都有相应的学科体系作为支撑，唯独生态文明建设尚未形成一门独立的学科，缺乏相应的学科体系和专业平台作支撑，也就缺乏相应的专业人才队伍。目前主要是依托生态学、林学、环境学、哲学、经济学等专业学科的人才队伍开展研究和培育人才，这些学科都不可能全面、系统把握生态文明建设的整体性，只能从某一个方面或侧面研究生态文明，既不利于生态文明和生态文化的理论研究和传播，也不利于生态文明建设专业人才的培养。因此，要搭建生态文明和生态文化研究的学科平台，整合相关的学科力量，组建专业的生态文化研究团队、完善生态文化理论研究服务体系，鼓励并支持围绕带有全局性、战略性、时代性的生态文化课题开展生态文化的相关研究，加快理论研究成果的普及和应用转化，大力开展生态文化研讨交流活动，加强区域间、国际间生态文化的交流互鉴。二是要建设优秀传统生态文化传承体系，弘扬中华优秀传统生态文化。一方面要全面梳理和充分挖掘蕴藏在典籍史志、民俗习惯、建筑古迹、人文轶事等的传统生态文化内涵，全面调查、统计民间传统生态文化，深入研究华夏古村镇生态文化，深入挖掘中华传统文化中的生态文化资源，建立传统生态文化资源数据库；[1] 另一方面，积极寻求传统乡土在当今时代的生长点，让传统生态智慧实现创新性转化和创造性发展，以发挥其对社会主义生态文明建设的指引作用。三是要通过举办各类生态文学、艺术作品征集评选、展览活动，鼓励文化艺术界人士深入我国各地尤其是各类生态文明示范区建设的生动实践开展深入调查研究，支持创作更多的以生态文化为主题的优秀文学、艺术作品，推动生态文化大发展大繁荣。

三　加快发展生态文化产业

生态文化产业是生态文化建设的重要内容，是生态文明建设融入文化建设和经济建设的重要体现。生态文化产业是一种绿色、低碳、环保的产业，具有资源消耗低、环境污染小、生态负面影响小、附加值高等优势。具体地说，生态文化产业是以生态资源为基础，以文化创意为灵魂，以科技创新为支撑，以促进人与自然和谐共生为核心价值观，以经济效益、社会效益和生态效益相统一为导向，以提供实物形态的生态文化产品和生态文化服务为主，具有高附加值、高渗透力的市场化经营的绿色产业。发展生态文化产业，既是传播和弘扬生态文化、推进生态文明建设的内在要求，也是构建现代产业体系、发展新经济、助推高质量发展的现实需要，还是改善民生、增进民生福祉的必然要求。其一，通过发展生态文化产业，能够为社会提供形式多样、内涵丰富的生态文化产品和生态文化服务，以满足人民群众日益增长的多样化、多层次、多方面的生态文化需求，有助于增强人民的生态获得感、生态幸福感。其二，通过发展生态文化产业，能够充分挖掘并有效利用生态资源，既有助于推动生态优势转化为经济优势、促进绿水青山转化为金山银山，实

① 国家林业局：《中国生态文化发展纲要（2016—2020年）》，中国林业网（http://www.tslyj.gov.cn/linyeju/lyjwstj/20160412/330259.html），2016年4月11日。

现生态富民；又有助于构建现代产业体系、发展新经济，助推高质量发展。其三，通过发展生态文化产业，有助于传播和弘扬生态文化，助推生态文化大发展大繁荣，尽管生态文化产业不如生态文化事业那样让人具有强烈的使命感和责任感，但仍具有较强的文化渗透和教化功能，因为无论是生产者、经营者还是消费者，在生产、销售、消费、体验生态文化产品以及提供或享受生态文化服务的过程中，都可以受到生态文化的熏陶及相应的价值观念和行为规范的约束，有助于提高生态文明水平。

目前，我国生态文化产业发展总体水平不够高，生态文化产品的种类不够丰富，生态产品的供给不足，与人民群众日益增长的生态文化需要及我国加快推进生态文明建设的国家战略要求差距较大。因此，加快推进生态文化产业发展，不断增加优质生态产品和生态服务的供给势在必行。当前，应着力从营造生态文化氛围、创新产业形态、产业政策体系支撑等方面入手，推动和保障生态文化产业健康有序发展。

（一）营造生态文化氛围

随着生态文明建设不断推进，人与自然和谐共生的生态文明理念逐渐被社会公众接受、认同，但生态文化尚未成为当今社会的主流文化，生态文化消费氛围还不浓厚。因此，要大力发展生态文化产业，必须在全社会加大生态文化的宣传、教育和普及力度，促进生态文化成为社会主义先进文化的主流文化。应充分发挥学校、科研院所、企业、社区等作为宣传普及生态文化的主阵地；充分利用各级各类自然保护区、国家公园、森林公园、湿地公园、地质公园、博物馆等承载生态文化的生态资源作为宣传普及生态文化的体验基地；充分利用图书、网络、电视、广播、报纸等媒体作为生态文化的传播渠道；通过“培训培训者”工程、志愿者宣传、生态文化作品创作等多种形式大力宣传生态文化；引导并鼓励绿色消费、低碳消费和生态消费等，为生态文化产业的发展营造良好的文化氛围。

（二）创新和丰富生态文化产业发展形态

1. 将生态要素融入现有文化产业，加快发展生态型文化产业

现有文化产业的龙头企业和文化产业示范园区是生态文化产业发展的重要载体和平台。要将生态文明理念融入这些载体和平台的各方面和全过程，赋予文化产业以生态要素，促进发展生态型的文化产业。一方

面，要积极鼓励和支持有条件的龙头企业和各级文化产业示范园区引入生态文化产业项目，大力发展与生态文化服务相关的生态文学、艺术、影视、建筑和工业设计等多种生态文化产业形态，开发适应市场和民众需求的生态文化产品；另一方面，要充分挖掘地域历史、民族民俗等特色生态文化资源，大力发展具有地域特色、民族特色的生态文化产业，尤其应大力发展革命老区的红色生态文化产业和民族地区的民族特色生态文化产业。因为革命老区和民族地区大多是地处偏远的欠发达地区，本身具有深厚的红色文化基因或民族文化底蕴，又具有良好的生态本底，可谓是文化和生态资源的富集区。在当前决胜全面小康的新时代背景下，要充分利用国家深入开展脱贫攻坚、紧抓精准扶贫脱贫的契机，推动革命老区和民族地区绿色发展、促进绿水青山转化为金山银山。因此，应根据不同革命老区和民族地区的区域特色，因地制宜地大力发展红色或民族生态文化旅游休闲度假、健康养生、文艺创作、手工艺制作等丰富多样的生态文化产业形态。加大对传承和弘扬红色生态文化、民族生态文化企业的政策扶持力度，将红色生态文化产业、民族生态文化产业打造成革命老区、民族地区的支柱产业。

2. 依托现有生态资源，加快发展文化型生态产业

在现有自然保护区、风景名胜区、森林公园、湿地公园、植物园等各生态资源和林场、果园、茶园、竹园等生态基地的基础上，融入文化要素，赋予文化内涵，从而创新出新的文化型生态产业，如以名人故居、名胜古迹为核心资源的文化旅游产业，以及各种健康养生业、茶文化产业、花文化产业和竹文化产业等多种产业形态，增加生态文化产品的供给，满足民众多样化的生态文化需求。[①]

3. 大力发展生态文化创意产业

生态文化创意产业是将各种科技元素和特色创意元素与生态文化结合起来，融合发展而形成的新兴产业形态。通过打造蕴含不同生态文化主题的创意产业，着力发展风格独特的各类生态文化创意产品，从而推动生态文化产业的专业化、集约化发展。比如在城市，可以依托现有文

① 国家林业局：《中国生态文化发展纲要（2016—2020 年）》，中国林业网（http：//www. tslyj. gov. cn/linyeju/lyjwstj/20160412/330259. html），2016 年 4 月 11 日。

化创意产业平台，加快发展生态数字出版、环境艺术、表演艺术、广播影视、移动多媒体、动漫游戏等创意生态文化产业，大力开发适宜互联网、移动终端等载体的数字生态文化产品。在农村，紧抓我国实施乡村振兴战略的机遇，充分利用现有的生态资源和生态基地，以“美丽乡村”为主题，大力推进创意观光休闲农业、乡村创意生态文化旅游业及乡村创意花文化、茶文化、竹文化产业等各种乡村生态文化创意产业形态，创新多样化的可供民众休闲、度假、旅游、健康、养生的生态文化产品。

（三）建立健全生态文化产业发展的支撑体系

一方面，必须坚持政府引导和支持，健全生态文化产业发展的政策支持体系。积极完善和落实各种优惠政策，在土地使用、财政支持、税收减免等多方面给予适当的政策倾斜。另一方面，要建立生态文化产业发展的市场环境和市场化机制，充分发挥市场在生态文化资源配置中的决定性作用。一是要鼓励和吸引社会资本积极投资生态文化产业，积极推广生态文化领域政府和社会资本合作共建的模式；二是要加强生态文化产品市场建设，充分发挥互联网在生态文化产品市场建设中的作用，建立基于互联网的生态文化产品研发、传播、流通和监管体系，加强对生态文化产品市场的监督、管理和协调，规范生态文化产品市场秩序①。

四　全面提高全民生态道德素质

习近平曾指出：“道德问题是做人的首要的基本问题”②；在新时代，“坚持依法治国和以德治国相结合”已成为“坚持全面依法治国”基本方略的基本要求之一。传统道德规范和调整的对象仅仅局限于同代人之间及人与社会之间的关系，而没有把不同代际人之间以及人与自然之间的关系纳入调整的对象。传统道德关怀的生态缺失，驱使人类任意破坏生态环境、肆意掠夺自然资源，最终导致资源短缺、生态退化和环境污

① 文化部：《“十三五”时期文化产业发展规划》，中国经济网（http://www.ce.cn/culture/gd/201704/20/t20170420_22155007.shtml），2017年4月20日。

② 《十七大以来重要文献选编》（中），中央文献出版社2011年版，第265页。

染等全球性的生态危机。因此，要走出生态困境，必须拓展道德关怀对象的边际，把代际公平、人与自然的公平纳入道德关怀的范畴，复归自然的内在价值性、主体性和文明性，肯定自然存在和发展的“权利”，明确人类保护自然的道德责任和道德义务，大力培育和践行生态道德，充分发挥生态道德对人类不当观念和行为的教化、调节和改造功能①，从而提高全民生态道德素质。

生态道德作为一种新型道德，是生态文化的重要内容，生态文化能否大繁荣大发展、生态文明能否成为社会主义主流价值观念，归根结底都要取决于每一位社会成员生态道德水平能否提高。生态道德是指人与自然交往过程中应当具备的道德意识与道德行为规范的总和，其核心是正确看待和协调人与自然的关系，其基本原则和规范是尊重自然、顺应自然并保护自然，促进人与自然和谐共生、协调发展②。具体包括两层含义：一是人们内心所具有的生态道德观念（或道德意识），即人们的内在道德；二是人们外显在行动上的生态道德行为。全面提高生态道德素质就既需提高生态道德意识，还要提高人民践行生态道德的行为，为此，就需要加强全民生态道德教育，积极引导和规范全民践行生态道德行为，真正做到“内化于心、外化于行”。

（一）开展全民生态道德教育，唤醒全民生态道德意识

一种观念要被人民群众所接受和认同，并能转化为人民群众的行为习惯和道德实践，关键在于教育。当前我国民众生态道德意识淡漠、生态道德行为失范的现象较为普遍，导致这一现象的原因既有法律法规的缺失，也与长期以来对生态道德教育的重视程度不够、推进力度不够有关。因此，我们必须高度重视对全社会尤其是加强青少年的生态道德教育，通过多种途径和手段，有计划、有组织地开展全民生态道德教育，唤醒全民生态道德意识。这就需要将生态道德观念全面贯穿和深刻融入各级各类学校教育、家庭教育和社会教育的各方面和全过程，既可以把生态道德教育融入生态文明教育体系之中，也可以单独开设生态道德教

① 邱高会、蒋静：《美丽中国视域下加强医学生生态道德培育的思考》，《中国医学伦理学》2016 年第 2 期。

② 刘希刚：《马克思恩格斯生态文明思想及其中国实践研究》，中国社会科学出版社 2014 年版，第 200 页。

育课程，大力构建全域覆盖、全程覆盖的生态道德教学体系，充分发挥各种教育因素的协同推进作用，切实增强生态道德的维系力量，提高生态道德教育的实效性。

（二）促进生态道德意识向生态道德行为转化

生态道德重在培育、贵在践行，其最终目的是为了使生态道德观念外化为人们的生态道德行为，做到知行合一。正如习近平指出的："衡量生态文化是否在全社会扎根，就是要看这种行为准则和价值理念是否自觉体现在社会生产生活的方方面面。"① 因此，生态道德的培育，重在引导和约束社会成员坚持用人与自然平等相处、和谐发展的生态道德来规范、调整自己的行为，要站在对自己负责、对他人负责、对子孙后代负责、对全人类及整个地球生物圈负责的高度，自觉履行对自然的道德责任与义务，更加主动地关爱自然、顺应自然并保护自然。在全社会挖掘和树立生态道德模范榜样，把优秀的生态道德规范和先进的生态道德事迹传播到民众中去，发挥其带头示范作用，从而影响和感召民众，使民众自觉投身到生态道德建设的实践。

第四节　生态文明建设融入社会建设道路的发展

生态文明建设必须是以全社会的生态化、绿色化转型为根本，这是推动生态文明建设的动力源泉，因此，从本质上说生态文明建设是一场深刻而系统的社会治理和社会变革，这就要求必须把生态文明的理念、目标、原则、体系等逐步渗透融入社会治理的诸要素和全过程之中，推动社会治理理念、治理目标、治理体系、治理体制、治理方式的生态化变革和绿色化转型，完善社会治理体系，提高社会治理水平，消除各种不稳定不和谐的因素，释放"人民安居乐业、社会安定有序"的制度红利，推进社会治理体系和治理能力现代化。

社会建设与人民幸福安康息息相关，其目的就是要在社会领域不断建立和完善各种能够合理配置社会资源的社会结构和社会机制，推动形

① 习近平：《之江新语》，浙江人民出版社 2007 年版，第 48 页。

成各种有效调节社会关系的社会组织和社会力量。[①] 也就是说，社会建设必须以维护最广大人民群众的根本利益为出发点，以保障和改善民生为重点，增进民生福祉、以让人民过上更好生活为宗旨。党的十八大和十九大对社会建设的总体要求和战略部署都把“保障和改善民生”“增进民生福祉”作为社会建设的着力点。那么，何为民生呢？一般而言，民生主要有三个层面的内涵，由低到高依次是民众的基本生存和生活状态、民众的基本发展机会和发展能力、民众的基本权益保护的状况。这三个层面的具体内容会随着时代的变迁而发生相应的变化。自社会主义制度确立以来，我国社会生产力在很长一段时期内都十分低下，温饱问题长期成为老百姓最关心的基本生存和生活问题；改革开放以来，随着我国经济社会的快速发展，人均国民生产总值大幅提高，人民物质生活水平节节攀升，但随之而来的自然资源短缺、生态系统退化、环境污染严重等生态环境问题却日益凸显，逐渐成为老百姓最担忧、最关注的重大民生问题，部分地区土地污染、饮用水源污染、雾霾天气、城市黑臭水体等突出生态环境问题，已经对民众的健康构成了严重威胁，如“癌症村”的出现更是犹如晴天霹雳，大大降低民众的生活质量和幸福指数，人们已经到了“谈霾色变”“谈癌色变”的程度，严重制约了和谐社会的构建和全面建成小康社会的实现。对此，习近平曾指出“随着经济社会发展和人民生活水平不断提高，环境问题往往最容易引起群众不满，弄得不好也往往最容易引发群体性事件”[②]。据统计，1996 年以来，我国由环境问题引发的群体性事件年均递增 29%，而同期我国信访总量和群体性事件发生量都在下降。[③] 充分表明了人民群众对生存环境的不满，可以说，我国突出的生态环境问题已经成为民生之患、民心之痛；也验证了“环境就是民生，青山就是美丽，蓝天也是幸福”这一真理。[④]

① 郑杭生：《社会建设和社会管理研究与中国社会学使命》，《社会学研究》2011 年第 4 期。

② 《习近平在中共中央政治局第六次集体学习时强调　坚持节约资源和保护环境基本国策　努力走向社会主义生态文明新时代》，《环境经济》2013 年第 6 期。

③ 光明网评论员：《光明网：环境群体事件年均递增 29% 说明什么》，人民网（http://cpc. people. com. cn/pinglun/n/2012/1029/c78779 - 19420176. html），2012 年 10 月 29 日。

④ 《习近平在江西代表团参加审议时强调：环境就是民生，青山就是美丽，蓝天也是幸福》，《中国青年报》2015 年 3 月 7 日第 2 版。

对人的生存而言，没有清洁的水源、清新的空气、安全的食品，拥有再多的金山银山人民也不可能拥有幸福生活。[①] 由此可见，生态文明建设已成为当前我国关系民生的重大社会问题，"我们要利用倒逼机制，顺势而为，把生态文明建设放到更加突出的位置。这也是民意所在"[②]；无论是从老百姓的满意度、还是从改善民生的着力点看，这都是最重要的。因此，要把解决突出生态环境问题作为民生优先领域，着力解决好人民最关心、最直接、最现实的生态环境问题，增加优质生态产品的供给，为老百姓提供良好的生态环境，让人民群众呼吸清新的空气、喝上清洁的水、吃上安全的食品，已成为全面建成小康社会决胜时期的重大民生工程，这是生态文明建设与社会建设共同的奋斗目标。

不仅如此，生态文明建设与社会建设还有着共同的理念和原则，那就是注重公平，包括坚持人类社会的代内公平和代际公平、坚持人与自然之间主体地位的平等，进而促进人自身的和谐、人与人之间的和谐、人与社会之间的和谐及人与自然之间的和谐，这些都是生态文明建设与社会建设融入共建的内在契合点，二者融入共建，相互促进。一方面，生态文明建设融入社会建设有助于宣传、普及生态文明理念，提高全社会的生态文明意识，推进生态文明价值观成为社会主流价值观，形成人人、事事、时时崇尚生态文明的社会氛围，调动全民参与生态文明建设的积极性、主动性和创造性，加快推进生态文明建设；另一方面，生态文明建设融入社会建设，有助于解决人们最为关心、最直接、最现实的生态民生问题，增加优质生态公共产品的有效供给，满足民众对天蓝、地绿、水净的美好家园的生态需求，增进人类健康、提高人民群众生活质量和生态幸福指数，维护社会的和谐稳定。

综合党的十八大以来党中央对社会建设的战略部署，社会建设要求办好人民满意的教育、提高就业质量和人民收入水平、加强社会保障体系建设、坚决打赢脱贫攻坚战、实施健康中国战略、打造共建共治共享的社会治理格局、有效维护国家安全等。为此，生态文明建设融入社会

① 俞可平：《生态治理现代化越显重要和紧迫》，《北京日报》2015 年 11 月 2 日第 17 版。

② 中共中央文献研究室：《习近平关于社会主义生态文明建设论述摘编》，中央文献出版社 2017 年版，第 83 页。

建设，就必须坚持以增进人民生态民生福祉为导向，以保障和改善生态民生、提高人民生态幸福指数为着力点，在加速推进绿色和谐社会建设进程中为全社会供给更多优质生态公共服务，维护国家生态安全，让广大人民群众共建共治共享绿色发展成果。在融入的路径选择上，应着力强化生态文明教育、大力发展绿色就业，打造全民共建共治共享的生态治理行动体系。

一　着力强化生态文明教育

社会建设的首要任务是努力办好人民满意的教育，由此决定了生态文明建设融入社会建设的第一要务就是将生态文明的理念、目标、原则、任务等融入现代教育体系的各方面和全过程，构建系统完整的生态文明教育体系，促进生态文明理念在全社会牢固树立，提高全民生态文明意识，激发全社会建设生态文明的内生动力，推动坚持绿色发展、践行绿色生产生活方式成为每个社会成员的自觉行动①，正所谓“知之愈明，则行之愈笃”；同时，又有助于推动现有教育的理念、目标、方法、任务等整个现有教育体系生态化变革和绿色化转型，使各级各类教育更遵循教育规律和人才成长的规律，更能符合人性本身的全面需求，真正促进人的自由而全面发展。因此，生态文明建设融入教育的根本要求是大力实施生态文明教育。一方面要把生态文明理念融入现有教育体系的各方面和全过程之中，推动教育理念、教育目标、教育内容、教育活动等的绿色转向，努力办好绿色的能促进人的自由而全面发展的人民满意的教育；另一方面，就是在现有的教育中额外增添生态文明素质教育的内容，把生态文明素质教育作为整个国民教育的重要内容强力推进，提高国民生态文明素质。在这两个方面的任务中，整个教育体系的绿色化转型是一项长期而艰巨的任务，只有通过强化生态文明素质教育、促进社会主义生态文明观念在全社会牢固树立之后才可能逐步实现。因此，本节仅就如何着力强化生态文明宣传教育作进一步探讨。

---

① 习近平：《携手推进亚洲绿色发展和可持续发展——在博鳌亚洲论坛开幕式上的演讲》，《人民日报》2010年4月11日第1版。

（一）我国公众生态文明素质现状分析

自党的十七大以来，我国在生态文明理念的宣传和教育方面开展了大量探索，各部门、地区也在积极推进，但根据课题组问卷调查的结果显示：当前社会公众的生态文明素质总体不高，表现出高认同度、中等践行度和中等偏低认知度的特征，当务之急仍然需要在全社会广泛而深入地宣传普及生态文明理念。为了提高生态文明教育的针对性和实效性，有必要进一步对社会公众在生态文明认知度、认同度和践行度三个方面的详细情况作具体分析。

1. 生态文明认知度分析

生态文明素质是基于生态文明知识的有效认知基础之上得以形成的，生态文明素质的高低首先取决于对生态文明认知程度的高低。生态文明的认知度主要体现在对生态文明知识的了解率和准确度两个方面，总体来看，受访者关于生态文明的认知度处于中等偏低水平，呈现出“高了解率、低准确度”的特点，对生态文明的认知仅处于初步的了解层次，且对与自身日常生活密切相关的生态文明知识了解的准确度较高，反之则相对较低，尚未形成系统而准确的生态文明知识体系，对我国生态文明建设战略缺乏全面、系统、深刻的认识（见表5－1、表5－2）。

表5－1 **受访者对生态文明知识的了解率**

问卷调查问题	非常了解	比较了解	了解一点	不了解
1. 您了解生态文明或生态文明建设吗？	6.28%	22.97%	53.50%	17.26%
2. 您对身边的环境污染了解吗？	9.70%	34.30%	45.90%	10.10%
3. 您了解什么是循环经济吗？	7.00%	22.90%	42.50%	27.60%

表5－2 **受访者掌握生态文明知识的准确度**

问卷调查项目	错误率	正确率
1. “生态文明建设”是在哪次会议上被纳入中国特色社会主义事业“五位一体”总体布局的？	79.90%	20.10%
2. 环境问题投诉举报热线电话是多少？	82.30%	17.70%
3. “绿色食品”是指？	40.30%	59.70%

续表

问卷调查项目	错误率	正确率
4. “白色污染”是指?	41.90%	58.10%
5. 请问下列哪项不涉及生态文明?	38.50%	61.50%

2. 对生态文明认同度分析

生态文明认同度是指人们对生态文明及生态文明建设的认识和评价程度，对生态文明的认同主要体现在对生态文明建设的认可、赞同、满意和配合程度。调查结果表明，受访者对于生态文明建设的认同度较高，大多数受访者“比较认同”或“完全认同”生态文明建设，仅有少数受访者对生态文明建设的认同度一般。受访者对生态文明建设的认同程度和配合意愿均较高，但对当前的生态环境满意度不高（见表5－3）。

表5－3　**受访者对生态文明的认同度**

问卷调查项目	答案选项及得分			
1. 您认为绿水青山和金山银山哪个更为重要?	绿水青山更重要	同等重要	金山银山更重要	没有考虑过
	57.50%	28.10%	8.30%	6.10%
2. 您对目前居住地的生态环境满意吗?	非常不满	不满	一般	满意
	9.40%	26.20%	46.10%	18.30%
3. 您愿意为建设生态文明贡献自己的力量吗?	非常愿意	愿意	无所谓	不愿意
	17.10%	67.60%	13.50%	1.80%
4. 您认为生态文明建设是当前的一项紧迫任务吗?	非常紧迫	很紧迫	一般	不紧迫
	31.90%	43.30%	22.50%	2.30%
5. 当您发现有破坏生态环境现象时，您的态度是?	积极制止	举报	观望	无所谓
	34.24%	28.67%	27.25%	9.84%
6. 您认为需要加强生态文明理念的宣传教育吗?	非常需要	需要	无所谓	不需要
	34.00%	55.60%	8.30%	2.10%
7. 您认为个人的生态文明意识对建设“美丽中国”重要吗?	非常重要	重要	一般	不重要
	37.00%	52.10%	9.20%	1.70%
8. 您认为生态文明建设对人类的发展重要吗?	非常重要	重要	一般	不重要
	36.30%	51.00%	10.60%	2.10%

续表

问卷调查项目	答案选项及得分			
9. 您赞同建立领导干部任期生态文明建设责任制及终身追责制度吗?	完全赞同	赞同	一般	不赞同
	29.63%	48.15%	17.95%	4.27%
10. 您赞同生态文明建设是每一个人的责任吗?	完全赞同	赞同	一般	不赞同
	32.50%	48.90%	14.70%	3.90%

3. 生态文明建设的践行度分析

生态文明建设的践行度是生态文明素质的最高层次和最成熟的发展阶段，反映的是人们对生态文明建设“知行合一”的程度，直接体现着一个国家或地区生态文明的水平。本次生态文明践行度的调查主要是针对民众在日常生活中自觉践行和宣传绿色生活方式的程度。总体来看，受访者生态文明建设的践行度处于中等水平，且受访者在与自身利益直接相关的方面参与程度较高，反之则相对较低，说明了公众在参与生态文明建设过程中的利己主义思想浓厚而利他意识不够（见表5－4）。

表5－4　　受访者对生态文明的践行度

调查项目	总是	经常	很少	从未
1. 您在生活中对生活垃圾进行分类处理吗?	6.55%	25.50%	49.29%	18.66%
2. 您购物时使用环保购物袋（菜篮之类）吗?	7.50%	34.10%	45.60%	12.80%
3. 您在购物时会拒绝过度包装的物品吗?	9.60%	31.80%	49.60%	9.00%
4. 您通常愿意选择公共交通工具代替私家车吗?	19.60%	38.30%	33.40%	8.70%
5. 您在生活中使用一次性餐具吗?	2.70%	15.40%	66.20%	15.70%
6. 您在生活中会随手关水、关电吗?	48.00%	45.10%	6.00%	0.90%
7. 您在生活中会参加植树种草等绿化活动吗?	7.70%	29.20%	50.20%	12.90%
8. 您在生活中使用无磷洗涤剂吗?	13.30%	38.70%	37.20%	10.80%
9. 您使用节能产品（如节能灯具、节能灶具等）吗?	29.63%	55.13%	12.82%	2.42%
10. 您时常向身边的人宣传生态文明知识吗?	6.60%	31.70%	52.40%	9.30%

导致公众生态文明素质总体不高的原因是多方面的。其一，生态文明宣传教育推进的力度还不够大，尚未完全纳入国民教育体系之中成为大中小学生的必须课程。根据受访者获取生态文明知识的渠道来看（图 5－1），主要是以电视、网络为主，占 67.2%；其次为杂志、书籍、报纸，路边广告、宣传栏，学校，亲朋好友和其他，而通过电视或者网络获取的生态文明知识往往不够全面、系统，难以形成系统的生态文明知识体系。其二，从现有部分学校的生态文明教育内容体系来看，也较为片面，大多还停留在环境保护层面。其三，生态文明宣传教育的方式方法亟待创新，教育的实效性有待增强。因此，要进一步加强生态文明的宣传教育力度，必须面向“全社会”“全民”“全方位”开展宣传教育，其教育对象涵盖社会各阶层、各行业、各领域的人群，要提高宣传教育实效性，就既需要注重教育对象的针对性，还要注重教育内容教育方式的多样性与灵活性。

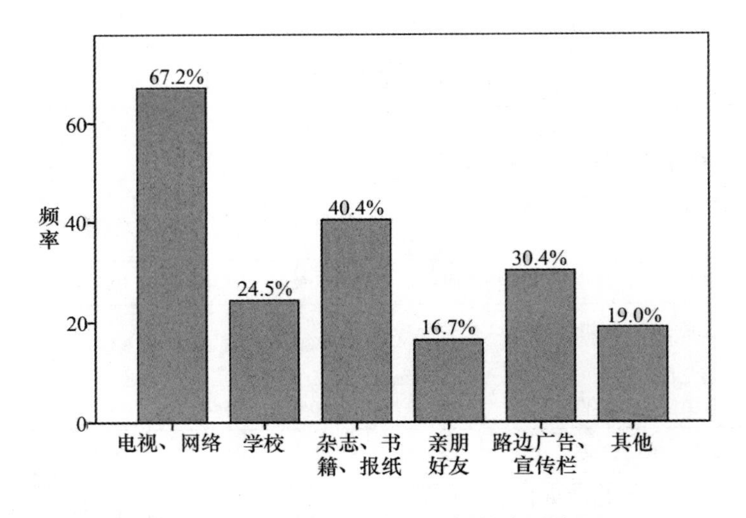

图 5－1　受访者生态文明知识的来源情况

（二）进一步强化生态文明宣传教育的对策建议

1. 科学构建生态文明教育体系

生态文明教育是一项复杂的社会系统工程，必须要以国家意志和政府干预的方式推行。一方面，要尽快把生态文明教育纳入国民教育和干部教育培训体系的各方面和全过程之中，使之成为素质教育、职业教育和终身教育的重要内容。建议教育部将原有的《中小学环境专题教育大纲》修订为《大中小学生态文明教育大纲》，各省（自治区、直辖市）、市、县要结合区域实际制定《全民生态文明教育规划》及《全民生态文明教育实施方案》等。另一方面，要尽快组织相关专家深化生态文明教育内容体系研究，针对不同人群编写相应的宣传普及读本和教材。尽管目前已涌现出了部分生态文明建设的干部读物及科普教材，但其内容大多不够全面、系统，要么是侧重生态学知识的普及、要么是偏重环境保护宣传，因此，亟须构建系统、完整的生态文明教育体系。根据党中央、国务院对生态文明建设内容的顶层设计，生态文明教育至少应当包括生态文明知识、绿色科学技术、生态道德、生态法制、生态审美及生态感恩教育等多个方面。其中，生态感恩教育是当前最为缺失的一个环节，当今人类面临生态危机的重要原因之一就在于人类缺乏一颗感恩自然生态系统的心，忘记了自然是生我、养我的母亲，是人的无机身体，导致人类只知一味向自然索取而不懂回报。通过实施感恩教育，以唤醒人们感恩自然母亲的心，去关注那些曾被我们忽略了的生命、重拾那些被我们遗忘了的亲情，真正发自内心地尊重自然、顺应自然和保护自然。①

2. 努力创新生态文明教育方式

一是要聚焦重点人群，充分发挥重点宣传对象的示范带动作用。党中央、国务院明确要求，提高全民生态环境意识，要把生态文明教育纳入各级干部教育培训体系，“从娃娃和青少年抓起、从家庭、学校教育抓起”，“党政机关、国有企业要带头厉行勤俭节约”。因此，党政领导干部、国有企业负责人、青年学生就理应成为生态文明宣传工作的重点人群，是“培训培训者”教育的重点对象，通过重点人群去宣传、感染和影响广大民众，逐步带动全民生态文明意识的提高。

二是要根据不同的受教对象，实施差别化的教育方式。对于党政领导干部，可采取专题研讨学习、专题讲座、系列报道、实地考察等多种形式，以提高他们对建设生态文明极端重要性和紧迫性的认识，增强责

① 张晓斌：《感恩自然》，光明日报出版社2014年版，前言。

任感和使命感。对于学生，应将生态文明作为必备的素质教育纳入各级教育体系，融入课堂、融入生活、融入校园基础设施和校园文化建设的各方面和全过程之中，把生态文明素质测评作为学生综合素质测评的重要指标，使“绿色”成为学生的价值取向、行为导向、成为整个校园的底色和基色，充分发挥大、中、小学校实施生态文明教育主阵地的作用。对于广大人民群众，要注重宣传内容的通俗化、生活化和大众化，以公众喜闻乐见的方式进行多层面、全方位宣传教育。

三是要加强生态文明的传播体系建设，充分发挥新闻媒体宣传作用。一方面，要充分发挥书籍、电视、报纸、杂志、广播、横幅、标语、广告牌、政务公开栏等传统主流媒体传播生态文明；同时要结合“宽带中国”“智慧城市”等国家重大信息工程建设，强化推进新闻网站、QQ、微博、微信、学习强国、手机报、数字报、数字出版等数字媒体建设，推动形成传统媒体与数字媒体相结合的全方位、立体化、多样化的宣传和报道生态文明的新格局，保障生态文明传播的高效快捷和安全有序，促进全社会树立理性、积极的生态文明舆论导向。

3. 建立健全促进生态文明教育的长效机制

一是要建立健全推进生态文明教育的工作机制。各级党政领导必须将生态文明教育纳入工作全局进行研究部署，加大对生态文明教育的政策支持，积极打造生态文明宣教行政网络平台。

二是要建立健全组织协调机制。加强相关行政部门之间、政府与社会生态文明社团或组织之间、学校与家庭及社会之间的交流与协作，推动形成全社会联动推进生态文明教育的新格局。

三是要建立健全人才建设机制。加强师资队伍培训，培育高素质、高水平的生态文明教育人才；搭建生态文明研究平台，培育研究生态文明的专业团队，通过深化生态文明理论研究提高对生态文明的认知，反哺生态文明教育。

四是建立健全投融资机制。加大生态文明教育财政投入、拓宽社会融资渠道，保障生态文明宣传教育经费充足。

二　大力发展绿色就业

就业是民生之本、是最大的民生，保障实现更高质量的就业已成为新时代党和国家高度关注的首要的、最大的民生工程。党的十八大首次把“推动实现更高质量的就业”[①] 作为加强社会建设的重大战略部署之一；党的十九大报告再次提出“要坚持就业优先战略和积极就业政策，实现更高质量和更充分就业”[②]；党的十九届四中全会进一步强调要：“健全有利于更充分更高质量就业的促进机制”，“促进广大劳动者实现体面劳动、全面发展”[③]。这既体现了我们党“坚持以人民为中心”的发展思想和“人民至上”的价值取向；也显示了我们党保障和改善民生、不断满足人民对美好生活新期待的信心和决心；更彰显了我国国家制度和国家治理体系的显著优势。绿色就业是促进更高质量就业的发展方向，是一种体面的、促进劳动者全面发展的、高质量的就业，是真正意义上的民生之本。

（一）发展绿色就业的意义

积极探索推进绿色就业之路，既是促进生态文明建设融入社会建设，加快推进生态文明建设，提高生态文明水平的有效路径；也是落实新发展理念、助推经济高质量发展，推动绿色“双创”、实现绿色富国、绿色惠民的基本要求。

首先，发展绿色就业能够促进生态文明建设，提升生态文明水平。绿色就业所在的行业主要是与生态环境保护、能源资源节约、绿色低碳循环生产建筑交通等相关的绿色行业，其就业过程、就业环境、就业结果都既有助于生态环境保护与恢复和能源资源节约高效利用，减少污染物排放，降低经济社会发展对生态环境的压力，提升自然生态系统的文明性，又能增加优质生态产品的供给，为民众创造更加优美的生产生活环境。

其次，发展绿色就业能够推动经济发展方式和经济结构绿色转型，助推经济高质量发展。党的十九大报告指出：“我国经济已由高速增长

① 胡锦涛：《坚定不移沿着中国特色社会主义道路前进　为全面建成小康社会而奋斗——在中国共产党第十八次全国代表大会上的报告》，人民出版社 2012 年版，第 35 页。

② 习近平：《决胜全面建成小康社会　夺取新时代中国特色社会主义伟大胜利——在中国共产党第十九次全国代表大会上的报告》，人民出版社 2017 年版，第 46 页。

③ 《中共中央关于坚持和完善中国特色社会主义制度　推进国家治理体系和治理能力现代化若干重大问题的决定》，《人民日报》2019 年 11 月 6 日第 1 版。

阶段转向高质量发展阶段，正处在转变发展方式、优化经济结构、转换增长动力的攻关期，建设现代化经济体系是跨越关口的迫切要求和我国发展的战略目标。”通过发展绿色就业，可以倒逼企业通过科技创新、管理创新、制度创新等对现有就业岗位进行“绿色化”改造和提升，提供更多的绿色岗位；也可以推动“大众创业、万众创新”即“双创”与绿色就业相融合，推动绿色创业、绿色创新，开创绿色“双创”新格局。因此，通过绿色就业能够有效带动绿色产业发展，推动经济结构和发展方式的绿色转型，有助于推动我国经济高质量发展。

再次，发展绿色就业有助于人民共享发展成果，促进人的全面发展。绿色产业极大改善了劳动者的作业环境，避免了传统高污染产业带给劳动者的健康损害，能够增进职业安全和健康，让更多的职工能够体面劳动，进而推动就业质量的提高。同时，绿色产业要求劳动者必须具备一定的知识和技能，促使劳动者不断学习、不断发展才能适应新的绿色岗位需求，这样就助于提高劳动者的知识技能和综合素质，拓展劳动者的发展空间，进而促进劳动者的全面发展。

最后，发展绿色就业能够有效开发利用各级各类人才，发挥人才强国优势。我国是一个人口众多的人力资源大国，有近 14 亿人口，每天拥有全世界 1/5 的时间、人类 1/5 的生命活动和思维活动的空间，每天都在创造着大量的新知识和新财富，累积着物力资本和人力资本。发展绿色就业能够有效开发利用各级各类人才，将我国人口大国的优势有效转化为人力资源和人力资本强国的优势，不断满足绿色发展对绿色人力资源和人力资本的需求，为促进绿色发展、建设生态文明提供动力支持。

综上所述，大力推进绿色就业，既有助于提高就业质量，助推经济高质量发展，提升生态文明水平；也有助于提高劳动者素质、增进民生福祉。

当前，发展绿色就业已成为国际共识，而我国在绿色发展理念的引领和指导下，绿色就业的未来发展前景将更加广阔。但绿色就业在中国仍然是一个全新领域，有关绿色就业研究的文献资料并不丰富，无法满足我国在“十四五”时期乃至今后更长时期内落实绿色发展理念和绿色发展战略的要求，亟须理论创新和实践探索。

（二）绿色就业的内涵

绿色就业至今尚没有一个公认的概念，对于什么是绿色就业国际国内都尚未达成共识。[①] 国际上对绿色就业作出的比较权威的解释是在 UNEP、ILO、ITUC（2008）共同发表的《绿色工作：在可持续的低碳世界中趋向体面的工作》报告中基于产业和部门的视角而界定的："绿色就业是指在农业、制造业、研发部门、行政部门中从事有助于保护和维护环境质量的工作。"[②] 我国部分学者从不同侧面对绿色就业的概念内涵进行了界定，概括起来，现有对绿色就业概念的界定主要是基于行业类型或就业效应（影响）两个维度，在就业效应方面更多的是考虑环境效应，个别学者拓展到了经济、社会、环境效益。如李虹（2011）认为，绿色就业是指直接或间接从事与生态环境保护、节能减排等相关的、有助于经济社会发展和资源环境相协调、提高生态文明水平的体面工作，既包括对现有就业的"绿色化"改造和提升，也包括创造新的绿色就业岗位。[③] 张小建（2012）认为，绿色工作是低消耗、低排放、可持续的产业和岗位上的工作统称。[④] 绿色就业发展战略研究课题组张丽宾（2013）从广义和狭义两个方面分别对绿色就业的概念作出界定，认为在广义上是指符合节能、降污、低碳和生态环保四方面标准的产业、行业、职业、企业；而狭义的绿色就业是指不直接对环境产生负面影响以及对环境产生有利影响的工作。[⑤] 周亚敏、潘家华等（2014）认为绿色就业内涵丰富，需从环境维度、社会维度和经济维度来理解，并将绿色就业简单概括为：节能、减污、环保且能够提供体面工作的绿色岗位。[⑥] 借鉴学界对绿色就业概念的界定，可将绿色就业定义为：以绿色发展理念为

---

① 周亚敏、潘家华、冯永晟：《绿色就业：理论含义与政策效应》，《中国人口·资源与环境》2014 年第 1 期。

② Renner M, Sweeney S, Kubit J. Green Jobs, "Towards Decent Work in a Sustainable, Low-Carbon World", *Environmental Policy Collection*, 2008.

③ 李虹：《包容性增长与绿色就业的发展》，《宏观经济管理》2011 年第 2 期。

④ 张小建：《积极探索中国推进绿色就业之路——在生态文明论坛·贵阳会议绿色增长与绿色就业分论坛上的讲话》，《中国就业》2012 年第 10 期。

⑤ 绿色就业发展战略研究课题组：《绿色就业发展战略研究》，《中国劳动》2013 年第 2 期。

⑥ 周亚敏、潘家华、冯永晟：《绿色就业：理论含义与政策效应》，《中国人口·资源与环境》2014 年第 1 期。

指导，以人与自然和谐共生、协调发展为价值遵循，既有利于能源资源节约和生态环境友好、提高生态文明水平，又有助于促进劳动者全面发展的就业方式的总称。绿色就业涉及的领域既包括《绿色产业指导目录（2019 年版）》所指的绿色产业，也包括现代服务业、战略性新兴产业、高科技产业以及对传统产业实行绿色化改造转型后的传统优势产业等。

（二）推进绿色就业的对策建议

针对当前我国绿色就业创业发展不足的现状，要推进绿色就业创业，应着力加强以下四个方面的工作：

1. 加大绿色就业宣传，激发绿色就业需求

绿色就业对我国广大民众和很多企业而言，依然是一个较为新鲜的概念，因此，要借助我国培植绿色发展理念、大力推进绿色发展的战略机遇，加大绿色就业的宣传普及力度。充分利用互联网络、电视广播、报纸杂志、宣传栏等多种媒介，把企业、社区、职业培训机构、高校等作为主阵地，通过知识普及、专题讲座、典型案例报道、先进示范表彰等多种方式，广泛宣传绿色就业的知识、意义、前景等，以提高全社会对绿色就业的认知度和认同感，激发民众对绿色就业的内生需求，营造崇尚绿色就业、发展绿色就业的良好社会氛围。

2. 创造绿色就业岗位，拓宽绿色就业渠道

根据绿色就业的内涵，创造绿色就业岗位的基本途径概括起来有四条：其一是通过大力发展绿色创新产业，培育新的绿色就业增长点，开发新的绿色就业岗位。其二是通过化解过剩产能、淘汰传统落后产能为发展绿色产业、绿色就业腾出空间。其三是对传统产业和现有就业岗位进行绿色化改造和提升，通过技术绿色创新、管理绿色创新、组织绿色创新等方式推动传统产业和现有就业岗位增绿；同时，要尽可能延伸产业链条，增加绿色就业岗位。其四是通过鼓励和支持大众绿色创业，以绿色创业推动绿色就业。发展绿色就业应抢抓“大众创业、万众创新”（简称“双创”）这一战略机遇，不断优化绿色创新创业环境，畅通绿色创业创新通道，激发全社会支持绿色创业、参与绿色创业的积极性和主动性，不断增强绿色创业带动绿色就业能力。结合我国及各区域的实际，一方面要重点扶持现有的环保产业、再生资源回收业、新能源产业、绿色建筑业等，将之作为绿色就业创业行业的突破口和孵化器，在此基础上进

一步拓展创业项目；另一方面要鼓励科技、教育、文化等专业人才和科创企业科技人才充分发挥知识和技术优势，成为绿色创业人员的引领者。[①]

3. 建立健全协调推进机制，联动推进绿色就业

一是建立政府主导、市场响应、多方共同参与的协调推进机制。以政府为主导，加大对绿色就业研究的支持和投入力度，搭建绿色就业创业服务交流平台，建立绿色就业创业信息库，为绿色就业创业提供信息咨询和服务；以企业为主体，加大对属于绿色就业范畴的小型和微型企业以政策和资金上的扶持。二是建立多部门联动的协调推进机制。绿色就业需要人社部门、发改、生态环保、工信、宣传、财政、工商、税务等多部门的协作。进一步细化绿色就业创业的要素和任务，并将之分解到对应的部门和各级政府，做到部门协调，上下联动，共同促进绿色就业创业发展。此外，还要充分发挥工会、企业联合会等社会团体的作用，广泛动员社会各方面的力量参与。

4. 完善促进绿色就业创业的相关配套政策，为绿色就业提供支持和保障

一方面，应依托现行就业政策，在已有就业政策体系中融入绿色就业要素，绿化现行就业政策体系；另一方面，应针对绿色就业创业制定单独的扶持政策，包括财税补贴、培训政策和投融资政策等。一是要建立健全促进绿色就业创业的财政支持政策，安排绿色就业创业专项资金，用于对绿色企业和绿色就业人员的补贴、绿色就业培训补贴和奖励、绿色创业孵化基地建设、绿色创业失败补贴等，全面激发绿色创业创新热情。二是完善绿色就业培训政策，成立专门的绿色职业训练机构，建立绿色职业技能培训平台，确保绿色就业培训工程顺利实施；通过各种优惠补贴政策鼓励各类劳动者免费参加培训，并给予取得绿色就业资格者适当奖励。三是建立健全绿色就业投融资政策，拓宽融资渠道。大力支持符合政策要求、有利于绿色就业创业项目的融资、担保贷款等政策；同时，可通过设立各种形式的投资引导资金，鼓励利用国内外社会资本投资绿色就业创业。四要加大对绿色创业人员的表彰和奖励力度，开展

---

① 国务院：《“十三五”促进就业规划》，中央政府门户网站（http://www.gov.cn/zhengce/content/2017-02/06/content_5165797.htm），2017年2月6日。

“绿色创业之星”评选活动，对推动地方绿色创业作出重大贡献者，给予表彰、奖励并大力宣传报道，充分发挥先进绿色创业者在全社会的示范和带头作用，通过绿色创业带动绿色就业。

三　加快构建全民共建共享的生态治理行动体系

生态文明建设关系各行各业、千家万户，是全社会每一名成员的共同责任，既需要以国家意志进行顶层设计，更需要全社会的共同努力、积极参与、共同行动，才能协同推进。为此，就需要通过多种方式、多种途径，引导各方力量共同参与生态文明建设，共享生态文明成果，加快构建全民共建共享的生态治理社会行动体系。

（一）充分认识全民共建共享生态治理的重要性

一方面，全民参与生态治理有助于提高全社会的生态文明意识，为生态文明建设提供持久的内生动力。民众既是生态环境的破坏者，更是生态文明建设的参与者、建设者。倘若民众在日常生产生活中有不当的生态行为，有可能造成资源浪费、环境污染和生态破坏。倘若让民众参与生态治理，有助于摒弃民众个人的不当生产生活方式，自觉按照生态文明理念的要求践行绿色生产生活方式，同时还能监督党政领导干部生态执政、生态执法，监督企业从事绿色生产和经营活动等。① 当前，人民群众日益高涨的生态权利主张和社会生态治理滞后之间的矛盾日益尖锐的严峻现实警示我们，加快推进生态文明建设不能继续沿袭传统的“重物轻人”的做法，不能再把人民群众当作“看客”甚至是生态环境的破坏者，而必须坚持以民为本，让人人担负起建设生态文明的责任，充分发挥人民群众的首创精神，才能有效凝聚民心、集中民智、汇集民力，在全社会形成人人关心、支持、参与生态文明建设的良好氛围，激发人民主动参与生态文明建设的内生动力，深入持久地推动生态文明建设。为此，必须进一步加大全社会动员力度，鼓励民众自觉投身到生态文明建设的实践中，创新全民参与生态治理的新路径、新模式，构建全民参与的生态治理行动体系，才能真正走出一条全民共建共享的生态文

① 邵光学：《生态文明建设视域下社会治理创新研究》，《技术经济与管理研究》2014 年第 11 期。

明建设道路。[①]

另一方面，全民参与生态治理是提高社会治理水平，推进国家治理体系和治理能力现代化的内在要求。“推进国家治理体系和治理能力现代化”是全面深化改革的总目标之一。全民参与生态治理，要求连同政府、企业、民众等在内的多元主体共同参与，有利于形成党委领导、政府负责、企业和公众参与、全社会齐抓共管的新型社会生态治理格局，有利于保障公众在生态文明建设方面的知情权、监督权、话语权和参与权，推动政府积极解决人民群众关注的生态环境问题，为人民群众提供更多更优质的生态产品，切实保障人民群众的生态利益诉求，维护公民基本生态权益，增强社会生态治理能力。因此，构建全民参与生态治理行动体系是完善国家治理体系、推进国家治理能力现代化的内在要求。

（二）积极打造全民共建共享生态治理行动体系

1. 大力开展全民绿色美丽人生发展规划活动

我国是一个人口近 14 亿的人力资源大国，人民群众中蕴藏着巨大的对生态产品的生态需求和无限的绿色创造潜能，这是推进生态文明建设最强大的不竭动力。因此，加快推进生态文明建设必须充分挖掘、开发民众自身的绿色需求，激发民众的绿色创造潜能，充分发挥我国人力资源优势。这就需要将绿色发展理念、美丽中国的目标等分解细化并与不同年龄、不同区域、不同行业的民众自身的人生发展需求和发展目标相融合，引导民众积极开展绿色人生发展规划活动，将“美丽中国梦”内化为每一个人的“绿色美丽人生梦”，将生态文明建设的国家意志内化为民众个人意志和自觉行为，才能形成推进我国生态文明建设的持久内生动力，切实解决生态文明建设内生动力不足的问题。

绿色美丽人生发展是指在美丽中国目标导向下，以绿色发展理念为指导的人自由而全面协调可持续发展，是身心健康和谐的绿色生命、文明幸福的绿色生活、理想满意的绿色职业生涯等多个层面的和谐发展。[②]绿色美丽人生发展理念强调在个人目标选择、价值实现过程中必须摒弃

① 环境保护部宣传教育司：《加强社会动员　共建生态文明——积极构建全民参与环境保护的社会行动体系》，《环境保护》2013 年第 22 期。

② 邓玲等：《我国生态文明发展战略及其区域实现研究》，人民出版社 2014 年版，第 203 页。

“唯物质幸福目的论”和“人类中心主义”的价值观，应当以致力于实现个人自由而全面的发展和人与自然和谐发展作为人生的价值追求和奋斗目标。因此，倡导绿色美丽人生发展有助于激发、唤醒人类对绿色、和谐等的需求，使“美丽中国”这一生态文明建设的目标、要求等逐步内化为民众对绿色生命、绿色生活和绿色职业生涯的内在需求，自觉践行绿色发展。①

绿色美丽人生发展规划活动的开展应当由点到面、循序渐进地推进。首先要鼓励并支持相关领域专家学者深入开展绿色美丽人生发展理论研究，包括对绿色美丽人生发展的内涵、绿色美丽人生发展的具体要求与评价体系、绿色美丽人生发展的路径等开展全面深入的探究。在此基础上组建相关领域专家成立“绿色美丽人生发展规划指导中心”，组织开展“绿色美丽人生”讨论活动，尽情畅想个人的“绿色美丽人生梦”，指导民众编制“绿色美丽人生发展规划”。在推进方式上，要坚持由点到面、循序渐进的推进方式，以党政机关、学校、企事业单位的工作人员和学生等重点人群作为突破口，探索总结经验后再逐步在全社会推广。最后，要建立相应的管理、考评、奖励等配套政策，以保障绿色美丽人生发展规划的落实，并对规划的实施进行长期跟踪、动态评估及适时调控和修编。

2. 全面构建全民绿色生活行动体系

绿色生活方式是推进绿色发展、建设生态文明的重要途径。绿色生活方式是一种以绿色发展理念为指导的有利于资源节约和环境友好的生活方式。构建全民绿色生活行动体系，除了前述的大力倡导绿色消费之外，还要在全社会大力开展生活方式绿色化活动，通过发布《生活方式绿色化指南》《生活方式绿色化行为准则》，搭建绿色生活服务和信息平台，引导和鼓励全民在日常生活中，坚持厉行绿色生活方式。② 在衣着上，不过度追求时尚、拒绝穿戴珍稀动植物制品，购买环境友好型的洗涤剂、干洗剂等；在饮食上，尽量减少一次性餐具、餐巾纸等的使用，

① 邓玲：《探索生态文明建设的“融入”路径》，《光明日报》2013 年 1 月 23 日第 11 版。

② 环境保护部：《关于加快推动生活方式绿色化的实施意见》，环境保护部网站（http://www.zhb.gov.cn/gkml/hbb/bwj/201511/t20151116_317156.htm），2015 年 11 月 16 日。

坚持厉行“光盘”行动、杜绝食用野生动物；在居住方面，鼓励购买绿色家具和环保建材产品，购买节水器具、节电灯具、节能家电，坚持节约用电、用水、用气、用煤，坚持垃圾分类收集、生活垃圾污水不随意排放等；在出行和旅游方面，鼓励购买和使用节能环保型和新能源机动车，倡导徒步、骑单车或选择公共交通出行，爱护公共卫生，保护各类生态环境及历史人文景观。此外，要在全社会大力开展推动绿色生活先进个人、先进部门、先进单位、先进社区等的创建活动，加大对绿色生活模范和榜样的表彰、宣传力度，推动形成“节约光荣，浪费可耻”的社会氛围，激发全社会践行绿色生活的热情。

3. 大力支持生态文明社会组织参与生态治理行动

社会组织是由自然人、法人和社团等为满足社会需要而设立的非营利性组织。[①] 社会组织是政府和民众沟通的桥梁和纽带，既有助于传递和解释政府的政策规定和决策行为，又有助于传递民众的心声，是对政府组织在配置资源、收听民声、获取民意、解决民情问题的重要补充。[②] 生态文明领域的社会组织在生态文明建设中起着参与和传达政府生态文明决策、反映民众生态诉求、监督政府和企业实施生态治理。[③] 当前，要充分肯定和发挥生态文明领域社会组织尤其是已登记注册的各类生态环保组织在生态文明建设中的作用，既需要引导和促进生态文明建设领域社会组织健康有序发展，也需要进一步拓宽和畅通生态文明领域社会组织介入生态文明建设的渠道，扩大其作用发挥的空间。[④]

---

① 孟维娜：《社会组织在生态文明建设中的作用及实现路径》，《长春师范大学学报》2016年第5期。

② 杨志、王岩、刘铮等：《中国特色社会主义生态文明制度研究》，经济科学出版社2014年版，第266页。

③ 王玉庆：《把生态文明融入四个建设》，《人民日报》2013年7月19日第7版。

④ 环境保护部宣传教育司：《加强社会动员　共建生态文明——积极构建全民参与环境保护的社会行动体系》，《环境保护》2013年第22期。

第六章　中国特色社会主义生态文明建设道路发展的长效机制

生态文明建设必须要有完善的制度体系和长效机制来引导、管控、协调、激励和提升，才能保障这一道路沿着正确的方向不断前进和发展。由于第四章和第五章已对推进我国生态文明建设的一些具体制度作过论述，本章主要从宏观视角探讨有助于整体推进社会主义生态文明建设的长效机制。在新发展理念的指导下，根据党中央、国务院对全面深化生态文明体制改革战略部署，针对中国特色社会主义生态文明建设的道路探索中存在的体制机制建设问题，分别从创新激励、统筹协调、生态优先、开放合作、共建共享五个方面构建进一步坚持和发展中国特色社会主义生态文明建设道路的长效机制。

第一节　创新激励机制

中国特色社会主义生态文明建设道路是一条绿色创新的文明提升道路，既需要依靠政府自上而下的政策管控，通过施加外生压力和采取约束措施来推进；更需要通过创新和激励措施激发生态文明建设的内生动力，进而形成自上而下的外生驱动与自下而上的内生驱动协同推进的合力，才能有效推进、加快推进。为此，就需要建立健全科技创新体制机制和市场化的交易机制，同时辅之以适当的奖惩机制。

一　建立健全绿色科技创新驱动体制

创新是推动人类文明进步的主要驱动力，而科技创新是所有创新中最根本的创新。马克思主义经典作家历来高度重视科学技术对人类社会发展的推动作用，马克思认为科学是"历史的有力杠杆"，是"最高意义上的革命力量"；邓小平提出了"科学技术是第一生产力"的著名论断，并多次重申和阐述了科学技术是第一生产力的思想。不仅如此，中国特色社会主义生态文明建设道路作为一条绿色创新发展道路，无论是开展生态修复、污染治理、能源资源的节约和高效利用等自然生态文明建设，还是推进绿色生产生活方式等社会生态文明建设，都始终离不开科技创新的支撑与引领。因此，必须要以科技创新为动力引擎，充分发挥科学技术作为第一生产力的推动作用，这是推动绿色创新发展、建设生态文明的战略基点。为此，就需要全面深化科技体制改革，建立符合生态文明建设领域科研活动特点的管理制度和运行机制，为绿色科技创新和应用提供制度保障和营造良好的社会创新氛围。

（一）构建生态化转向的绿色科技创新体系

尽管科技创新是推动经济社会发展的动力源泉，但并不是所有的科技创新都是绿色的、有利于资源能源节约和环境保护的。长期以来，由于受传统工业文明"人类中心主义"价值观的影响，科技发展的价值理性日益丧失，取而代之的是工具理性却日益盛行，使科学技术变成了单一的工具和手段，以片面提高社会生产力、促进经济增长、追求经济效益为主要目的，而较少考虑科技创新对资源生态环境及对人的负面影响，不仅使人与人之间的关系疏离，而且异化了人与自然之间的关系。[①] 如DDT、不可降解的塑料制品等的发明和使用，虽然在短期内能达到增产、提高经济效益、便捷人们生活的目的，在一定程度上推动了经济社会发展，但同时也带来了资源浪费、环境污染和生态破坏等诸多弊端，从长远来看其对生态环境的负面影响更是难以估量的。

因此，在坚持绿色发展、加快推进生态文明建设的战略背景下，必须坚持以生态文明理念为导向，限制科学技术的工具理性，彰显其促进人与自然和谐发展的绿色价值理性。这就需要探索构建适用于生态文明建设的科技创新生态环境风险评估体系，全面评估科技创新对生态环境的影响，推动科技创新的生态化变革和绿色转向。当前，我国已经把创新驱动发展作为优先发展战略，应依托创新驱动发展战略大力实施国家

① 严耕、杨志华：《生态文明的理论与系统建构》，中央编译出版社2009年版，第51页。

绿色科技创新行动计划，着力加强污染治理、生态修复、节能环保、资源循环利用、新能源开发、应对气候变化等领域关键绿色技术的攻关，不断提高绿色科技的创新和应用能力，构建绿色科技创新体系，充分发挥绿色科技创新对生态文明建设的引领作用。

（二）建立健全符合绿色科技创新特点的管理制度和运行机制

要加快推进绿色科技创新，既需要把绿色发展的生态文明理念深刻融入、全面贯穿到科技创新活动的各方面和全过程，也需要全面深化科技体制改革，构建以政府引导和市场主导相结合，科技成果有序转化、科技资源配置合理高效、开放绿色发展的科技创新管理制度和运行机制，加快形成良好的绿色科技创新社会生态系统。

一是要加快构建以企业为主体、市场为导向、产学研相结合的绿色科技创新协同攻关机制。一方面，要坚持以企业创新主体地位为核心，迅速提升企业绿色科技创新能力，不断深化、强化企业创新主体地位，完善企业创新体制，把提高绿色技术创新能力作为建立现代企业制度的重要内容，统筹推进制度创新、技术创新与管理创新；另一方面，要充分利用互联网的理念、思维与方法，鼓励、支持和帮助有条件的区域或企业创建具有创新示范和带动作用的重大绿色科技创新平台，再以此为主要阵地，推动高校、科研机构与企业等各类创新主体协同攻关研究，形成产学研一体化的密切合作伙伴关系，协同推动绿色科技创新能力的提升。

二是要建立绿色创新技术转化新机制，加快推动绿色创新技术转化。首先要加大对企业在产品设计、开发过程中积极采用绿色技术、生产绿色产品的政策支持力度，提高绿色科技创新产品的市场地位，通过市场手段提高采用绿色技术企业的经济收益，增强企业自生能力，促进企业积极践行绿色科技创新发展道路，推动技术创新成果直接在企业转化应用。其次要加大对绿色科技创新人员创新和转化成果的支持力度，充分调动绿色科技人员推动绿色科技创新及成果转化的积极性。把绿色科技成果创新和转化作为衡量科技创新人才业绩的重要标准之一，坚持不唯学历、不唯职称、不唯资历，只认能力的原则。进一步提高对绿色科技创新及成果转化有突出贡献的绿色科技创新人才的各项待遇，让他们通过推动绿色科技创新和成果转化获得应有的物质奖励、精神奖励、政治荣誉和社会地位，既有助于调动绿色科技创新人才积极性、主动性和创造性，同时有助于吸引、鼓励和带动更多的人才投身于绿色科技创新和推动绿色科技创新成果转化，推动形成“万众绿色创新”“人人绿色创新”的新格局。最后，还应积极培育绿色科技中介服务机构，打造搭建“绿色技术成果转化平台”“绿色科技金融平台”，构建绿色科技交易市场，完善绿色技术转化的市场机制，充分发挥市场在绿色科技成果转化中的决定性作用，提高绿色科技成果转化率。

（三）完善推动绿色科技创新的人才培养机制

专业的人才队伍是推动绿色科技创新的动力源泉，培养具有高水平的绿色科技创新人才是落实生态文明建设的关键。高校和科研院所、企业要充分发挥培养绿色人才和集聚人才的作用，大力实施产学研合作培养，创新人才培育政策。[①] 把节约资源、保护环境、提升生态服务功能等内容纳入科技人才培养范畴，加快培养一批具有绿色发展生态文明理念、适应绿色科技基础研究和绿色前沿技术应用开发的绿色科技创新人才以及推广应用绿色技术的应用型人才。

二　建立健全市场化机制

长期以来，我国在生态环境保护过程中主要还是依靠政府的“有形之手”，通过“命令—管控”的方式推进，不利于调动企业和社会公众的主动性和积极性；而且政府调控还有可能出现“失灵”的情况。[②] 而从生态文明建设本身的要求来看，无论是绿色科技创新，还是生态产品价值的实现，都既需要政府的调控干预和政策导向，也需要发挥市场在生态环境资源配置中的决定性作用，通过市场手段提高资源配置效率，降低生态文明建设的成本，获取更大的生态效益。因此，为了充分发挥市场在生态文明建设中的决定性作用，就需要建立健全生态文明建设的市场化机制，积极运用经济杠杆进行环境治理和生态保护，实现政府“有形之手”和市场“无形之手”的协作，加快推进生态文明建设。根

① 中共中央、国务院：《国家中长期人才发展规划纲要（2010—2020）》，中央政府门户网站（http：//www. gov. cn/jrzg/2010 – 06/06/content_ 1621777. htm），2010 年 6 月 6 日。

② 邓翠华、陈墀成：《中国工业化进程中的生态文明建设》，社会科学文献出版社 2015 年版，第 272 页。

据党中央、国务院深化生态文明建设市场化机制改革的战略部署，当前应着力完善资源生态环境的“有偿使用”“损害赔偿”“贡献补偿”（合称“三偿”）机制，同时还需探索建立生态产品和生态服务市场交易机制。其中资源有偿使用制度在第四章已经述及，本节主要阐述生态环境损害赔偿制度、生态补偿机制和市场交易机制。

（一）健全生态环境损害赔偿制度

生态环境损害赔偿制度是指由生态环境损害责任者承担应有的赔偿责任，修复受损生态环境。[①] 为建立和落实生态环境损害赔偿制度，我国先后印发了《生态环境损害赔偿制度改革试点方案》《关于在部分省份开展生态环境损害赔偿制度改革试点的报告》及《生态环境损害赔偿制度改革方案》等系列文件；并印发了系列关于生态环境损害鉴定评估的技术文件，初步形成环境损害鉴定评估技术体系。[②] 根据《生态环境损害赔偿制度改革试点方案》的部署，2015—2017 年在部分省份开展生态环境损害赔偿制度改革试点；2018 年开始在全国试行生态环境损害赔偿制度。2016 年，我国选取了吉林、江苏、重庆等 7 省市开始进行改革试点。生态环境损害赔偿制度的贯彻落实，必须从立法上明确规定生态环境损害赔偿范围、索赔主体、赔偿标准、索赔途径、损害鉴定评估机构和评估技术规范等基本问题。当前，应对试点地区就以上问题的探索及损害赔偿工作的具体协商或诉讼的程序、损害赔偿资金的管理及运行机制等探索中取得的经验和存在的问题进行全面总结，为在全国开展生态环境损害赔偿工作和相关立法提供经验。

（二）健全生态保护补偿机制

生态保护补偿机制是一种为保护生态环境、维持和改善生态服务质量而进行的经济激励活动和制度安排。具体来讲，是通过让生态保护成果的受益者支付相应的费用，让生态投资者得到合理回报，解决好生态产品这一公共产品消费中的“搭便车”现象，从而达到激励人们积极主动保护生态环境、从事生态保护投资的目的。近年来，我国已开展了生

① 龚志宏：《论生态文明制度建设的三维架构》，《中国经贸导刊》2017 年第 8 期。

② 黄润秋：《改革生态环境损害赔偿制度 强化企业污染损害赔偿责任》，环境保护部网站（http：//www. zhb. gov. cn/gkml/hbb/qt/201611/t20161109_ 367153. htm），2016 年 11 月 9 日。

态保护补偿机制的实践探索，并取得了一定进展，但在补偿范围、补偿标准、补偿方式、补偿资金筹集、保障体系建设等方面都还需要进一步完善。

一是要扩大补偿范围。一方面，要继续坚持退耕还林和退耕还草等财政补贴政策，其中，尤其要重视扩大我国重要流域、地区所涉区域的实施范围，要加大补偿力度并延长补助期限；另一方面，要把生态保护补偿的范围扩大到整个自然生态系统中的各生态要素，包括山、水、田、林、湖、草、海、荒等各领域。

二是要确定科学合理的生态保护补偿标准。要依据公平补偿原则、充分或适当补偿原则、替代补偿原则等法律原则，建立科学合理的补偿标准。可根据生态环境价值、环境保护和生态建设成本、生态保护地群众基本生活成本等因素，多方面征求生态受益区和生态保护区群众、各级政府和有关专家的意见，综合制定并逐年提高补偿标准。

三是采用多样化的生态保护补偿方式。一般来说，从理论维度来看，生态保护补偿方式包括受益对象对自然资源的经济补偿和非经济补偿。我国现阶段，经济补偿方式中涵盖了财政转移支付与专项基金两种。但是，从长远的战略目光来看，单纯的经济补偿方式不能够全方位地兼顾不同补偿对象的需求。所以，要构建政府部门主导、市场运作、社会公众积极参与的多元化生态保护补偿方式，不仅要涵盖财政转移支付的现金、实物等直接补偿，也要涵盖政策倾斜、税收优惠等政策补偿以及人力培训、技术支援的智力补偿。

四是要建立稳定的多元化生态保护补偿筹资体系。根据我国的国情，采取政府、集体、个人以及引进外资等多渠道、多层次、全方位的方式筹集资金，形成由财政拨款、社会募集、对口支援、个人参与、市场运作等稳定的多元化生态保护和生态恢复投融资机制。

五是要完善生态保护补偿的保障体系。一方面，要加快生态保护补偿的立法进程。生态保护补偿机制必须建立在法制化的基础上，应尽快出台《生态保护补偿条例》，以立法的形式确立和完善统一的生态保护补偿机制，进一步明确实施生态环境补偿的范围、标准、对象、方式、程序和实施细则，促进生态保护补偿工作走上法制化、规范化、制度化和科学化的轨道。另一方面，要完善生态保护补偿的相关配套政策。在实施地区生态保护补偿政策的同时，应同步落实区域性财政、产业、土地、人口管理、绩效评价和政绩考核政策，并通过政策的细化、扩充、对接、协调，通过政策、机制的配套，协同推进生态保护补偿。

（三）健全生态产品和生态服务市场化交易机制

要加快建立健全生态产品、生态服务的市场化交易机制，培育生态产品和生态服务交易市场，充分发挥市场在生态环境资源配置中的决定性作用，促进自然价值的实现和自然资本的增值，让保护自然生态环境的社会主体得到合理的社会回报和相应的价值补偿，鼓励企业、社会非营利组织和个人等生态文明建设行为主体积极、主动参与生态文明建设，增加生态产品和生态服务的供给。

三　建立健全奖惩机制

奖惩机制是生态文明建设的另一大驱动机制。通过奖励可以激发生态文明建设行为主体的主动性和积极性，惩罚则可以有效避免不当行为的重复发生，只有将二者有机结合起来，才能达到“激励先进、鞭策后进”的效果。生态文明建设奖惩机制就是在政府主导下，对人们在参与生态文明建设中的行为进行奖惩而制定的政策与规章制度。通过这一机制有助于增强全民的生态文明意识，在全社会营造良好的推动生态文明建设的氛围，激发全民参与生态文明建设的主动性和积极性。生态文明建设的奖惩手段包括行政手段、法律手段、经济手段等。生态文明建设奖惩的对象包括政府、企业和社会公众等所有行为主体和责任主体，由于不同对象在生态文明建设中担负的职责不同，奖惩的内容和手段也就各有差异，但法律手段是所有责任主体都必须遵循的且在前文中已有论述，以下就不再论述法律手段的使用。

对于党政领导干部而言，主要采取以行政手段为主经济手段为辅的方式。其主要实施途径是通过制定生态文明绩效考核奖惩方案，根据其考核结果进行奖惩，直接与各级党政领导各部的年终绩效分配、职务升迁、调动等挂钩，对于在生态文明建设中不作为或不及时作为的，要严格按照《党政领导干部生态环境损害责任追究办法（试行）》执行，严惩不贷、决不姑息。此外，要加大对各类生态工程保护和治理的考核力度，通过“以奖代补”等方式，调动政府部门在生态文明建设中的积极性。

对于企业而言，主要应采取经济手段，坚持以市场为导向，建立健全绿色财税体系，加大对绿色产品与服务的财政税补贴，重点扶持符合绿色发展理念的绿色创新产业和项目。同时也可以通过PPP的方式，引导社会资本大规模投向绿色创新产业，鼓励企业积极推进绿色生产、进行环境污染治理等，激发企业增加绿色产品供给的积极性和主动性。

对于社会公众而言，也应采取经济手段为主。政府应加大对绿色民生领域的财政投入，鼓励民众践行绿色生活方式。比如，通过财税政策加大对新能源汽车补贴，并通过征收燃油税、二氧化碳税等提高燃油汽车的使用成本，以降低高耗能汽车的使用率；通过加大对大型公交集团、轨道交通等的补贴或税收优惠，从而降低公共交通价格，鼓励公众选择公共交通低碳出行等。①

总之，对于在节约能源资源、保护生态环境、弘扬生态文化、积极践行绿色生产生活方式等与生态文明建设相关的领域有突出贡献的领导干部、企业和个人，要加大表彰奖励的力度，既要给予物质上的奖励，还要给予精神鼓励，在全社会大力宣传和报道其先进事迹；相反，对于造成生态环境损害的领导干部、企业和社会公众，要加大惩罚和赔偿力度。通过奖惩机制的推行，在全社会营造良好的崇尚生态文明的氛围。

第二节　统筹协调机制

生态文明建设是一项涵盖多项内容、涉及多方利益主体的系统工程，需要多部门、多地区统筹协调，才能顺利推进。而目前我国生态文明建设的管理体制依然是根据行政部门和行政区域进行分散式的管理，在实践中往往各自为政、缺乏统一和协调，导致生态环境系统保护的整体性被“碎片化”，使得“生态”与“环境”之间相互割裂，陆海空之间的污染治理相互割裂，跨区域之间的生态环境问题无法得到有效解决。这也是导致我国生态环境保护重末端治理、轻源头防治，边治理、边污染、

① 李彤煜、安秀丽、王丽娜等：《外部性控制中的奖惩手段》，《辽宁工业大学学报》（社会科学版）2012年第4期。

边破坏，生态环境局部好转、整体恶化的趋势无法得到扭转的重要原因之一。因此，要加快推进生态文明建设，提高生态文明水平，必须牢固树立山水林田湖草是一个“生命共同体”的理念，从生态系统的整体性、系统性出发构建统筹协调推进自然生态系统中各生态要素的保护和管理制度，建立水陆空生态系统协同保护的机制，统筹陆海空生态系统、统一管理自然资源用途和生态修复，提高生态文明建设的整体成效。[①]而当务之急，就是要构建统筹协调机制，促进各部门、各区域的统筹协调发展，推动形成生态文明建设的合力。

一　建立健全部门之间的统筹协调机制

尽管2018年《国务院机构改革方案》实施以后，对与生态文明建设直接相关的部分机构进行了改革和职能优化调整，组建了自然资源部、生态环境部、农业农村部等，使条块分割的程度有所缓解，有助于统一行使自然资源的开发利用保护和生态环境保护，但部门之间协调难题并不会随着国务院机构的改革而消失，除了就职责范围内的各种问题进行内部协调以外，生态环境部如何与自然资源部、农业农村部、住房和城乡建设部、水利部和应急管理部、国家发改委以及其他机构联合制订统筹连贯、协同推进生态文明建设的政策也是亟待解决的问题。这就需要加强各个部门之间的统筹协调，促进各部门之间达成良好的沟通协作，才能有效整合各部门的资源优势，形成协同推进生态文明建设的合力。一方面，要尽快制定促进部门协调的法律依据与组织形式，通过立法明晰部门职责与权限，避免管理缺位与错位，确保部门之间协调管理的合法性与协调性。另一方面，可成立国务院直属的独立的生态文明建设委员会，通过定期召开部门联席会等方式加强部门之间的沟通协调，有助于突破部门之间的行政分割，避免目前存在的多头管理、争权推责的弊端，形成推动生态文明建设的合力，充分发挥社会主义制度集中力量办大事的优越性，提高生态治理效能；同时，生态文明建设委员会还可以行使对自然资源利用、保护和对生态环境保护等生态文明建设工作进行

① 李干杰：《积极推动生态环境保护管理体制机制改革，促进生态文明建设水平不断提升》，《环境保护》2014年第1期。

监督管理，避免某些部门既充当“运动员”又充当“裁判员”的弊端。

二　建立健全区域之间的统筹协调机制

行政区垂直管理模式与生态系统横向分布特征之间的矛盾是世界各国面临的共同难题和困境，在我国的生态环境管理领域表现尤为突出。地方政府受地方权责与利益所限，容易忽视生态环境的公共性和区域生态链的整体性，只注重本地区任内的政绩，特别是经济增长的政绩，固守传统的“造福一方”观念，甚至不惜牺牲本地区乃至其他区域的生态环境为代价来追逐具有较强显示度的经济增长率。但是，自然生态环境系统的整体性及区域经济一体化发展的趋势都客观上要求必须打破区域界限，建立资源管理、生态保护、环境治理和经济发展的跨区域联动协调机制，才能有效统筹经济社会与生态环境及区域之间的协调发展。因此，亟待对现行不符合生态文明要求的跨区域行政制度和运行机制进行改革与创新，加快建立健全区域之间的统筹协调机制，通过区域之间的生态环境保护联席会等方式，深化区域之间的合作，加快形成有效的跨区域联防联控机制，共同致力于生态保护的系统管理，根治污染治理的外部性难题。

在建立跨区域统筹机制过程中，一是要坚持贯彻尊重自然、顺应自然的理念，遵循自然生态系统的整体性系统性及其内在规律，打破行政区域的藩篱，建立流域、大气、森林等生态系统的协同保护机制，实现对生态环境保护的统一立法、统一规划、统一环评、统一监测、统一应急预警和统一联合执法，从而提升生态环境保护的整体效率；[①] 二是要遵循合作共赢的理念，通过机制创新，促进不同区域之间在经济发展、生态治理等诸多领域的合作共建，实现区域之间的平衡、协调发展。

第三节　生态优先机制

“绿水青山就是最好的金山银山”及“宁要绿水青山，不要金山银山”等精辟论断充分体现了新时代习近平的“生态优先”思想和“绿色

① 张文台：《生态文明十论》，中国环境科学出版社 2012 年版，第 327—328 页。

发展”理念。2016年，习近平创造性地提出“走生态优先、绿色发展之路”，明确要求将生态规律、生态效益和生态资本置于优先地位。[①] 这就需要构建突出生态优先地位、坚持绿色发展的长效机制，即生态优先机制，才能保障新时代中国真正走上生态良好、生产发展、生活富裕、人民幸福的社会主义生态文明建设道路。

一 建立健全生态环境优先机制

在人类的一切实践活动过程中，都必须坚持生态规律优先，必须在顺应自然生态规律的前提下进行自然生态文明建设和社会生态文明建设。在自然生态文明建设中，要坚持“节约优先、保护优先、自然恢复为主”的基本方针，决不走“先污染后治理”“先破坏后修复”的老路，优先发挥自然生态环境的自我调节、自我平衡、自我恢复的能力。在社会生态文明建设中，要坚持自然生态环境优先，尤其是当经济发展与生态环境保护相冲突、经济效益与生态效益不可兼得时，要坚持把保护生态、提升生态资本和生态效益摆在优先地位，在保护的前提下推动绿色发展。

二 建立健全生态经济优先机制

在推进社会主义经济发展过程中，必须把生态承载能力置于优先地位，在生态可承载的前提下推动经济绿色可持续发展，决不以牺牲环境为代价换取一时的经济增长，决不以牺牲后代人的幸福为代价换取当代人的“富足”[②]。具体地说，在产业选择过程中，要坚持生态产业或绿色创新产业优先，即优先选择绿色农业、绿色工业、绿色服务业和节能环保、生物技术、通信技术、智能制造、高端装备、新能源等新兴产业。在生产模式上坚持绿色生产模式优先，优先扶持清洁生产、循环经济、低碳经济等绿色生产模式。在投融资机制上，优先增加对各种环保产业、生态工程、绿色技术的资金支持和投入；鼓励各金融机构探索各种有利

① 庄贵阳、薄凡：《生态优先绿色发展的理论内涵和实现机制》，《城市与环境研究》2017年第1期。

② 李军等：《走向生态文明新时代的科学指南》，中国人民大学出版社2014年版，第132页。

于促进生态优先和绿色发展的金融工具，如设立绿色基金、发行绿色债券、绿色信贷、绿色保险、绿色证书交易等支持绿色循环低碳生产；设立绿色通道鼓励社会资本优先进入生态环保治理项目和绿色产业项目，甚至可以借鉴创业板、新三板等做法，专门设立生态绿色板块，鼓励支持绿色环保型企业上市。在衡量经济效益时，要优先核算生态效益。

三　建立健全生态政治优先机制

在政治建设的各方面和全过程要坚持生态优先、绿色发展，具体体现在以下三个层面：首先，党政领导首先应树立生态优先的执政理念，建设生态优先型责任政府，为此，需要建立健全生态政绩优先的党政领导干部政绩考核制度，在对领导干部实行政绩考核时，优先考核生态政绩，并实行一票否决制；其次，要把发展生态领域的民主放到发展社会主义民主的优先地位，充分保障人民的生态知情权、生态参与权、生态表达权、生态监督权等生态权益，真正实现生态民主；最后，要优先建立健全推动生态文明建设的法制体系，且在所有立法中都要贯彻生态优先、生态民主、共同责任的原则。①

四　建立健全生态文化优先机制

在社会主义文化建设中，要把生态优先、绿色发展的理念和原则融入文化建设的各方面和全过程。建立健全优先发展生态文化的推动机制，推动生态文明价值观融入社会主义核心价值体系和社会主义核心价值观，促进生态文明价值观成为社会主流价值观，推动生态文化深入家庭、企业及学校等相关单位，营造节约优先、环保优先、生态优先、崇尚生态文明的文化氛围。②

五　建立健全生态社会优先机制

在社会主义社会建设中，要牢牢把生态优先的理念融入社会建设和

---

① 王灿发：《论生态文明建设法律保障体系的构建》，《中国法学》2014 年第 3 期。

② 环境保护部：《关于加快推动生活方式绿色化的实施意见》，环境保护部网站（http://www.zhb.gov.cn/gkml/hbb/bwj/201511/t20151116_317156.htm），2015 年 11 月 16 日。

治理的各方面和全过程中，坚持把生态文明建设作为最大的民生工程，把改善生态环境质量作为改善民生的着力点，优先解决损害群众健康突出的生态环境问题，不断提高人民群众的生态获得感和生态幸福指数。此外，要构建优先支持社会公众绿色就业创业、生活方式绿色化转型、优先鼓励和支持生态文明领域志愿者、公益组织等积极投身生态治理的体制机制，推动形成人人有责、人人尽责、人人享有的生态治理共同体，促进构建全民参与全民共享的生态治理行动体系。

第四节　开放合作机制

中国特色社会主义生态文明建设道路是一条开放合作的绿色和平崛起道路，必须要以全球视野加快推进生态文明建设，充分发扬“包容互鉴”“合作共赢”的精神，进一步深化生态文明领域的对外开放和国际合作，坚持以大开放带动大生态，以大生态促进大开放。为此，需要构建开放合作、互利共赢的发展机制，进一步加大开放的力度、扩大开放的广度、推进开放的深度，加强国内外生态文明建设合作，深度融入世界绿色发展的潮流，深度参与全球生态治理，适应和引领生态文明建设的新常态。①

一　坚定不移兑现我国对全球可持续发展的绿色承诺

中国作为一个负责任的发展中大国，是全世界较早接受可持续发展理念并积极实施可持续发展战略的国家之一，在推进全球可持续发展进程中，始终以发展中大国负责任和开放的姿态主动承担履行相应的国际责任，对促进全球可持续发展作出了举世瞩目的贡献。在全球绿色发展的新常态下，我们要以更加负责的态度、更加开放的姿态，坚持共同但有区别的责任原则、公平原则、各自能力原则，加强国际间交流合作，积极履行促进全球可持续发展的各类国际公约，围绕核安全、生物多样性、臭氧层保护、气候变化、河流流域治理、能源利用、化学制品安全

① 陆小成：《推进生态文明建设的五大理念与机制选择》，党建网（http：//www. wenming. cn/djw/ll/llzw/201604/t20160414_ 3292312. shtml），2016 年 4 月 14 日。

使用等方面坚持不懈地努力，制订积极可行的行动计划，认真履行自己所承担的责任和义务，积极参与全球生态治理，维护国际生态安全，为全球可持续发展作出新的贡献。[①]

二　努力构建“一带一路”生态开放合作新格局

“一带一路”倡议是我国顺应全球形势深刻变化，统筹国际国内两个大局、开创全方位对外开放新格局的重大战略决策，更是“中国方案、全球治理”新模式的积极探索，而绿色“一带一路”已成为连接全球生态治理、推进全球绿色发展的纽带。当前，要坚持把我国的生态文明与绿色发展理念融入“一带一路”，加强“一带一路”沿线各国生态文明建设领域的政策沟通、促进国际产能合作与基础设施建设的绿色化、推动绿色生产与消费、发展绿色贸易、推动绿色资金融通、开展生态环保项目和活动等，努力构建“一带一路”多元主体参与的生态文明建设合作新格局，全面提升沿线国家生态环保合作和绿色发展水平，增强生态环保服务、支撑、保障能力，携手共建绿色清洁、和平友谊、繁荣美丽的“一带一路”。

三　积极推动建立国际生态治理新秩序

当前，在全球生态环境治理领域，部分西方发达国家仍然表现出生态殖民主义和生态霸权主义的倾向，把控着国际生态安全秩序的话语权和规则制定权，从而延续着不合理的国际生态安全秩序。在传统的国际生态安全秩序中，个别发达国家逼迫一些发展中国家接受它们本不应该或不应全部接受的环保方案和“绿色壁垒”，使环境条约的制定和实施受制于资本主义的资本控制，甚至有些发达资本主义国家以保护环境为由干涉他国内政，不正当地介入别国的社会发展规划，侵犯别国开发利用其自然资源的主权，这种不合理的国际生态秩序严重地阻碍了世界的和平、稳定和发展，不利于维护全球生态安全。因此，必须牢固树立“人类命运共同体”理念，坚决反对生态殖民主义和生态霸权主义，推动建立合理的国际生态治理新秩序，共同打造绿色发展命运共同体。中

① 王丹、熊晓琳：《以绿色发展理念推进生态文明建设》，《红旗文稿》2017 年第 1 期。

国作为最大的发展中国家，需要在倡导建立国际生态治理新秩序中发挥应有的作用，要积极推动世界生态治理体制机制变革，主动加强与联合国环境规划署、国际绿色经济协会等国际机构与组织的生态环境治理合作，扩大同各国的生态利益交汇点，构建合作共赢的全球生态治理体系，构建“平等均衡”“合作共赢”“共同发展”等新型全球生态合作伙伴关系，共创开放包容、清洁美丽、绿色和平的世界。①

第五节　共建共享机制

中国特色社会主义生态文明建设道路是一条全民共建共享的绿色惠民道路，必须要建立健全政府之间的共建共享、社会公众共建共享、社会组织共建共享的机制，大力引导、广泛动员全社会各方力量积极参与生态文明建设，构建政府、企业、社会共同参与的共建共治行动体系，提升生态治理能力，增加优质生态产品的供给，保证全体人民共享生态文明建设带来的“绿色福利”，增强参与感、获得感和幸福感。

一　建立健全地方政府之间共建共享的机制

地方政府之间的共建共享机制主要包括构建生态文明信息资源政府间共享平台和完善地方政府之间合作的利益共享机制。

一是构建政府间生态文明建设信息资源共享平台。目前我国各地方政府之间的生态文明建设信息主要是通过报纸杂志、互联网的碎片化信息传递，一些关键性的内容往往不能获得，从而导致地方政府之间在生态文明建设中合作信息不畅通、建设步调不协调、政策措施相冲突等现象。因此，地方政府之间要加强生态文明建设的信息共享平台建设，通过建立信息资源共享平台，各地政府把当地的生态文明建设动态信息录入这个公共平台，其他相关区域能够及时查询到有关生态文明建设项目的进展情况，并作出相应的行动响应，从而有利于地方政府之间的合作与分工，减少合作冲突，形成合作默契。另外，通过信息资源共享平台，落后地区能够参考先进地区的成功经验及其教训，避免形成重复建设和

① 王丹、熊晓琳：《以绿色发展理念推进生态文明建设》，《红旗文稿》2017 年第 1 期。

少走弯路。

二是构建政府间的利益共享机制。地方政府之间的利益共享机制是指参与合作的地方政府之间通过建立公正合理的利益共享机制来分配政府间在生态文明建设合作中的利益，从而达到政府间互利互惠的合作目标。地方政府之间合作机制的关键在于利益共享机制的建立，利益共享机制包括跨区域经营企业的税收共享分成机制、合作园区的利益分配机制等。同时还要通过建立健全开发区与保护区之间的横向生态环境转移支付制度，以确保因保护生态环境而牺牲经济发展的地区通过转移支付得到补偿，其实质是认可生态环境的服务价值，使得合作各方都能实现自身的利益最大化，从而解决合作中的利益冲突以及由此导致的单方面动力不足问题。

二　建立健全社会公众共建共享的机制

中国特色社会主义生态文明建设道路的坚持和发展一定要充分发挥社会公众的主动性、积极性和创造性，建立健全促进社会公众参与生态文明建设和保障社会公众分享生态红利的体制机制。一是要制订并公开公众参与生态文明建设项目的程序与规则，将公众关于生态环境的权利和义务纳入相关的法律法规。二是要拓展公众参与生态文明建设的途径。赋予公众在生态建设和环境污染治理中的权利，如知情权、监督权等；畅通公众与政府之间的沟通与对话渠道，保障公众参与共建生态文明；建立健全举报制度，引导公众、社会组织和新闻媒体通过正规渠道参与环境监督，形成良性互动的监督治理机制。三是及时解决与人民群众切身利益相关的突出环境问题，如大气雾霾、水污染、农村面源污染等，加大城市绿地、生态空间、农村垃圾处理系统等生态环境公共产品的供给，保证人民群众在共建共治中共享生态文明成果，切实增强生态获得感、提升生态幸福指数。

三　建立健全社会组织共建共享的机制

尽管近年来社会组织在生态文明领域中参与度不断提高，但总体来说，生态文明领域社会组织发展较为缓慢，其作用也未得到充分发挥。另外，政府对社会组织的不完全信任，也使二者之间的合作困难重重。

加快构建各级生态环境保护部门或生态文明建设委员会与社会组织开展生态治理合作共建的机制，包括建立健全沟通协调机制、信息互通机制、项目合作机制等，促进政府与社会组织的相互协作和良性互动。为此，需要政府加大对生态文明相关社会组织的支持力度，同时完善相应的监管体系。一是通过法律法规赋予参与生态文明领域相关社会组织一定的地位、权利和义务，明确社会组织在生态文明建设中的作用和活动空间。二是政府要为生态文明建设相关社会组织提供更多的参与机会，降低社会组织登记注册门槛、提供资金支持、委托研究和推广项目、减免税收负担等方式，为其创造良好的生存与发展环境；同时要放宽活动范围，如在战略环评、规划环评、项目环评等各种环评过程中，创造更多的机会让民间环保组织参与调查、环评和监督，充分发挥民间生态文明社会组织的优势。[①] 三是政府要加大购买生态产品和生态公共服务的力度，鼓励社会非营利组织和个人等生态文明建设行为主体积极参与资源节约、生态建设和环境保护，增加生态产品和生态服务供给的内生动力，加快推进生态文明建设，提升生态文明水平。

① 王玉明、邓卫文：《加拿大环境治理中的跨部门合作及其借鉴》，《岭南学刊》2010 年第 5 期。

参考文献

一　经典文献

《马克思恩格斯文集》第 1 卷，人民出版社 2009 年版。
《马克思恩格斯文集》第 3 卷，人民出版社 2009 年版。
《马克思恩格斯文集》第 4 卷，人民出版社 2009 年版。
《马克思恩格斯文集》第 5 卷，人民出版社 2009 年版。
《马克思恩格斯文集》第 7 卷，人民出版社 2009 年版。
《马克思恩格斯文集》第 9 卷，人民出版社 2009 年版。
《列宁专题文集·论辩证唯物主义和历史唯物主义》，人民出版社 2009 年版。
《列宁专题文集·论马克思主义》，人民出版社 2009 年版。
《毛泽东选集》第 2 卷，人民出版社 1991 年版。
《邓小平文选》第 2 卷，人民出版社 1994 年版。
《邓小平文选》第 3 卷，人民出版社 1993 年版。
《江泽民文选》第 1—3 卷，人民出版社 2006 年版。
《胡锦涛文选》第 1—3 卷，人民出版社 2016 年版。
习近平：《之江新语》，浙江人民出版社 2007 年版。
《习近平谈治国理政》第 1 卷，外文出版社 2018 年版。
《习近平谈治国理政》第 2 卷，外文出版社 2017 年版。
《十六大以来重要文献选编》上、中、下册，中央文献出版社 2005—2008 年版。
《十七大以来重要文献选编》上、中、下册，中央文献出版社 2009—2013 年版.
《十八大以来重要文献选编》上、中、下册，中央文献出版社 2014—

2018 年版。
《十九大以来重要文献选编》（上册），中央文献出版社 2019 年版。
中共中央宣传部：《习近平总书记系列重要讲话读本》，学习出版社、人民出版社 2016 年版。
中共中央文献研究室：《习近平关于社会主义生态文明建设论述摘编》，中央文献出版社 2017 年版。
中共中央宣传部：《习近平新时代中国特色社会主义思想学习纲要》，学习出版社、人民出版社 2019 年版。
人民日报社理论部：《深入学习习近平同志重要论述》，人民出版社 2013 年版。
环境保护部：《向污染宣战——党的十八大以来生态文明建设与环境保护重要文献选编》，人民出版社 2016 年版。
中共中央组织部：《贯彻落实习近平新时代中国特色社会主义思想在改革发展稳定中攻坚克难案例——生态文明建设》，党建读物出版社 2019 年版。

二　学术专著

“推进生态文明建设　探索中国环境保护新道路”课题组：《生态文明与环保新道路》，中国环境科学出版社 2010 年版。
本书课题组：《中国特色社会主义生态文明建设道路》，中央文献出版社 2013 年版。
陈辉吾：《中国特色社会主义文化发展道路研究》，武汉大学出版社 2017 年版。
成金华：《我国工业化与生态文明建设研究》，人民出版社 2017 年版。
邓翠华、陈墀成：《中国工业化进程中的生态文明建设》，社会科学文献出版社 2015 年版。
邓玲等：《我国生态文明发展战略及其区域实现研究》，人民出版社 2014 年版。
顾钰民等：《新时代中国特色社会主义生态文明体系研究》，上海人民出版社 2019 年版。
郝清杰、杨瑞、韩秋明：《中国特色社会主义生态文明建设研究》，中国人民大学出版社 2016 年版。
黄承梁：《新时代生态文明建设思想概论》，人民出版社 2018 年版。
姬振海：《生态文明论》，人民出版社 2007 年版。
贾治邦：《论生态文明》（第 2 版），中国林业出版社 2015 年版。
江泽慧：《生态文明时代的主流文化》，人民出版社 2013 年版。
解振华、潘家华：《中国的绿色发展之路》，外文出版社 2018 年版。
李宏伟：《当代中国生态文明建设战略研究》，中共中央党校出版社 2013 年版。
李娟：《中国特色社会主义生态文明建设研究》，经济科学出版社 2013 年版。
李军等：《走向生态文明新时代的科学指南》，中国人民大学出版社 2014 年版。
李龙强：《生态文明建设的理论与实践创新研究》，中国社会科学出版社 2015 年版。
李培超：《伦理拓展主义的颠覆》，湖南师范大学出版社 2004 年版。
刘思华：《企业生态环境优化技巧》，科学出版社 1991 年版。
刘思华：《生态文明与绿色低碳经济发展总论》，中国财政经济出版社 2011 年版。
刘希刚：《马克思恩格斯生态文明思想及其中国实践研究》，中国社会科学出版社 2014 年版。
刘湘溶等：《我国生态文明发展战略研究》，人民出版社 2013 年版。
卢风：《从现代文明到生态文明》，中央编译出版社 2009 年版。
卢风等：《生态文明新论》，中国科学技术出版社 2013 年版。
秦书生：《生态文明论》，东北大学出版社 2013 年版。
秦书生：《中国共产党生态文明思想的历史演进》，中国社会科学出版社 2019 年版。
曲格平：《梦想与期待——中国环境保护的过去与未来》，中国环境科学出版社 2000 年版。
沈满洪、程华、陆根尧等：《生态文明建设与区域经济协调发展战略研究》，科学出版社 2012 年版。
孙敬武：《道德经全评》，群言出版社 2016 年版。

汤伟：《中国特色社会主义生态文明道路研究》，天津人民出版社 2015 年版。
唐代兴：《环境治理学探索》，人民出版社 2017 年版。
唐代兴：《生态理性哲学导论》，北京大学出版社 2005 年版。
文传浩、马文斌、左金隆等：《西部民族地区生态文明建设模式研究》，科学出版社 2013 年版。
吴凤章：《生态文明构建：理论与实践》，中央编译出版社 2008 年版。
吴舜译、王金南、邹首民等：《珠江三角洲环境保护战略研究》，中国环境科学出版社 2006 年版。
向俊杰：《我国生态文明建设的协同治理体系研究》，中国社会科学出版社 2016 年版。
许崇正、杨鲜兰等：《生态文明与人的发展》，中国财政经济出版社 2011 年版。
薛建明：《生态文明与低碳经济社会》，合肥工业大学出版社 2012 年版。
薛占海：《生态环境产业研究》，中国经济出版社 2008 年版。
严耕、杨志华：《生态文明的理论与系统建构》，中央编译出版社 2009 年版。
杨清虎：《儒家仁爱思想研究》，民主与建设出版社 2017 年版。
杨志、王岩、刘铮等：《中国特色社会主义生态文明制度研究》，经济科学出版社 2014 年版。
余谋昌：《地学哲学：地球人文社会科学研究》，社会科学文献出版社 2013 年版。
曾刚等：《我国生态文明建设的科学基础与路径选择》，人民出版社 2018 年版。
张春霞、郑晶、廖福霖：《低碳经济与生态文明》，中国林业出版社 2015 年版。
张丽宾：《绿色就业》，中国环境出版社 2015 年版。
张文台：《生态文明十论》，中国环境科学出版社 2012 年版。
张小平：《中国特色社会主义文化发展道路研究》，天津人民出版社 2015 年版。
张晓斌：《感恩自然》，光明日报出版社 2014 年版。

张云飞、李娜：《开创社会主义生态文明新时代》，中国人民大学出版社2017年版。

赵成、于萍：《马克思主义与生态文明建设研究》，中国社会科学出版社2016年版。

赵凌云、张连辉、易杏花等：《中国特色生态文明建设道路》，中国财政经济出版社2014年版。

[美] 丹尼斯·米都斯等：《增长的极限》，李宝恒译，吉林人民出版社1997年版。

[美] 菲利普·克莱顿、贾斯廷·海因泽克：《有机马克思主义——生态灾难与资本主义的替代选择》，孟献丽、于桂凤、张丽霞译，人民出版社2015年版。

[美] 霍尔姆斯·罗尔斯顿：《环境伦理学》，杨通进译，中国社会科学出版社2000年版。

[美] 雷切尔·卡逊：《寂静的春天》，吕瑞兰、李长生译，吉林人民出版社1997年版。

三　期刊论文

《习近平在中共中央政治局第六次集体学习时强调　坚持节约资源和保护环境基本国策　努力走向社会主义生态文明新时代》，《环境经济》2013年第6期。

本刊记者：《正确认识和积极实践社会主义生态文明——访中南财经政法大学资深研究员刘思华》，《马克思主义研究》2011年第5期。

陈江昊：《生态文明建设内涵解析》，《陕西社会主义学院学报》2013年第2期。

丁常云：《天人合一与道法自然——道教关于人与自然和谐的理念与追求》，《中国道教》2006年第3期。

杜飞进：《求解国家治理体制的现代化》，《邓小平研究》2017年第2期。

方时姣：《论社会主义生态文明三个基本概念及其相互关系》，《马克思主义研究》2014年第7期。

高红贵：《关于生态文明建设的几点思考》，《中国地质大学学报》（社会科学版）2013 年第 5 期。
工业和信息化部：《工业绿色发展规划（2016—2020 年）》，《有色冶金节能》2016 年第 5 期。
龚志宏：《论生态文明制度建设的三维架构》，《中国经贸导刊》2017 年第 8 期。
辜胜阻、李行、吴华君：《新时代推进绿色城镇化发展的战略思考》，《北京工商大学学报》（社会科学版）2018 年第 4 期。
谷树忠、胡咏君、周洪：《生态文明建设的科学内涵与基本路径》，《资源科学》2013 年第 1 期。
广佳：《基于生态文明理念的区域经济可持续发展研究——以四川省为例》，《西南民族大学学报》（人文社会科学版）2014 年第 4 期。
郭继民：《先秦儒家生态思想探微——以孔、孟、荀为例》，《华南理工大学学报》（社会科学版）2011 年第 5 期。
郭少青、张梓太：《更新立法理念　为生态文明提供法治保障》，《环境保护》2013 年第 8 期。
郭险峰、陈天林：《乡村振兴助推绿色城镇化发展研究》，《现代经济探讨》2019 年第 9 期。
国家发展改革委等 9 部委：《关于印发〈关于加强资源环境生态红线管控的指导意见〉的通知（发改环资〔2016〕1162 号）》，《浙江节能》2016 年第 3 期。
何华征：《论生态文明建设的三重内涵及其逻辑》，《学术交流》2013 年第 10 期。
何克东、邓玲：《我国生态文明建设的实践困境与实施路径》，《四川师范大学学报》（社会科学版）2013 年第 6 期。
何勤华、顾盈颖：《生态文明与生态法律文明建设论纲》，《山东社会科学》2013 年第 11 期。
环境保护部宣传教育司：《加强社会动员　共建生态文明——积极构建全民参与环境保护的社会行动体系》，《环境保护》2013 年第 22 期。
郇庆治：《生态文明概念的四重意蕴：一种术语学阐释》，《江汉论坛》2014 年第 11 期。
郇庆治：《推进生态文明建设的十大理论与实践问题》，《北京行政学院学报》2014 年第 4 期。
黄爱宝：《生态文明与政治文明协调发展的理论意蕴与历史必然》，《探索》2006 年第 1 期。
黄娟：《社会主义核心价值观的生态维度——生态文明新时代的核心价值观》，《思想教育研究》2015 年第 2 期。
黄娟、汪宗田：《美丽中国梦及其实现——兼论生态文明建设：道路、理论与制度的统一》，《理论月刊》2014 年第 2 期。
姬振海：《大力推进生态文明建设》，《环境保护》2007 年第 21 期。
金开诚：《略论中国传统文化中的“天人相应”说》，《中国典籍与文化》1994 年第 2 期。
靳利华：《生态文明视角下的社会主义核心价值观再读》，《理论探讨》2014 年第 1 期。
乐爱国：《朱熹对〈孟子〉“仁民而爱物”的诠释——一种以人与自然和谐为中心的生态观》，《中国地质大学学报》（社会科学版）2012 年第 2 期。
李干杰：《积极推动生态环境保护管理体制机制改革，促进生态文明建设水平不断提升》，《环境保护》2014 年第 1 期。
李虹：《包容性增长与绿色就业的发展》，《宏观经济管理》2011 年第 2 期。
李琳：《佛家缘起说的生态哲学内蕴》，《社会科学家》2010 年第 1 期。
刘思华：《对建设社会主义生态文明论的若干回忆——兼述我的“马克思主义生态文明观”》，《中国地质大学学报》（社会科学版）2008 年第 4 期。
刘思华：《对建设社会主义生态文明论的再回忆——兼论中国特色社会主义道路“五位一体”总体目标》，《中国地质大学学报》（社会科学版）2013 年第 5 期。
刘思华：《社会主义初级阶段生态经济的根本特征与基本矛盾》，《广西社会科学》1998 年第 4 期。
刘思华：《生态文明与可持续发展问题的再探讨》，《东南学术》2002 年第 6 期。
刘思华：《正确把握生态文明的绿色发展道路与模式的时代特征》，《毛泽东邓小平理论研究》2015年第8期。
刘思华：《中国特色社会主义生态文明发展道路初探》，《马克思主义研究》2009年第3期。
刘铮：《中国特色社会主义的生态文明理论内涵与价值意蕴》，《毛泽东邓小平理论研究》2014年第5期。
卢风：《论自然的主体性与自然的价值》，《武汉科技大学学报》（社会科学版）2001年第4期。
陆畅：《生态文明水平的提高与政府的生态责任》，《社会科学战线》2012年第6期。
孟维娜：《社会组织在生态文明建设中的作用及实现路径》，《长春师范大学学报》2016年第5期。
穆虹：《坚持和完善生态文明制度体系》，《宏观经济管理》2019年第12期。
裴玮：《积极探索中国特色生态文明融合共建道路》，《宁夏社会科学》2013年第1期。
钱耕森、张增田：《老子的“三宝”初探》，《贵州社会科学》1993年第3期。
邱高会：《绿色发展理念下四川产业结构绿色转型研究》，《统计与管理》2016年第8期。
邱高会：《生态文明建设视域下生态消费模式的构建》，《中国环境管理干部学院学报》2015年第4期。
邱高会：《生态文明视域下新型城镇化质量评价及地区差异分析——以河南省为例》，《商业经济研究》2015年第4期。
邱高会、邓玲：《从地球文明的视角论生态文明的科学内涵及其实现》，《甘肃社会科学》2014年第3期。
邱高会、魏晨：《欠发达地区新型工业化与生态文明建设协调发展——以四川革命老区为例》，《党政干部学刊》2015年第8期。
饶世权：《论公民生态文明素质的结构体系重构》，《高等农业教育》2013年第6期。
任俊华：《建设生态文明的重要思想资源——论中国古代生态伦理文明》，《伦理学研究》2008年第2期。

邵光学:《生态文明建设视域下社会治理创新研究》,《技术经济与管理研究》2014 年第 11 期。

沈满洪:《生态文明视角下的政绩考核制度改革》,《环境经济》2013 年第 9 期。

宋学勤:《当代社会建设研究的历史学思考》,《毛泽东邓小平理论研究》2012 年第 2 期。

孙佑海:《生态文明建设需要法治的推进》,《中国地质大学学报》(社会科学版)2013 年第 1 期。

唐代兴:《生境主义:生态文明的本质规定及社会蓝图》,《天府新论》2014 年第 3 期。

唐代兴:《治理与恢复:解决环境问题的社会方式和研究方法》,《哈尔滨工业大学学报》(社会科学版)2016 年第 4 期。

陶火生、宁启超:《“自然的主体性”——现代主体性的新自然主义消解》,《中国石油大学学报》(社会科学版)2015 年第 4 期。

王灿发:《论生态文明建设法律保障体系的构建》,《中国法学》2014 年第 3 期。

王丹、熊晓琳:《以绿色发展理念推进生态文明建设》,《红旗文稿》2017 年第 1 期。

王宏斌:《借鉴生态现代化理论,推进我国生态文明进程》,《红旗文稿》2016 年第 12 期。

王奇、王会:《生态文明内涵解析及其对我国生态文明建设的启示——基于文明内涵扩展的视角》,《鄱阳湖学刊》2012 年第 1 期。

夏光:《“生态文明”概念辨析》,《环境经济》2009 年第 3 期。

肖文涛、谢淑珍:《论推进生态文明建设的政府职责担当》,《福建论坛》(人文社会科学版)2013 年第 10 期。

肖显静:《论主体性的重构与“人—自然”新关系的建立》,《南京林业大学学报》(人文社会科学版)2007 年第 1 期。

谢光前、王杏玲:《生态文明刍议》,《中南民族学院学报》(哲学社会科学版)1994 年第 4 期。

熊韵波、李尧、齐梅:《“生态”的价值内涵与生态文明建设》,《晋中学院学报》2013 年第 1 期。

徐崇温：《中国道路走向社会主义生态文明新时代》，《毛泽东邓小平理论研究》2016 年第 5 期。
徐春：《对生态文明概念的理论阐释》，《北京大学学报》（哲学社会科学版）2010 年第 1 期。
徐海红：《生态文明的历史定位——论生态文明是人类真文明》，《道德与文明》2011 年第 2 期。
许景权、沈迟、胡天新等：《构建我国空间规划体系的总体思路和主要任务》，《规划师》2017 年第 2 期。
薛方圆：《人与自然关系的重新审视——以哈贝马斯主体间性理论为解读视角》，《长治学院学报》2016 年第 4 期。
杨朝霞：《生态文明建设的内涵新解》，《环境保护》2014 年第 4 期。
叶文虎：《论人类文明的演变与演替》，《中国人口·资源与环境》2010 年第 4 期。
于维民：《生态文明建设初探》，《开发研究》2008 年第 3 期。
余谋昌：《生态文明：建设中国特色社会主义的道路——对十八大大力推进生态文明建设的战略思考》，《桂海论丛》2013 年第 1 期。
余谋昌：《生态文明：人类文明的新形态》，《长白学刊》2007 年第 2 期。
俞可平：《科学发展观与生态文明》，《马克思主义与现实》2005 年第 4 期。
曾正德、李雪菲：《生态文明概念、内涵、本质的确认及其阐释》，《南京林业大学学报》（人文社会科学版）2011 年第 4 期。
张小建：《积极探索中国推进绿色就业之路——在生态文明论坛·贵阳会议绿色增长与绿色就业分论坛上的讲话》，《中国就业》2012 年第 10 期。
张云飞：《试析孟子思想的生态伦理学价值》，《中华文化论坛》1994 年第 3 期。
赵建军：《生态文明的内涵与价值选择》，《理论视野》2007 年第 12 期。
赵凌云、常静：《历史视角中的中国生态文明发展道路》，《江汉论坛》2011 年第 2 期。
赵麦茹：《老子节俭消费思想解读：基于生态伦理视角》，《消费经济》

2012年第5期。
郑杭生：《社会建设和社会管理研究与中国社会学使命》，《社会学研究》2011年第4期。
周生贤：《积极建设生态文明》，《求是》2009年第22期。
周生贤：《中国特色生态文明建设的理论创新和实践》，《环境经济》2012年第10期。
周亚敏、潘家华、冯永晟：《绿色就业：理论含义与政策效应》，《中国人口·资源与环境》2014年第1期。
朱孔来：《社会文明体系中应包含生态文明》，《理论学刊》2004年第10期。
住房城乡建设部：《"十二五"绿色建筑和绿色生态城区发展规划》，《中国建筑金属结构》2013年第15期。
庄贵阳、薄凡：《生态优先绿色发展的理论内涵和实现机制》，《城市与环境研究》2017年第1期。

四　报纸文章

胡锦涛：《高举中国特色社会主义伟大旗帜　为夺取全面建设小康社会新胜利而奋斗——在中国共产党第十七次全国代表大会上的报告》，《人民日报》2007年10月25日第1版。
胡锦涛：《坚定不移沿着中国特色社会主义道路前进　为全面建成小康社会而奋斗——在中国共产党第十八次全国代表大会上的报告》，《光明日报》2012年11月18日第1版。
习近平：《决胜全面建成小康社会　夺取新时代中国特色社会主义伟大胜利——在中国共产党第十九次全国代表大会上的报告》，《人民日报》2017年10月28日第1版。
习近平：《坚持科学发展观重在实践》，《经济日报》2004年9月14日第9版。
习近平：《携手推进亚洲绿色发展和可持续发展——在博鳌亚洲论坛开幕式上的演讲》，《人民日报》2010年4月11日第1版。
习近平：《良好生态环境是最公平的公共产品，是最普惠的民生福祉》，《海南特区报》2013年4月11日第A02版。

习近平：《尽快建立生态文明制度"四梁八柱"》，《解放日报》2016年12月3日第1版。

习近平：《在省部级主要领导干部学习贯彻十八届五中全会精神专题研讨班开班式上发表重要讲话》，《经济日报》2016年1月19日第1版。

《习近平在江西代表团参加审议时强调：环境就是民生，青山就是美丽，蓝天也是幸福》，《中国青年报》2015年3月7日第2版。

《中共十八届三中全会在京举行》，《人民日报》2013年11月13日第1版。

《中共十八届五中全会在京举行》，《人民日报》2015年10月30日第1版。

中共中央：《关于坚持和完善中国特色社会主义制度　推进国家治理体系和治理能力现代化若干重大问题的决定》，《人民日报》2019年11月6日第1版。

中共中央、国务院：《国家新型城镇化规划（2014—2020年）》，《人民日报》2014年3月17日第1版。

中共中央、国务院：《关于打赢脱贫攻坚战的决定》，《中华人民共和国国务院公报》2015年第35号。

中共中央、国务院：《关于加快推进生态文明建设的意见》，《人民日报》2015年5月6日第1版。

中共中央、国务院：《生态文明体制改革总体方案》，《经济日报》2015年9月22日第2版。

国务院：《全国国土规划纲要（2016—2030年）》，《人民日报》2017年2月5日第1版。

中共中央、国务院：《关于建立国土空间规划体系并监督实施的若干意见》，《人民日报》2019年5月24日第1版。

中共中央办公厅、国务院办公厅：《建立国家公园体制总体方案》，《人民日报》2017年9月27日第15版。

中共中央办公厅、国务院办公厅：《关于统筹推进自然资源资产产权制度改革的指导意见》，《人民日报》2019年4月15日第1版。

《南方日报》评论员：《像对待生命一样对待生态环境》，《南方日报》2016年3月11日第2版。

阿瑟·汉森：《生态文明建设的“中国道路”》，《中国社会科学报》2013年5月3日第A06版。

本报评论员：《保护草原生态环境建设山水林田湖草生命共同体》，《农民日报》2017年8月4日第1版。

邓玲：《努力探索中国特色生态文明发展道路》，《中国社会科学报》2012年3月21日第B04版。

邓玲：《探索生态文明建设的“融入”路径》，《光明日报》2013年1月23日第11版。

董峻、王立彬、高敬等：《开创生态文明新局面——党的十八大以来以习近平同志为核心的党中央引领生态文明建设纪实》，《人民日报》2017年8月3日第1版。

潘洪其：《环保督察要抓住“牛鼻子”》，《北京青年报》2017年4月15日第A02版。

潘旭海、赵纲：《中央城镇化工作会议在北京举行》，《人民日报》2013年12月15日第1版。

钱易：《生态文明：解决世界性难题的中国方案》，《光明日报》2016年3月4日第14版。

乔金亮：《绿色农业发展又有大思路》，《经济日报》2017年9月19日第10版。

王玉庆：《把生态文明融入四个建设》，《人民日报》2013年7月19日第7版。

吴祚来：《生态文明不只是保护自然生态》，《广州日报》2007年10月24日第12版。

夏旭田、钟华、李祺祺：《“中国制造2025”试点示范升至国家级 将探索市场准入负面清单》，《21世纪经济报道》2017年7月20日第6版。

尹刚强：《中国生态文化协会十年》，《中国绿色时报》2018年12月17日第4版。

俞可平：《生态治理现代化越显重要和紧迫》，《北京日报》2015年11月2日第17版。

张蕾：《2016年度中国生态文明建设十件大事发布》，《光明日报》2017

年1月19日第8版。
赵超、董峻：《习近平：坚决打好污染防治攻坚战 推动生态文明建设迈上新台阶》，《光明日报》2018年5月20日第1版。
哲欣：《让生态文化在全社会扎根》，《浙江日报》2004年5月8日第1版。
朱妍：《排污权交易十年推而不广，问题出在哪儿了》，《中国能源报》2017年5月19日。
诸大建：《倡导投资自然资本的新经济》，《解放日报》2015年3月12日第10版。
诸大建：《中国城市如何实现绿色转型——诸大建教授在上海财经大学的演讲》，《解放日报》2013年10月6日第6版。

五　网络文章

《习近平主持政治局第六次集体学习》，新华网，2013年5月24日。
《习近平等分别参加全国人大会议一些代表团审议》，新华网，2014年3月8日。
中共中央、国务院：《国家中长期人才发展规划纲要（2010—2020年）》，中华人民共和国中央人民政府网，2010年6月6日。
中共中央、国务院：《关于全面加强生态环境保护 坚决打好污染防治攻坚战的意见》，新华网，2018年6月24日。
中共中央、国务院：《乡村振兴战略规划（2018—2022年）》，新华网，2018年9月26日。
全国人大常委会：《中华人民共和国环境保护法（主席令第九号）》，中华人民共和国中央人民政府网，2014年4月25日。
国务院：《“十三五”促进就业规划》，中华人民共和国中央人民政府网，2017年2月6日。
国家发展改革委、农业部：《全国农村沼气发展“十三五”规划》，国家发展改革委网站，2017年2月10日。
文化部：《“十三五”时期文化产业发展规划》，中国经济网，2017年4月20日。
环境保护部：《关于加快推动生活方式绿色化的实施意见》，环境保护部网站，2015 年 11 月 16 日。
国家林业局：《中国生态文化发展纲要（2016—2020 年）》，中国林业网，2016 年 4 月 11 日。
蔡梦晗、李江涛：《“十三五”推进绿色城镇化亟待完善五大支撑点》，中国改革论坛网，2015 年 6 月 23 日。
陈寿朋：《略论生态文明建设》，人民网，2008 年 1 月 8 日。
黄润秋：《改革生态环境损害赔偿制度 强化企业污染损害赔偿责任》，环境保护部网站，2016 年 11 月 9 日。
李纯：《社会蓝皮书：中国生态环境恶化趋势尚未根本扭转》，中国新闻网，2016 年 12 月 21 日。
陆小成：《推进生态文明建设的五大理念与机制选择》，党建网，2016 年 4 月 14 日。
钱坤：《党的十八大以来习近平总书记关于生态工作的新理念、新思想、新战略》，求是网，2016 年 4 月 1 日。
唐代兴：《可持续生存式发展：强健新生的生态文明道路》，爱思想网，2010 年 10 月 8 日。
解振华：《中国碳排放与 GDP 增长逐步脱钩》，中国经济网，2016 年 6 月 14 日。
郁立强：《当前生态文明建设面临的挑战及实现途径》，人民网—理论频道，2015 年 5 月 31 日。

后　记

本书是在国家社科基金西部项目“中国特色社会主义生态文明建设道路研究”（12XKS030）成果基础上，经过修改、完善而成的。

全书的总体思路和写作框架由邱高会负责设计。书稿的撰写工作主要由邱高会完成，何克东、郭薇、戴莉丽、张首先、张红英、陈旖分别参与了部分章节初稿的撰写工作，李智负责数据统计分析、图表制作并协助校稿。全书共分六章，第一章由邱高会、何克东共同撰写，李智负责数据收集和图表的设计制作。第二章由邱高会撰写。第三章由邱高会、张首先、戴莉丽共同撰写，其中第一节由邱高会撰写，第二节由邱高会和张首先共同撰写，第三节由邱高会和戴莉丽共同撰写。第四章由邱高会撰写。第五章由邱高会、郭薇、戴莉丽、陈旖、张红英共同撰写，其中第一节由邱高会、陈旖撰写，第二节由郭薇撰写，第三节由邱高会、戴莉丽、张红英共同撰写，第四节由邱高会撰写；第六章由邱高会、郭薇共同撰写。全书统稿工作由邱高会负责，李智、何克东协助完成。

本书在撰写过程中得到了四川大学邓玲教授、四川大学王国敏教授、四川省社会科学院杨先农教授、电子科技大学邓淑华教授、四川省生态环境厅高洁副厅长、西南石油大学李学林教授、成都医学院张俊教授的精心指导，专家们从不同的角度对书稿的提纲设计及具体内容提出了宝贵的修改建议，在此对以上各位专家表示衷心的感谢和深深的敬意！

本书在写作过程中还得到了陈希勇教授、郭丽娟博士、张文博博士的帮助，并参阅了大量的文献，借鉴和吸取了众多专家学者们的研究成果和先进思想，在此一并致谢！本书的出版得益于中国社会科学出版社田文主任等相关领导和编辑的辛勤付出，在此表示衷心感谢！

邱高会

2020 年 3 月于成都